计算机类精品系列教材

计算机网络基础与实践

李春平　韦立梅　张淑荣　主编

肖亚光　王　东　容健昌　关展鹏　副主编

电子工业出版社

Publishing House of Electronics Industry

北京·BEIJING

内 容 简 介

本书从培养工程型、技术型等应用型人才的角度出发，采用理论与实践相结合的方式，系统介绍计算机网络的基础知识，以及应用计算机网络知识解决实际问题的技术方法。全书共 9 章，包括计算机网络概述、TCP/IP 协议、局域网、无线与移动网络、广域网、路由技术、Internet、IPv6 技术、网络安全基础。

本书力求达到宽基础、厚理论、重实践的编写思想。其中，将与网络发展相关的多个知识点融合起来；理论讲述简明扼要、层层递进；实践内容方案明确、步骤清晰、可操作性强，力求为读者提供简明易学、容易上手操作的综合实践案例和项目实验。

本书可作为高等院校计算机类专业相关课程的教材，也可作为非计算机类专业相关课程的教材或参考书，同时可以作为计算机网络工程师、学习兴趣爱好者的参考书和指导书。

图书在版编目（CIP）数据

计算机网络基础与实践 / 李春平等主编. —北京：电子工业出版社，2023.3

ISBN 978-7-121-45128-7

Ⅰ. ①计… Ⅱ. ①李… Ⅲ. ①计算机网络 Ⅳ.①TP393

中国国家版本馆 CIP 数据核字（2023）第 032066 号

责任编辑：孟　宇　　　　特约编辑：田学清
印　　刷：涿州市京南印刷厂
装　　订：涿州市京南印刷厂
出版发行：电子工业出版社
　　　　　北京市海淀区万寿路 173 信箱　　　　邮编：100036
开　　本：787×1092　　1/16　　印张：20.75　　　字数：518 千字
版　　次：2023 年 3 月第 1 版
印　　次：2023 年 8 月第 2 次印刷
定　　价：69.80 元

凡所购买电子工业出版社图书有缺损问题，请向购买书店调换。若书店售缺，请与本社发行部联系，联系及邮购电话：（010）88254888，88258888。

质量投诉请发邮件至 zlts@phei.com.cn，盗版侵权举报请发邮件至 dbqq@phei.com.cn。

本书咨询联系方式：mengyu@phei.com.cn。

前　言

目前，计算机网络尤其是互联网的发展，给经济社会、人们的工作及生活带来了前所未有的变化。计算机网络技术的应用已深入千家万户，"互联网+"的概念也深入各行各业，助力各个行业、产业快速发展，成为互联网经济发展的基础。因此，无论是对于高校学生，还是对于从事 IT 行业相关的技术人员，或者其他行业的职业经理，计算机网络都是必须掌握的基本知识。

本书正是基于计算机网络作为当今信息社会必须掌握的知识和技能的理念，考虑到行业、产业的应用，由广东白云学院大数据与计算机学院联合白云宏信创产业学院教师共同编写的一本双元教材。高校教师和企业工程师共同编写，既能夯实理论，又能突出实践。

全书共 9 章，系统介绍计算机网络的概念、原理、发展过程，以及 TCP/IP 协议、局域网、广域网、Internet 等计算机网络安全基础知识。各章具体内容如下。

第 1 章概述计算机网络的概念、类型、组成和性能等。

第 2 章介绍 TCP/IP 协议的概念、原理，以及各层主要的相关协议封装格式、功能等。

第 3 章详细介绍局域网的工作原理及组建，重点介绍以太网、虚拟局域网的技术原理和园区网组建的方法等。

第 4 章介绍无线与移动网络，重点介绍 WLAN、蓝牙等技术，并简要介绍移动通信中涉及的相关技术。

第 5 章介绍广域网的概念、协议和接入方法，重点介绍应用于广域网的 HDLC 与 PPP 两种协议。

第 6 章介绍路由技术，包括路由的基本原理、路由算法、路由协议，以及路由相关设备的组成结构及工作原理。

第 7 章介绍 Internet，包括 Internet 的概念、功能、接入服务、网络服务及下一代 Internet 等知识。

第 8 章介绍 IPv6 技术，主要包括 IPv6 的概念、特点、格式，以及如何从 IPv4 过渡到 IPv6 等。

第 9 章介绍网络安全基础，包括网络安全面临的威胁、网络安全原则、密码学基础知识、身份认证与访问控制、网络安全防御技术等。

本书理论与实践并重，在讲述理论时，力求简明扼要，层层递进。同时，每个章节都有相应的实践案例或项目实验，有详细的操作步骤并配有截图，以便读者实验操作，培养读者的实践动手能力。

本书可作为高等院校计算机类专业相关课程的教材，也可作为非计算机类专业相关课程的教材或参考书，同时可以作为计算机网络工程师、学习兴趣爱好者的参考书和指导书。

本书由李春平、韦立梅、张淑荣担任主编，肖亚光、王东、容健昌、关展鹏担任副主编。全书由李春平负责统稿。在编写过程中得到了诸多同行的指导，在此表示衷心感谢。由于编者水平有限，书中难免存在一些疏漏和不足之处，恳请广大读者批评指正。

编者

2022 年 8 月

目　　录

第1章

计算机网络概述

当今社会，计算机网络在经济发展中起着关键作用，对信息产业的发展有着深远的影响，是计算机技术与通信技术紧密结合的产物。计算机网络缩短了人们信息交往的时间，缩小了人们信息交往的空间，改变了人们学习生活和工作的方式，使人类世界发生了极大的变化。为了使读者对计算机网络有一个全面、准确的认识，本章讨论了计算机网络的概念，包括其定义、功能及类型，同时详细介绍了计算机网络的组成和性能部分，对计算机网络的发展和其对当今社会发展的影响也进行了全面的讨论，并且重点介绍了计算机网络的体系结构。

1.1 计算机网络的概念

1.1.1 计算机网络的定义

关于计算机网络的精准定义，并没有统一，从不同的角度出发，可以给出不同的定义。

简单来说，计算机网络就是由通信线路互连的许多自主工作的计算机构成的集合体。这里的互联是指计算机直接可以通过无线或有线的方式进行数据通信，计算机彼此独立，不存在主从或控制与被控制的关系。

从整体上来说，计算机网络就是把分布在不同地理区域的具有独立功能的多台计算机与专门的外部设备用通信线路或通信设备互联成的一个规模大、功能强的系统，从而实现计算机间的信息传输、资源共享。

政府部门、企业用户、家庭用户等可以通过互联网服务提供商 ISP（Internet Serviece Provider）连接到互联网。计算机网络示意图如图 1-1 所示。

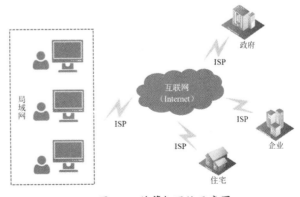

图 1-1　计算机网络示意图

1.1.2　计算机网络的功能

计算机网络技术的应用对当今社会的经济、文化、生活、学习等方方面面都产生了重要的影响，之所以能为广大用户提供如此丰富的服务，是因为它具有两大功能特征：数据通信功能和资源共享功能。

1．数据通信

数据通信（Data Communication）是计算机网络最基础的功能，可以为网络用户提供强有力的通信手段。单独的计算机如果在没有网络的情况下，只能单机运行，不可能实现通信功能。有了网络之后，计算机与计算机之间可以通过网络进行信息传输或网络通信，也就是分布在不同地理位置的计算机用户通过计算机网络实现相互通信、交流信息，如发送电子邮件、打电话、聊天、在网上发布短视频、举行视频会议等，极大地便利了人们的工作，丰富了人们的生活，提高了人们的生活质量。

2．资源共享

资源共享（Resource Sharing）是计算机网络最核心的功能，包括软件共享、硬件共享及数据共享。

软件共享是指计算机网络内的用户可以共享计算机网络中的软件资源，包括各种语言处理程序、应用程序和服务程序。也就是说，凡是入网用户均能享受网络中各个计算机系统的全部或部分软件的功能。

硬件共享是指可在网络范围内提供对处理资源、存储资源、输入/输出资源等硬件资源的共享，特别是一些高级和昂贵的设备，如巨型计算机、大容量存储器、绘图仪、高分辨率的激光打印机等，使用户节省投资，同时便于集中管理和均衡分担负荷。

例如，一台打印机硬件资源，在没有网络的情况下，只能连接到一台计算机上实现打印功能。而在有网络的情况下，无论是无线网络、有线网络，不同的计算机用户都可以通过网络共享该台打印机进行打印作业，这就是计算机网络的硬件共享。

数据共享是指对网络范围内的数据共享。网上信息包罗万象，无所不有，可以供每一个上网者浏览、咨询、检索、下载。

1.1.3　计算机网络的类型

计算机网络的分类方法有多种，对计算机网络分类的研究有助于我们更好地理解和学习计算机网络，下面按不同分类方法对计算机网络进行了划分。

1．按网络的覆盖范围分类

计算机网络按照规模和覆盖的地理范围进行分类，可以较好地反映出不同类型网络的技术特征。由于网络覆盖的地理范围不同，所采用的传输技术也有所不同，故而形成了不同的网络技术特点和网络服务功能，此时可以分为广域网、城域网、局域网、个域网4类。计算机网络按网络的覆盖范围分类如表1-1所示。

表 1-1 计算机网络按网络的覆盖范围分类

属 性	类 型			
	广域网（WAN）	城域网（MAN）	局域网（LAN）	个域网（PAN）
覆盖范围	几百~几千千米（国内或国际）	10~100km（城市）	10km 以内（室内或校园内部）	10m 以内
典型设备	路由器	交换机	集线器	无线电收发芯片
特点	覆盖面广，通信距离远，网络传输错误率最高，技术复杂	传输速率高，技术先进、安全	连接范围窄，用户较少，配置简单，较高的安全性	连接范围最窄，功耗低，灵活性较强

（1）广域网（Wide Area Network，WAN）又称外网、公网。广域网的覆盖范围很大，几个城市、一个国家、几个国家甚至全球都属于广域网的范畴，从几十千米到几千或几万千米，形成国际性的远程网络。广域网起初用于军事、国防及科学研究上的需求，由于其传输的距离远，而后广泛发展至商业需求，如某大型企业有南、中、北等分公司，甚至海外分公司，把这些分公司以专线的方式连接起来，即广域网。因此，广域网的特点是网络传输距离远，传输速率低。

（2）城域网（Metropolitan Area Network，MAN）。城域网是在一个城市范围内建立的计算机通信网，是介于广域网与局域网之间的一种大范围的高速网络，它的覆盖范围通常为几千米至几十千米。城域网设计的目标是满足几十千米范围内的大量企业、机关、公司与社会服务部门的计算机连网需求，实现大量用户、多种信息传输的综合信息网络。其中，最具代表性的为有线电视网。城域网大多指的是大型企业集团、ISP、电信部门、有线电视台及政府构建的专用网络和公用网络。城域网采用具有有源交换元件的局域网技术，网中传输时延较小，传输介质主要采用光缆，传输速率在 100Mbit/s 以上。

（3）局域网（Local Area Network，LAN）。局域网将一定区域内的各种计算机、外部设备和数据库连接起来形成计算机通信网，通过专用数据线路与其他地方的局域网或数据库连接，形成更大范围的信息处理系统。局域网的分布地区范围可大可小，可分布于楼群之间或整栋楼或每个楼层或一个房间等，范围一般在 2km 以内，最大距离不超过 10km。局域网是在小型计算机和微型计算机大量推广使用后发展起来的，一方面，其容易管理与配置；另一方面，容易构成简洁整齐的拓扑结构。局域网速率高，时延小，传输速率通常为 10Mbit/s～2Gbit/s，主要用于构建一个单位的内部网络，如学校的校园网、公司的企业网及科研机构的园区网等，实现文件管理、应用软件共享、打印机共享等通信服务功能。局域网为封闭型网络，在一定程度上能够防止信息泄露和外部网络病毒攻击，具有较高的安全性，并且成本低、应用广、组网方便、使用灵活等，是目前计算机网络技术发展中活跃的一个分支。

（4）个域网（Personal Area Network，PAN）。个域网是在个人工作的地方把属于个人使用的电子设备用无线技术连接起来的网络，因此也常称为无线个人区域网（Wireless Personal Area Network，WPAN），实现个人信息终端的智能化互联，组建个人化的信息网络，如家庭娱乐设备之间的无线连接、计算机与其外设之间的无线连接、蜂窝电话与蓝牙耳机之间的连接等，其核心思想是用无线电传输代替传统的有线电缆传输，覆盖范围一般在 10m 半径以内。

个域网的实现技术有多种，主要有蓝牙、IrDA、HomeRF 及 UWB（Ultra-Wideband Radio）等。

其中，蓝牙技术是一种支持点到点、点到多点的话音、数据业务的短距离无线通信技术，是目前个域网应用的主流技术。蓝牙技术为固定设备或移动设备之间的通信环境建立通用的无线空中接口，将计算机技术与通信技术相结合，使通信产品、计算机产品及消费类电子产品在没有电线或电缆相互连接的情况下，实现短距离范围内的通信。蓝牙技术跳频快、功耗低、灵活性强，因而在移动设备互联方面更具有优势，尤其适合于活动范围较广、要求能和多种设备迅速互联的设备，如笔记本电脑、手机等，因此在个域网领域更具吸引力和竞争力。

2．按拓扑结构分类

网络拓扑结构就是指用传输介质把计算机等各种设备互相连接起来的物理布局，是指互联过程中构成的几何形状，能表示出网络服务器、工作站的网络配置和互相之间的连接。

在网络方案设计过程中，网络拓扑结构是关键问题之一。网络拓扑结构的有效选择可以在很大程度上促进网络体系的运行效果，可以从根本上改善技术性能的可靠性和安全性。

计算机网络拓扑结构一般可分为星形结构、环形结构、总线结构、树形结构、网状结构等。

（1）星形结构。

在计算机网络拓扑结构中，星形结构是一种古老的连接方式，主要是以一个中央节点为中心的处理系统，周围有许多其他节点（工作站、服务器）与该中央节点相连。其中，中央节点上必须安装一个集线器，所有的网络信息都是通过中央集线器（节点）进行通信的，周围的其他节点将信息传输给中央集线器，中央集线器（节点）将所接收的信息进行处理加工从而传输给其他节点，其他节点间不能直接通信，通信时需要通过中央集线器（节点）转发。这种结构以中央节点为中心，因此又称为集中式结构。在实际构建一个大型网络时，经常采用多级星形结构。星形结构如图 1-2 所示。

星形结构的主要特点：结构简单、便于管理和维护；易实现结构化布线；通信线路专用，电缆成本高等。

（2）环形结构

环形结构区别于星形结构对中央节点的依赖。传输介质在环路中沿着一个方向从一个节点到另一个节点，在各个节点间传输数据，直到将所有的节点连成一个环形。在环形结构中，网络信息的传输都是沿着一个方向进行的，是单向的，并且在每一个节点中，都需要装设一个中继器，用来收发信息和对信息的扩大读取。环形结构如图 1-3 所示。

环形结构的主要特点：结构简单、便于管理和维护；实时性较好；网络可靠性较差等。

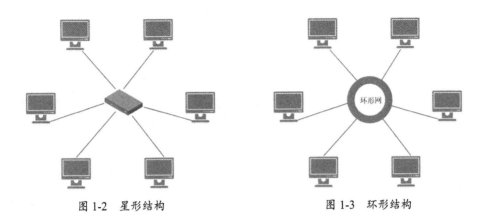

图 1-2　星形结构　　　　　　　　　　图 1-3　环形结构

（3）总线结构。

总线结构用一条主干线（总线）作为公共的传输通道，所有的节点通过相应的接口直接连接在总线上，网络信息都是通过总线传输到各个节点的。总线结构使用广播式传输技术，总线上的所有节点都可以发送数据到总线上，数据将沿总线传输。因为所有节点共享一条公共通道，所以不管在什么时候，只能允许一个节点发送数据，而该节点发送的数据可以被任何其他的节点接收，其他节点也可以分析判断后决定是否接收该数据。总线结构如图 1-4 所示。

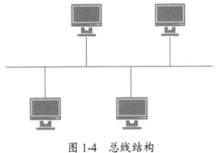

图 1-4　总线结构

总线结构的主要特点：结构简单灵活、易于安装、性能较好；共享能力强、便于广播式传输；网络可靠性较高等。

（4）树形结构。

树形结构是总线结构演变而来的，是星形结构和总线结构结合的产物。树形结构形成一棵倒置的大树，顶端有一个带分支的根，也就是大树的根部（最高层），即主干网，级别最高，每个分支可以延伸出子分支，其中处在越低位置的节点，可靠性越差。在树形结构中，所有节点中的两个节点之间不会产生回路，所有的通路都能进行双向传输。树形结构如图 1-5 所示。

树形结构的主要特点：灵活方便；易于扩展；网络可靠性较高；电缆成本高等。

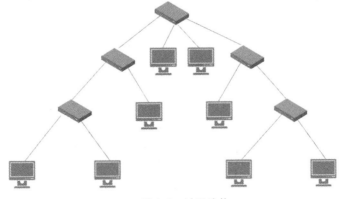

图 1-5　树形结构

（5）网状结构。

网状结构是很复杂的网络形式，其中各节点通过传输线互相连接起来，并且每一个节点至少与其他两个节点相连，形成不规则的形状。一般大型互联网常采用这种结构，如中国教育和科研计算机网（CERNET）和互联网的主干网都采用网状结构。网状结构如图 1-6 所示。

网状结构的主要特点：结构复杂、不易于管理和维护；网络可靠性高；线路费用高，不易扩充等。

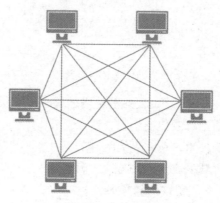

图 1-6　网状结构

3．按网络使用者分类

（1）公用网。

公用网（Public Network）又称公众网、通用网，是指网络服务提供商建设，供公共用户使用的通信网络。"公用"的意思就是所有愿意按网络服务提供商规定交纳费用的人都可以使用。例如，电信网络。

（2）专用网。

专用网（Private Network）是指为满足某单位的特殊业务需求或一些保密性要求较高的部门而建造的网络，不向公众开放。例如，企业内部专用网和军队专用网。

4．按传输介质分类

（1）有线网络。

有线网络一般是指采用同轴电缆、双绞线或光纤连接的计算机网络。其中，同轴电缆网是常见的一种有线网络，其经济实惠，安装便利，但传输速率和抗干扰能力较弱，传输距离较短。因此，目前最常见的有线连网方式采用的是双绞线。

（2）无线网络。

无线网络是指无须布线就能实现各种通信设备互联的网络，是用无线电技术传输数据的网络的总称。无线网络技术涵盖的范围较广，既包括允许用户建立远距离无线连接的全球语音和数据网络技术，又包括为近距离无线连接进行优化的红外线及射频技术。

1.2 计算机网络的组成

计算机网络（简称网络）由若干个节点（Node）和连接这些节点的链路（Link）组成。其节点可以是计算机、集线器、交换机或路由器等。计算机网络之间可以通过路由器互联起来，构成一个覆盖范围更大的计算机网络，这样的网络称为互联网。因此，互联网就是网络的网络。计算机网络把许多计算机连接在一起，互联网则把许多计算机网络通过路由器连接在一起，这样，与计算机网络相连的计算机常被称为主机。

一般来说，互联网有三个重要的组成部分。

（1）若干台为用户提供服务的主机。

（2）一个由节点交换机和连接这些节点的通信链路所组成的通信子网。

（3）为在主机和主机之间或主机和通信子网中的各节点之间通信所采用的一系列协议，这些协议是通信双方事先约定好且必须遵守的规则。

尽管互联网的拓扑结构复杂，并且在地理上覆盖了全球，但随着计算机网络结构的不断完善，人们从逻辑上把数据处理功能和数据通信功能分开，将数据处理部分称为资源子网，而将数据通信部分称为通信子网。互联网的边缘部分与核心部分如图 1-7 所示。

互联网的边缘部分即资源子网（Resources Subnet），是由主机系统、终端、终端控制器、连网外设、各种软件资源与信息资源组成的，也可以说是由所有连接在互联网上的主机组成的，主机也可称为端系统（End System）。这部分是用户直接使用的，实现全网的面向应用的数据处理（传送文件、音频或视频等）和网络资源共享。

互联网的核心部分即通信子网（Communication Subnet，或者简称子网），是指网络中实现网络通信功能的设备及其软件的集合，简单来说，就是由大量网络和连接这些网络的路由器组成的，该部分专门为边缘部分提供服务，即提供连通性和交换功能。

图 1-7 互联网的边缘部分与核心部分

1.2.1 互联网的边缘部分

互联网的边缘部分的所有主机，也就是端系统，既可以是一台昂贵的大型服务器或台式计算机，又可以是一台普通的笔记本电脑、平板电脑、智能手机或智能手表，甚至可以是一个很小的物联网智能硬件，如空气质量检测仪、智能摄像头等。互联网的边缘部分便可以利用核心部分所提供的服务，使其之间实现相互通信、交换或共享资源。

互联网边缘部分的端系统之间的通信方式通常可以分为 C/S 架构（Client-Server，客户端-服务器端方式）和 P2P 架构（Peer-to-Peer，对等连接方式）。

1. C/S 架构

C/S 架构是在分散式系统、集中式系统和分布式系统的基础之上发展出来的，当前的大多数通信网络都采用这种方式。

其中，客户端（Client）主要负责界面和处理业务逻辑，并为用户提供网络请求服务接口，如数据查询请求；而服务器端（Server）一般以数据处理能力较强的数据库管理系统为后台，负责接收和处理用户对服务的请求，并将这些服务透明地提供给用户。

例如，在图 1-8 中，假设主机 A 运行客户端程序，而主机 B 运行服务器端程序，如果客户端 A 向服务器端 B 发送请求服务，则服务器端 B 将接收客户端 A 的服务请求，并处理该请求，同时将处理结果返回给客户端 A，在这种情况下，就是以 C/S 架构方式进行通信的。

此时需要注意：

服务器端在处理一个客户端请求的同时会继续监听其他客户端的请求，也就是说，服务器端可同时处理多个远地或本地客户端的请求，并且系统一旦被启动，服务器端程序将一直运行，被动地等待并接收来自各地的服务请求，因此，其为一台永久运行的主机。

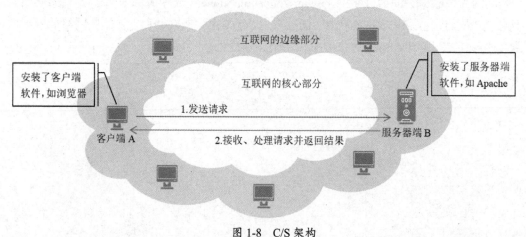

图 1-8   C/S 架构

2. P2P 架构

"Peer"可翻译为"对等者、伙伴、对端"的意思。P2P（Peer-to-Peer）便可以理解为对等网络或对等计算，也可以称为"点对点"或"端对端"，但学术界统一称为对等网络（Peer-to-Peer Networking）或对等计算（Peer-to-Peer Computing）。

P2P 架构比 C/S 架构更符合网络通信的实际情况。P2P 架构摒弃了以服务器为中心的格局，让网络上所有主机重新回归平等的、对等的地位，无主从之分，也就是指两台主机在通信时并不区分哪一台是服务请求方或服务提供方。简单来说，一台计算机既可以充当网络服务的请求者，又可作为服务器，对其他对等计算机的请求做出响应，设定共享资源供网络中其他对等的计算机使用，使得网络上的沟通变得更容易，直接共享和交互，真正地消除"中间商"。

例如，在图 1-9 中，所有主机都运行了 P2P 程序，因此它们之间都可以进行对等通信。

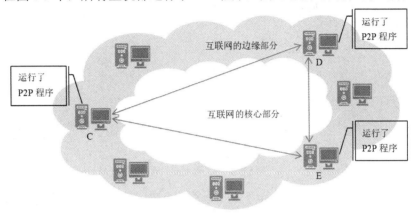

图 1-9　P2P 架构

正如 C 和 D、C 和 E、D 和 E······我们从图 1-9 中不难看出，P2P 架构其实本质上依然是 C/S 架构，连接的任何一台主机既可以是客户端身份，又可以是服务器端身份。

1.2.2　互联网的核心部分

互联网的核心部分要向边缘部分提供连通性，使边缘部分的主机相互通信，因此，其为互联网中最复杂的部分，其采用的技术有三种：一是电路交换；二是报文交换；三是分组交换。

路由器（Router）在互联网的核心部分中有着特殊作用，它是实现分组交换的关键部分，其任务就是转发收到的分组，这是核心部分的重要功能。为了理解分组交换，首先需要了解电路交换的基本概念。

1．电路交换

电路交换（Circuit Switching）是通信网中最早出现的一种网络交换方式，也是应用最为普遍的一种交换方式，其主要应用于电话通信网中，完成电话交换的功能。随着经济的发展，电话使用数量增加，若要让所有电话两两相连接，则需要通过电话交换机将电话连接起来，让每一部电话都连接到交换机上，交换机使用交换方法使每部电话轻松地完成通信功能，并且在数据传输过程中时延较小。

2．报文交换

报文是网络中交换与传输的数据单元，是用户要发送的长短不一的完整数据信息，即站点一次性发送的数据块。

报文交换（Message Switching）又称存储-转发交换，是指对于存储的接收到的报文，判断其目标地址来选择路由，并将数据转发给下一跳空闲的路由。

3. 分组交换

分组交换（Packet Switching）又称包交换，是目前网络常采用的一种网络交换方式。

分组交换基于报文交换，采用的是存储-转发技术，该方式在发送端将较长的报文划分成短而固定的数据段，并且在每个数据段前面都添加一个首部（控制信息）。也就是说，分组交换将报文拆分成两个部分，一部分是等长的数据段，另一部分是首部，报文的分组如图 1-10 所示，这样便形成了分组。

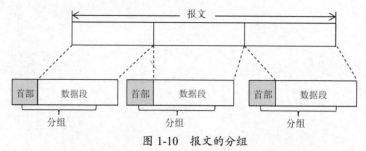

图 1-10 报文的分组

分组交换用分组作为数据传输单元，依次把每个分组发送到接收端，接收端将接收到的分组剥去首部还原成报文，直至最后接收端把收到的数据恢复成原来的报文。

需要注意，每一个分组的首部都有地址，如目的地址、源地址等控制信息。分组交换网中的节点交换机将根据收到的分组首部的地址信息，把分组转发到下一个节点交换机。每个分组在互联网中独立地选择传输路径，用这样的存储-转发方式，便可以让分组到达目的地。

互联网的核心部分是由许多的路由器将网络连接而成的，路由器间一般通过高速链路相连，而边缘部分的主机接入核心部分一般通过低速链路相连，如图 1-11 所示。需要注意，位于边缘部分的主机和位于核心部分的路由器都是计算机，但它们的作用不一样。主机是用来实现信息处理的，同时可以和其他主机通过网络交换信息，而路由器是用来实现分组转发的，也就是分组交换。

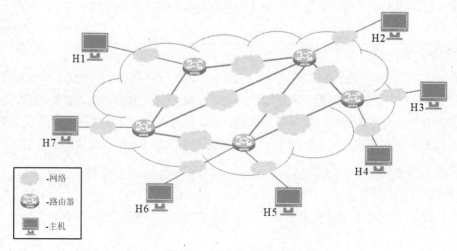

图 1-11 路由器实现网络互联

当路由器转发分组时，一般会把单个的网络简化成一条链路，路由器则为核心部分的节点。一条链路表示核心部分的网络如图 1-12 所示。

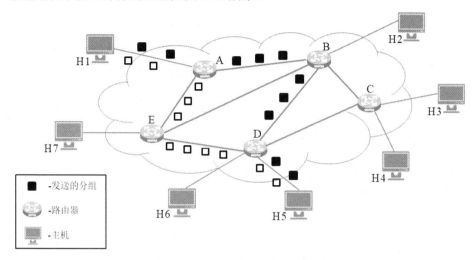

图 1-12　一条链路表示核心部分的网络

假设主机 H1 向主机 H5 发送数据。

主机 H1 首先要将分组逐个发往与之相连的路由器 A，此时，除链路 H1-A 外，其他的通信链路并没有被目前通信的双方占用。在此需要提醒读者，只有当分组正在链路 H1-A 上传送时，链路 H1-A 才被占用；在各分组传送之间的空闲时间，链路 H1-A 也可以为其他主机发送的分组所使用。

主机 H1 发来的分组将被路由器 A 放入缓存。当从路由器 A 的转发表中查出应该把分组转发给链路 A-B 时，分组就被传送给路由器 B，然而，当分组在链路 A-B 上传送时，其他资源并不被它们占用。

然后将在路由器 B 中继续查找分组的去向，当查出应转发到路由器 D 时，便将分组传送给路由器 D，最后路由器 D 把分组直接交给主机 H5。

此外，分组传送还可以如下。

① 当链路 A-B 通信量过大时，路由器 A 可以把分组沿另一路由传送，也就是先将分组转到路由器 E，再转到路由器 D，最后传送到主机 H5。

② 互联网中允许多台主机同时进行通信，如主机 H7 可以通过路由器 E 和路由器 D 与主机 H6 通信。

③ 一台主机中的多个进程可以各自和不同主机中的不同进程进行通信。

需要注意的是：

● 路由器暂存的是一个个短分组，而非完整的长报文，短分组暂存在路由器的存储器（内存）中而非磁盘上，这样可以保证较高的交换速率；

● 分组交换在传送前不必先占用一条链路通信资源，也就是说，在哪条链路上进行分组传送就占用哪条链路。

综上，分组交换相对其他交换方式具有如下优点。

- 高效：用分组作为传送单位，在不先建立连接的情况下就可以发送分组。
- 高速：不同的分组可以在同一条链路上以动态共享和复用方式进行传送，通信资源利用率较高，进而使得信道的容量和吞吐量有了很大的提升。
- 灵活：可以为每一个分组独立地选择最合适的转发路由。
- 可靠：保证可靠性的网络协议。

1.3 计算机网络的发展历史

计算机网络是计算机技术与通信技术紧密结合的产物，二者一直相互促进、相互影响，共同推动了计算机网络的发展。

1.3.1 通信技术发展的四次革命

通信是指人与人之间通过某种介质进行相互的信息传输。信息传输的手段是多种多样的，早在古代人们就通过简单的古文字、壁画等方式进行信息的交换，随着时代的发展和信息技术的进步，通信技术的发展经历了四次变革。

1. "电话网"阶段

早在公元前 600 年左右，古希腊哲学家泰勒斯就发现了电，到后来 1820 年，丹麦物理学家奥斯特发现了电流的磁效应，再到 1837 年，美国人莫尔斯发明了莫尔斯电码和有线电报，虽然当时的电报机只能传播 3km 远，但有线电报的出现仍具有划时代的意义，它让人类获得了一种全新的信息传输方式。直到 1840 年，美国人安东尼奥·梅乌奇发明了电话，并对其进行了长达 20 年的研究，最终于 1860 年，向全世界宣告电话的产生，成为电话之父。1876 年，美国人亚历山大·贝尔发明了世界上第一台电话机。

电话机由最早的采用自备电池供电、手摇发电机发送呼叫信号的磁石电话机改为由共电交换机集中供电的共电式电话机，再到可以发出直流拨号脉冲、控制自动交换机动作、可以自由选择被叫用户、自动完成交换功能的旋转拨号盘式自动电话机，电话通信进入了一个新阶段。20 世纪 60 年代末，按键式全电子电话机问世，双音频按键电话机逐步普及，电子电话机电路已向集成化迈进，话机专用集成电路被广泛用于话机电路的各组成部分。20 世纪 90 年代初，拨号、通话、振铃三种功能集于一块集成电路上的电话机问世。

随着电报、电话的发明，以及电磁波的发现，人类通信领域产生了根本性的变化，信息传输脱离了简单的视听觉的传输方式，改用电信号作为载体，开启了人类通信的新时代。迄今为止，为了满足较多用户之间的两两通话，电话通信采用的一直都是基于电路交换的通信技术。随着电话机数量的增多，需要通过多台连接的交换机完成全网的任意交换任务，使用这样的方法，便构成了覆盖全世界的电信网，即电话网。

2. "电视网"阶段

电视的出现改变了电话网只能传输语音的特点，其不但可"闻其声"，而且可"见其人"，人们可以通过电视收看由有线电视网向用户传递的各种电视节目。随着有线电视网的出现，视频信号和传输质量都大大得到了提升，基于电视的通信技术进入了快速发展阶段。

3. "互联网"阶段

将计算机网络互相连接在一起的方法可以称为"网络互联"，在这个基础上发展出的能够覆盖全球的互联网络便称为互联网，也就是互相连接在一起的网络结构。互联网的迅速崛起引发 IP 地址通信技术的出现，IP 地址通信技术与语音通信技术、视频通信技术形成新的产业汇集，世界通信网络基础设施也就此出现了新一层次的突破。

互联网的快速发展催生了许多新的行业，如数字经济、"互联网+"等。"互联网+"是当前热门的话题，给社会经济和生活带来了活力。"互联网+"简单地说就是"互联网+传统行业"，以互联网为平台和基础，利用信息通信技术，让互联网与传统行业进行深度融合，创造新的发展生态，如大家耳熟能详的互联网金融、互联网教育、互联网医疗、互联网农业等。

4. "移动网"阶段

移动网（Mobile Web）指的是使用移动设备，如手机、平板电脑或其他便携式工具连接到公共网络，实现互联网访问的方式。移动网是基于浏览器的 Web 服务，如万维网、WAP 等。移动网的兴起不仅改变了人们的生活习惯，让信息传输更加畅通，使人们娱乐移动化，还将使某些产品带来巨大的附加产值，甚至推动某些行业发生颠覆性的改变。

此外，随着技术的不断发展和人们需求的不断增加，电话网和电视网都融入了现代计算机网络的技术，扩大了原有的服务范围，而计算机网络同样根据社会的需求向用户提供电话通信和视频通信等服务，这样便有了"三网融合"的提出。

"三网"指的是有线电视网络、电信网络和计算机网络，而"三网融合"指的是三者之间在高层业务应用的融合，目的是构建一个健全且高效的通信网络，从而满足社会发展的需求。"三网融合"的应用遍及智能交通、环境保护、政府工作、平安家居等多个领域，人们可以使用手机看电视、上网，通过电视可以上网、打电话，通过计算机也可以看电视、打电话，三者之间相互交叉、融合，形成"你中有我、我中有你"的新格局，如图 1-12 所示。

图 1-12　"三网融合"新格局

1.3.2 互联网的发展过程和未来趋势

1. 互联网的发展过程

互联网的发展经历了从简单到复杂、从低级到高级的漫长阶段，它的变化更促进了经济的发展，改变了人们的方方面面，尤其是生活和学习的方式。其发展大致经历了四个阶段。

（1）面向终端的计算机网络。

20世纪50年代到20世纪70年代初，网络可以称为面向终端的计算机网络，此时是计算机网络的萌芽阶段。1946年2月14日，世界上第一台计算机ENIAC在美国诞生。20世纪50年代初，美国在本土和加拿大境内，建立了一个半自动地面防空系统，简称SAGE（赛其）系统，可以说是网络的雏形。其后的20多年，人们一直在朝着能使计算机技术与通信技术相结合的方向努力。

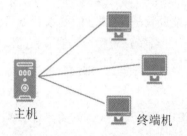

图 1-13　面向终端的计算机网络

人们把这种以一台计算机为中心经通信线路与若干终端直接相连的网络称为面向终端的计算机网络，如图1-13所示。这种计算机通信网络的一个典型的应用是20世纪60年代初美国航空订票系统SABRE-1，该系统由一台中心计算机和分布在全美范围内的2000多个终端组成，各终端通过电话线连接到中心计算机。在单机系统中，终端用户通过终端机向主机发送数据运算处理请求，主机接收请求并处理，将处理后的结果发送到终端机，在这个过程中，数据始终存储在主机中而非终端机中，这样主机负担过重，不仅要处理并存储数据，还要负责主机与终端机间的通信。由于一台终端机需要单独使用一根通信线路，这样就造成了通信线路利用率比较低，若增加一台终端机，线路控制器的软硬件必须要做出很大的改动。这一阶段的代表是1969年美国国防部高级研究计划局创建的第一个分组交换网ARPANET。

（2）多主机互联的计算机网络。

随着终端用户对主机资源需求量的增加，为了减轻主机的负担，可以在通信线路和主机之间设置一个前端处理设备——通信控制处理机（Communication Control Processor，CCP），该设备专门负责与终端之间的通信任务，主机则负责数据的处理和存储，同时，为了提高通信效率，减少通信费用，可以在远程终端比较密集的地方增加一个集中器，集中器主要负责把从终端经低速通信线路到主机的数据集中收集起来，连接到高速线路上，再经高速通信线路与通信控制处理机连接。此过程中的通信控制处理机和集中器一般由小型计算机来担当，因此，这种结构也称为具有通信功能的多机系统。

20世纪60年代中期，计算机网络发展至由若干台计算机互联的系统，也就是利用通信线路将多台计算机连接起来实现计算机与计算机间的相互通信。多主机互联的计算机网络如图1-14所示。

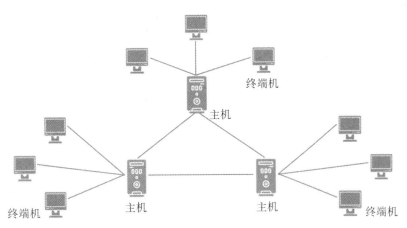

图 1-14　多主机互联的计算机网络

（3）标准的计算机网络。

ARPANET 的成功运用很大程度上刺激了各大计算机公司对网络的热衷，其纷纷着手各自的发展，不久后在宣布各自网络产品的同时公布了各自所采用的网络体系结构标准。这种积极的发展步伐极大地推动了计算机网络的应用，但随之也产生了一定的问题，因为各大计算机公司所采用的网络体系结构标准不同，所以不同网络之间的互联存在极大的不便。

鉴于此种情况，为了更好地促进互联网络的研究和发展，国际标准化组织（ISO）于 1985 年设定了一个网络互联的七层框架的参考模型，一种开放式系统互联的参考模型，简称 OSI 参考模型，详见 1.5 节。OSI 参考模型的制定引领计算机网络走向标准化、开放化及产品化，使计算机网络形成了开放系统的互联网络，让计算机网络步入了成熟的发展阶段。

1984 年，卡恩与瑟夫开发的 TCP/IP 通用协议得到美国国防部的肯定，成为另一个由众多计算机共同遵守的标准，详见 1.5 节。

（4）Internet 国际互联网络。

通信技术的四次革命，让其走向成熟可靠的发展阶段，计算机网络技术也随之迅猛发展。从 20 世纪 80 年代末开始，计算机网络发展更加成熟，将以"互联、高速、智能"为特点进一步促使全球计算机网络时代的到来。

1986 年，NSF 建立的国家科学基金网实现了全美互联，发展了以 Internet 为代表的互联网。

1993 年，美国政府公布的信息高速公路计划实现了政府机构、企业、科研机构、大学及家庭的计算机联网，1994 年中国也正式加入该计划。该计划的提出不仅极大地推动了经济的发展，还促进了高新技术及其产业的全面发展。

随着网络规模的扩大和服务功能的增多，世界各国努力开展智能网络的研究，用以提高通信网络开发业务能力，合理且高效地进行各种网络业务管理，真正实现以开放形式向用户提供各种服务。自 1984 年美国提出智能网络开始，便引起各国关注，1992 年 ITU-T 正式定义了一个能快速、方便、灵活且经济高效地实现各种新业务体系的智能网络。

另外，我国国计算机网络在该阶段也产生了巨大的突破，1993 年 3 月，我国提出建设"三金"（金桥、金关、金卡）工程，其中计算机网络在该工程中起着非常重要的作用；1993 年 9 月，我国建立中国公用分组交换数据网 CHINAPAC；1997 年 4 月，我国建立了影响力较大的四大网络（中国公用计算机互联网 CHINANET、中国教育和科研计算机网 CERNET、中国科学技术网 CSTNET、中国金桥信息网 CHINAGBN）。

2．互联网的未来趋势

（1）互联网助推全球产业转型升级：互联网所构建的网络空间可以让全球产业发展更强、更灵活地应对外部资源与环境等挑战，同时在践行创新、协调、绿色、共享、开放的五大发展理念上，迈进数字经济新时代，推动全球产业组织模式、服务模式及商业模式的全面创新和加速发展。

（2）互联网将成为各国治国理政的新平台："指尖治国"将成为新常态，"互联网+"政务服务、移动政务、大数据决策、微博、微信等的广泛应用将深入改变政府传统的运行模式。同时，国家若要有网络主导权、国际话语权，势必要让互联网成为新常态的新动力，助力国家治理体系。

（3）互联网作为国际交流合作的重要桥梁：以人为本、以服务发展为宗旨的互联网服务外交、互联网企业家外交的时代将在全球各国全面开启，让不同国家、区域、民族、种族及宗教等的人群文化交流和业务合作起来，让世界交流合作因互联网而变得紧密、和谐。

（4）互联网将使人类生活智能化：互联网浪潮的高涨推动了物联网产业的发展，万物互联离我们的现实生活越来越近，人类将迈进万物互联的时代，生活将趋向智能化。随着越来越多智能产品的问世，如智能监控、智能追踪、智能扫地机、智能衣柜、智能手表、智能跑鞋、无人驾驶汽车等，这些智能产品将科学渗透到人们生活的方方面面，使人们真实感受到互联网的强大、人类智慧的伟大，让人们可以从烦琐的生活中彻底解放，生活变得智能化、高效化，从而提高人们生活的质量和水平。

1.3.3　我国计算机网络发展的概况

人类社会新时代发展的主要特征：网络化、数字化、信息化，是一个以网络为核心的信息时代。互联网已成为人类的需要，科技进步推动社会发展的力量是不可估量的，一切的源泉离不开计算机网络，因此计算机网络已成为信息社会的命脉和发展知识经济的重要基础。

我国的计算机网络应用始于铁道部，1980 年，铁道部（现分为国家铁路局和中国铁路总公司）开始进行计算机联网实验。1989 年 11 月，我国的第一个公用分组交换数据网 CNPAC 建成运行。20 世纪 80 年代至 20 世纪 90 年代，不但公安、银行、军队及其他部门都相继建立了各自的专用计算机广域网，而且国内的许多企事业单位都相继安装了大量的局域网，而局域网的快速发展对现代化管理和办公自动化起到了积极的作用。1994 年 4 月，我国通过 64 kbit/s 专线正式联上互联网，从此我国被国际上正式承认为接入互联网的国家。在同年的 5 月，中国科学院高能物理研究所成立了我国第一个网络服务器。同年 9 月，中国公用计算机互联网

CHINANET 正式启动。

目前，我国相继建成了多个基于互联网技术并能够与互联网互联的全国规模的公用计算机网络，其中规模最大、最具影响力的有以下五个。

（1）中国电信互联网 CHINANET（原中国公用计算机互联网）。

（2）中国联通互联网 UNINET。

（3）中国移动互联网 CMNET。

（4）中国教育和科研计算机网 CERNET。

（5）中国科学技术网 CSTNET。

其中，中国教育和科研计算机网 CERNET 是我国第一个 IPv4 互联网主干网。2004 年 2 月，我国的第一个下一代互联网 CNGI 的主干网 CERNET2 试验网正式开通，向用户提供 IPv6 下一代互联网服务，是中国第一个 IPv6 国家主干网，也是世界上规模最大的纯 IPv6 主干网。该网以 2.5Gbit/s～10Gbit/s 的传输速率连接分布在北京、上海、广州等全国 20 个主要城市的 CERNET2 核心节点，实现全国 200 余所高校下一代互联网 IPv6 的高速接入，同时，为全国其他科研院所和研发机构提供下一代互联网 IPv6 高速接入服务，并通过中国下一代互联网交换中心 CNGI-6IX，高速与国际下一代互联网连接。

自 1997 年，集"国家网络基础资源的运行管理和服务机构""国家网络基础资源的技术研发和安全中心""互联网发展研究和咨询服务力量""互联网开放合作和技术交流平台"主要职责为一体的中国互联网络信息中心 CNNIC（China Internet Network Information Center）成功组建以来，每年两次公布我国互联网的发展情况，不断追求成为集专业、责任、服务于一体的世界顶级互联网络信息中心。

互联网大有作为，推动创新发展新动力。20 世纪 90 年代末，我国陆续涌现出大批有志之士为国际互联网事业发展做出了巨大的努力和贡献，推出了一系列具有全国，甚至国际影响力的互联网平台。

1996 年，中国第一家以风险投资资金建立的爱特信互联网公司创立，两年后推出"搜狐"产品，并更名为搜狐公司。搜狐网站（Sohu.com）是中国首家大型分类查询搜索引擎。

1997 年，网易公司（NetEase）的创立成功推出了中国第一家中文全文搜索引擎，并开发了超大容量免费邮箱。旗下推出的在线游戏、电子邮箱、在线音乐等多种服务深受国内用户欢迎，网易网站如今是全国影响力较大的综合门户网站。

1998 年，新浪网站（Sina.com）创立，其为全球用户提供全面、及时的中文咨询和多元化、快捷的网络空间，是人们与世界交流的先进手段，该网站如今已成为全球最大的中文综合门户网站，此外，新浪微博也是全球使用率最多的微博之一。

同年，腾讯公司（Tencent）创立，旗下的即时通信工具 QQ 和微信（WeChat）是目前国内最受欢迎，且使用率最高的两大社交网络平台，满足了国内上亿互联网用户沟通、资讯、娱乐及金融等方面的需求。特别强调的是，微信的不断完善和发展带给数以亿计的网民即时沟通、娱乐社交和生活服务为一体的一种全新、便捷的移动生活方式和生活习惯，同时为中国互联网行业开创了更加广阔的应用前景。

1999 年，阿里巴巴网站（Alibaba.com）创立，这是全球著名的 B2B 电子商务网站，也是全球国际贸易领域内最大、最活跃的网上交易市场和商人社区。

2000 年，百度网站（Baidu.com）创立，该网站现在已成为全球最大的中文搜索引擎。

此外，京东、淘宝、拼多多等电商平台的创立，让人们足不出户轻松购物，尤其在全球新冠疫情蔓延时期，国内各大电商平台更是安全地解决了人们"购物难"的一大问题；支付宝、微信支付等为国内电子商务提供了简单、快捷且安全的在线支付手段；抖音、快手等短视频社交软件的迅猛发展，使人们的日常生活和精神生活越来越视频化，人们可以通过视频记录生活、交流学习，以及表达对一些社会事件的看法，社会的视频化和视频的社会化让更多的人借助视频来了解和参与社会。

展望未来，在转变经济发展方式，调整经济结构，促进资源配置优化的过程中，人们要充分发挥"互联网+科技"的力量，推动互联网和实体经济深度融合发展，以信息流带动技术流、资金流、人才流、物资流，推动创新发展，提高劳动生产力。

1.4 计算机网络的性能

计算机网络的性能其实与网络协议的每个层次都有着一定的关系，但如果仅从通信的角度考虑，其实是传输层及其以下的各层决定了计算机网络的性能。计算机网络的性能一般是指它的几个重要的性能指标，但除一些重要的性能指标外，我们还要考虑到一些非性能指标同样对计算机网络的性能有着较大的影响。

1.4.1 计算机网络的性能指标

1. 速率

我们都知道，计算机发出的信号都是数字形式的。比特（bit），计算机专业术语，这一词来源于 binary digit，意思是一个"二进制数字"，一个比特等同于二进制数字中的一个 1 或 0，是计算机中数据存储的最小单位，也是信息论中使用的信息量的单位。

在网络技术中，速率是指连接在网络上的主机在数字信道上传输数据的速度，也称为数据率或比特率，是计算机网络中最重要的性能指标。

速率的单位是 bit/s（比特每秒）或 b/s 或 bps，当数据速率较高时，可以在其前面加上一个英文字母，如 k、M、G、T 等，便构成 kbit/s、Mbit/s、Gbit/s、Tbit/s 等单位。需要注意的是：在计算机领域中，数的计算使用的是二进制，因此 K（Kilo）=2^{10}=1024，M=2^{20}，G=2^{30}，T=2^{40}……

还需要注意：当人们提起网络速率时，速率往往指的是额定速率或标称速率，并非是实际运行速率。

2．带宽

带宽（Bandwidth）应用的领域非常多，不同领域的含义也有所不同，有的可以用来标识信号传输的数据传输能力，有的可以用来标识单位时间内通过链路的数据量，因此，在本教材中提出两种不同的解释。

（1）表示频带宽度。

带宽一词本意是指某个信号具有的频带宽度。信号的带宽是指该信号所包含的各种不同频率成分所占据的频率范围。例如，传统通信线路上传输的电话信号标准带宽为 3.1kHz，这种意义上的带宽通常以每秒传输周期或赫兹（Hz）或 kHz、MHz、GHz 等来表示。

（2）表示通信线路所能传输数据的能力。

带宽还可以用来表示计算机网络中通信线路所能传输数据的能力，因此，网络带宽则表示在单位时间内从网络中的某一点到另一点所能通过的"最高数据率"。这种意义上的带宽通常以 bit/s 为单位。

3．吞吐量

吞吐量（Throughput）表示在单位时间内通过某个网络（或信道、接口）的实际的数据量。吞吐量经常用于对现实世界中的网络进行测量，以便知道实际上到底有多少数据量能够通过网络。然而吞吐量受网络的带宽或网络的额定速率的限制，对于 100Mbit/s 的以太网，其实际的吞吐量可能只有 70Mbit/s，甚至更低。

4．时延

时延（Delay 或 Latency）是指数据（一个报文或分组，甚至是比特）从网络（或链路）的一端传输到另一端所需的时间，也称为延迟或迟延，也是计算机网络的重要性能指标。时延包括发送时延、传播时延、处理时延和排队时延，数据在网络中经历的总时延是这四种时延的总和。

（1）发送时延。

发送时延（Transmission Delay）是主机或路由器发送数据帧所需要的时间，又称传输时延，也就是从发送数据帧的第一个比特算起，到该帧的最后一个比特发送完毕所需的时间。其计算公式为：

$$发送时延 = \frac{数据长度（bit）}{发送速率（bit/s）}$$

由此可见，对于一定的网络，发送时延并非固定不变，而与发送的帧长（单位为 bit）成正比，与发送速率成反比。

（2）传播时延。

传播时延（Propagation Delay）是电磁波在信道中传播一定的距离需要花费的时间，也就是从发送端发送数据开始，到接收端接收数据经历的时间。信号传播的距离越远，传播时延就越大。其计算公式为：

$$传播时延 = \frac{信道长度（m）}{信号在信道上的传播速率（m/s）}$$

电磁波在自由空间的传播速率是光速，即 $3.0×10^5$km/s，电磁波在网络传输介质中的传播速率比在自由空间中的略低一点，而在铜线电缆中的传播速率约为 $2.3×10^5$km/s。

以上两种时延只要弄清楚发送时延的位置就不会相互混淆了。其中，发送时延发生在机器内部的发送器内，而传播时延发生在机器外部的传输信道上。

举例如下。

问：假设有 10 辆车的车队欲从公路收费站入口出发到距离 50km 的目的地，如果每辆车通过收费站要花费 6s 时间，而车速是 100km/h，则整个车队从公路收费站入口到目的地共花费多少时间？

解：

$$发车时间 = 10×6s = 60s \qquad ← 相当于网络中的发送时延$$

$$行车时间 = \frac{50km}{100km/h} = \frac{1}{2}h = 30min \qquad ← 相当于网络中的传播时延$$

因此，整个车队花费的总时间为 31min。

（3）处理时延。

处理时延（Nodal Processing Delay）是数据在交换节点为存储转发所进行的一些必要数据处理所需的时间。主机或路由器在接收分组时需要花费一定的时间进行处理，如分析分组的首部、从分组中提取数据部分、进行差错检验等，便产生了处理时延。

（4）排队时延。

排队时延（Queueing Delay）是指节点缓存队列中分组排队所用的时间。分组在经过网络传输时，要经过许多路由器，但分组在进入路由器后要先在输入队列中排队等待处理，在路由器确定了转发接口之后，还要在输出队列中排队等待转发，这样也就产生了排队时延。排队时延的长短往往取决于网络当时的通信量。当网络的通信量非常大时会发生队列溢出的情况，导致分组丢失，这相当于排队时延为无穷大。

图 1-15 可以说明在不同位置上所产生的四种时延，如果节点 A 和节点 B 进行通信，则在节点 A 的发送器中将产生发送时延，在链路上产生传播时延，并且在节点 A 中将产生处理时延和排队时延。

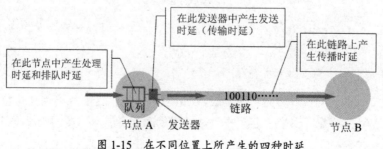

图 1-15　在不同位置上所产生的四种时延

由此，数据在网络中经历的总时延即四种时延之和：

$$总时延 = 发送时延 + 传播时延 + 处理时延 + 排队时延$$

那么，在总时延中，究竟哪种时延占据主导地位？

举例如下。

问：假设一个长度为 100MB 的数据块在带宽为 1Mbit/s 的信道上用光纤传输到距离 1000km 和 1km 的目的地，计算机将用多少时间完成？

解：

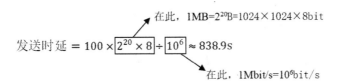

在此，$1MB=2^{20}B=1024 \times 1024 \times 8bit$

$$发送时延 = 100 \times \boxed{2^{20} \times 8} \div \boxed{10^6} \approx 838.9s$$

在此，$1Mbit/s=10^6bit/s$

则

$$1000km的传播时延 = \frac{1000(km)}{200000(光纤信道的传播速率，单位为km/s)} = 5ms$$

若目的地为 1km 的传播时延会减小到 1000km 的千分之一，又因为 ms（毫秒）级的时间相对于 838.9s 而言，基本可以忽略不计，因此，总时延的数值基本上是由发送时延来决定的。

如果我们把发送速率提升到 100 倍，也就是带宽为 100Mbit/s，那么总时延变为 8.389+0.005=8.394s，其值缩小至原来的 1/100。

但要知道，不是在任何情况下提高发送速率都能降低总时延。又若，传输数据仅仅是 1B，发送速率仍然为 1Mbit/s，此时发送时延为 $8 \div 10^6 = 8 \times 10^{-6}s = 8\mu s$，若传播时延仍为 5ms，因此，总时延就是 5.008ms。那么，此时，我们可以说传播时延决定了总时延。再如若，我们将发送速率提升至 1000 倍，不难计算，总时延基本上仍然为 5ms，变化不明显。由此，我们可以得出在总时延中究竟是发送时延还是传播时延占主导作用，还得结合具体数据通信过程中传输的数据长度和传输速率综合考虑才可。

5. 时延带宽积

时延带宽积就是传播时延带宽积，是传播时延和带宽相乘后得到的一个很有用的度量值。即

$$时延带宽积 = 传播时延 \times 带宽$$

我们可以用一个空心的圆柱形管道代表链路，管道的长度即链路的传播时延，而管道的横截面面积即链路的带宽，如图 1-16 所示。由此，我们可以说，时延带宽积就是该管道的体积，即表示这样的链路可容纳的比特数。

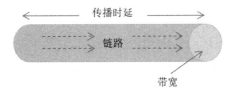

图 1-16　圆柱形管道般的链路

举例如下。

问：假设某段链路的传播时延为 20ms，带宽为 10Mbit/s，求该段链路的时延带宽积。

解：

$$时延带宽积 = 20 \times 10^{-3} \times 10 \times 10^6 = 2 \times 10^5 \text{bit}$$

如上表明，如果发送端连续发送数据，当发送的第一个比特即将到达终点时，发送端就已经发送了 20 万个比特，而这 20 万个比特也都正在链路上向前移动传输。

由此也可以看出，管道中的比特数就是从发送端发出的且尚未到达接收端的比特数。

6．往返时间

往返时间（Round-Trip Time，RTT）也是计算机网络的重要性能指标，其表示从发送端发送数据开始，到发送端收到来自接收端的确认所经历的总时延。

举例如下。

问：假设节点 A 向节点 B 发送数据，数据长度为 100MB，发送速率为 100Mbit/s，那么发送时间和有效数据率是多少？

解：

$$发送时间 = \frac{数据长度}{发送速率} = \frac{100 \times 2^{20} \times 8}{100 \times 10^6} \approx 8.39\text{s}$$

在此，我们假设若节点 B 接收完 100MB 的数据后，将立即向节点 A 发送确认，同时我们假设节点 A 只有收到节点 B 的确认后才能继续发送数据给节点 B，那么很显然，这个过程需要一个 RTT，我们再假设 RTT 为 2s，则

$$有效数据率 = \frac{数据长度}{发送时间 + RTT} = \frac{100 \times 2^{20} \times 8}{8.39 + 2} \approx 80.7\text{Mbit} / \text{s}$$

从得出的结果可以看出，有效数据率比原来的数据率少了很多。而在网络传输过程中，RTT 其实还应该包括各个中间节点的处理时延、排队时延和数据转发时的发送时延。当使用卫星进行通信时，RTT 将会相对更长，因此该项固然也是计算机网络的重要性能指标。

7．利用率

利用率分为信道利用率和网络利用率。

信道利用率是指某个信道有多少比例被利用（有数据通过）。完全空闲的信道的利用率为零。

网络利用率则是指全网络的信道利用率的加权平均值。

在此我们要清楚知道，信道利用率并非越高越好。因为当某个信道利用率增大时，该信道引起的时延必然也会迅速增加。这一点与高速公路的情况类似，当高速公路车流量较大时，可能会造成某路段出现堵塞，这时行车所需时间就会较长。网络亦是如此，当网络通信量较少时，网络产生的时延也就不大，但一旦网络通信量不断增大，由于分组在网络节点进行处理时需要排队等候，那么势必会引起时延增大。

如果令 D_0 表示网络空闲时延，D 表示网络当前时延，则在适当的假设条件下，可以通过如下公式来表示 D 和 D_0 之间的关系：

$$D = \frac{D_0}{1-U}$$

式中，U 为网络利用率，数值在 0~1 之间。

由此我们可以看出，当网络利用率不断增大时，时延必然也会不断增大；当网络利用率接近 1 时，网络时延将趋向无穷大。因此，我们得出：信道或网络的利用率过高会产生非常大的时延。

1.4.2　计算机网络的非性能特征

计算机网络还有一些非性能特征，它们也很重要，包括费用、质量、标准化、可靠性等。

1．费用

网络的费用即网络的价格，包括设计和实现的费用。其与网络的性能密切相关，一般来说，网络的速率越高，其费用也就越高。

2．质量

网络的质量取决于网络中所有构件的质量，以及所有构件是如何组网的。网络质量将影响网络的可靠性、网络的性能和网络管理的简易性等方面。

3．标准化

网络的硬件与软件设计可以遵循通用的国际标准，也可以遵循特定的专用网络标准。但建议最好采用通用的国际标准来设计，这样便于更好的互操作，同时易于维修、升级，更易于得到技术上的支持。

4．可靠性

可靠性与网络的性能、质量有着密切关系，速率较高的网络可靠性不一定会很差，但若要速率较高的网络可靠地运行，则费用会较高，同时较难实现。

5．可扩展性和可升级性

在构造网络的同时务必要考虑日后的扩展和升级，网络性能越高，则日后的扩展费用也会越高，扩展难度势必也会加大。

6．易于管理和维护

网络如若没有良好的管理和维护，日后则较难达到或保持设计的性能。

1.5　计算机网络的体系结构

在计算机网络体系结构中，通常采用层次化结构来定义计算机网络系统的组成方法及系统功能。

1.5.1 计算机网络体系结构的形成与相关术语

1．计算机网络体系结构的形成

计算机网络是个非常复杂的系统。因此，两个计算机系统若要实现相互通信，则必须要高度协调工作，而这种所谓的"协调"其实也是一个相当复杂的过程。为了设计出一个复杂而功能强大的计算机网络，早在设计 ARPANET 时就已经提出了一个"分层"的方法，"分层"确实可以将庞大而复杂的问题转化成若干个较小的局部问题，这些较小的局部问题就比较容易研究和处理了。但"分层"究竟分几层合理呢？

1974 年，美国的 IBM 公司宣布了系统网络体系结构 SNA（System Network Architecture）。这个著名的网络标准就是按照分层的处理办法制定的。但不久之后，一些公司也相继推出他们自己公司所设计出的具有不同名称的体系结构，这些体系结构不同，即分层不统一，导致了不同公司的设备很难实现互联。因此，为了解决这一问题，我们只有统一体系结构的标准。

为了能使不同体系结构的计算机网络互联，相互交换信息，更好地促进全球经济的发展，国际标准化组织（ISO）从 1977 年开始成立研究机构，至 1985 年，正式制定了一个网络互联的七层框架参考模型，该参考模型是一种开放式系统互联的基本参考模型，简称 OSI/RM（Open System Internetwork Reference Model）。

理想境界的 OSI 参考模型这一标准可以实现，只要是遵循该标准，一个系统不管在何地都可以与遵循这一标准的任何系统相互通信，同时该标准在当时的提出引来不少国家政府机构的支持。然而，事与愿违，基于卡恩与瑟夫开发的 TCP/IP 协议的互联网抢先占领了全球的大半个市场，而遵循 OSI 参考模型标准的产品竟然寥寥无几。如今，覆盖全球的、影响较大的基于 TCP/IP 协议的互联网其实并没有使用 OSI 参考模型标准。那么究竟什么原因导致了 OSI 参考模型标准的失败呢？我们在此归纳了几点。

（1）专家们缺乏实际经验和完成标准时缺乏商业驱动力。

（2）协议实现较复杂且运行效率低。

（3）标准制定周期过长导致错失良机。

（4）层次划分不太合理。

从这一事实可以得出：一个新标准的出现，有时并不一定能反映出其技术水平的先进，而是要看其是否有一定的市场背景。

2．计算机网络体系结构的相关术语

（1）实体。

实体（Entity）是指任何可以发送或接收信息的硬件或软件进程。

（2）对等实体。

对等实体（Peer Entities）是指收发双方处在同一层次上且完成相同功能的实体。

（3）网络协议。

若要实现计算机网络中正常的数据交换或通信，则必须要遵守事先约定好的规则，而这些为进行网络中的数据交换或通信而建立起的规则、标准或约定称为网络协议（Network Protocol）。网络协议主要有以下三个要素组成。

① 语法，定义通信双方交换信息的格式或结构（如何讲）。

② 语义，定义通信双方交换信息所要完成的操作（讲什么）。

③ 同步，定义通信双方事件实现的顺序（讲话的顺序）。

由此可见，网络协议是计算机网络必不可少的组成部分。

（4）服务。

服务（Service）是指在网络分层的结构模型中，且在协议的控制下，两个对等实体间的逻辑通信可以实现本层向上一层提供的功能。

但要注意，如果要实现本层的协议，还要使用下一层提供的服务才可以，实体可以看得见下层提供的服务，但不知道该服务实行的具体协议是什么，也就是说，下面的协议对上面的实体实际上是透明的。还要注意，协议是"水平的"，服务是"垂直的"。协议是控制对等实体之间通信的规则，而服务是由下层向上层通过层间接口提供的。

（5）服务访问点。

服务访问点（Service Access Point，SAP）是指相邻两层的实体交换信息的位置，即接口，用于区分不同的服务类型。

（6）服务原语。

上层使用下层提供的服务必须通过与下层交换一些命令来实现，这些命令被称为服务原语。

（7）协议数据单元。

协议数据单元（Protocol Data Unit，PDU）是指对等层次之间水平方向传输的数据单元。

（8）服务数据单元。

服务数据单元（Service Data Unit，SDU）是指层与层之间交换的数据单元。

（9）接口数据单元。

接口数据单元（Interface Data Unit，IDU）是指相邻层接口间传输的数据单元，由服务数据单元和一些控制信息组成。

了解了计算机网络体系结构中的一些相关术语后，我们可以通过图 1-17 来理解一下相邻两层之间服务与协议的关系。

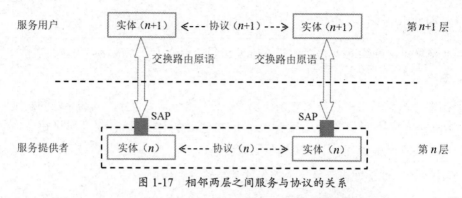

图 1-17　相邻两层之间服务与协议的关系

从图 1-17 中可以明显看出，每层之间的实体都使用着不同的协议，且第 n 层的实体是第 $n+1$ 层的实体的服务提供者。第 $n+1$ 层所接收的服务包括第 n 层及以下各层所提供的所有服务，该层的实体称为服务用户。

此外，还需要强调一下协议的复杂性，我们说协议一定要把所有不利的条件事先估计到，而非假定一切都是正常或理想的，也就是看一个协议是否正确或合理，不能只看在正常情况下它的正确或合理，还要看这个协议能否有效地应对各种异常情况。下面我们通过一个经典的例子来说明这个问题。

问：占据东、西两个山顶的蓝军 1 和蓝军 2 与驻扎在山谷的白军作战。其力量对比是单独的蓝军 1 或蓝军 2 打不过白军，但蓝军 1 和蓝军 2 协同作战则可战胜白军。现蓝军 1 拟于次日正午向白军发起攻击。于是用计算机发送电文给蓝军 2。但通信线路很不好，电文出错或丢失的可能性较大（没有电话可使用）。因此要求收到电文的友军必须送回一个确认电文。但此确认电文也可能出错或丢失。试问能否设计出一种协议使得蓝军 1 和蓝军 2 能够实现协同作战并一定（100%而不是 99.999……%）取得胜利？

解：

首先分析，如果蓝军 1 在发送消息时被白军捕获，那么两军传递消息路径是不可靠的。所以在这种情况下，蓝军 1 不仅要发送一个消息，还需要蓝军 2 收到消息后给其一个回执，反之亦是如此，那么这样反复进行将陷入一个死循环。

也就是：

蓝军 1 发送明日正午进攻白军，请求协同作战并确认。那么假定蓝军 2 收到了消息同时发回了确认。

然而，蓝军 1 和蓝军 2 都不敢贸然行动。蓝军 2 不敢进攻白军，因为他们不确定蓝军 1 是否收到了他们的确认，因此，他们也想等待蓝军 1 给他们一个收到确认的回复；而蓝军 1 也不敢发起进攻，因为他们想蓝军 2 可能也要等待他们的一个收到回复的确认，所以他们又发出了一个"蓝军 1 对'（蓝军 2 确认）x'的确认 y"；那么当蓝军 1 发出该确认后，便要等待蓝军 2 发回的蓝军 2 对 y 的确认。无限循环的协议如图 1-18 所示。

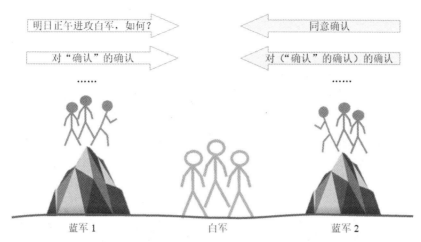

图 1-18 无限循环的协议

如此反复，蓝军 1 和蓝军 2 始终都无法确认对方发出的是否是最终确认，没有一种协议可以使得他们 100%地确保胜利作战。由此可以告诉我们，看似非常简单的协议，设计起来实则比较困难，因为要考虑的问题实在太多。

1.5.2 OSI 参考模型

20 世纪 80 年代，国际标准化组织制定了一套普遍适用的规范集合 OSI 参考模型，将计算机网络通信协议分为 7 层（物理层、数据链路层、网络层、传输层、会话层、表示层和应用层），如图 1-19 所示，该模型为一个异构计算机连接标准的框架，用以实现全球范围的计算机进行开放式通信。

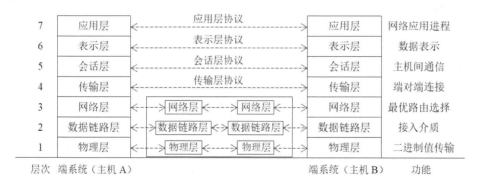

图 1-19 OSI 参考模型

在 OSI 网络体系结构中，数据的传输方向是垂直的（物理层除外）。数据由发送端的顶层应用层（应用程序）产生，从该层往下层传送直至物理层。然而每经过一层都要在前端加上一些该层专用的信息，即报头（数据的封装），再传送至下一层，此过程可以将加上报头想象为套上一层信封，然而当到了底层物理层时，原本的数据将套上 7 层信封，再通过传输介质将数据传送到接收端。接收端接收到数据后，从底层物理层向上层传送直至顶层应用层，在这个过程中，每经过一层就拆掉一层信封，也就是去掉相应的报头，到了顶层后数据也恢复成了原貌。

如下对 OSI 参考模型的各层做了详细介绍。

（1）物理层。

物理层（Physical Layer）是参考模型中的底层，其主要功能是利用传输介质为数据链路层提供物理连接，也就是主要负责数据流的物理传输工作。物理层传输数据的基本单位是比特流，即 0 和 1。当发送方发送 1 或 0 时，接收方就应当收到 1 或 0，而不是别的，为此，物理层就要考虑使用多少伏特电压能代表 1 或 0。当然除此之外，物理层还要考虑时钟速率是多少，传输时采用的是全双工方式还是半双工方式等问题，总而言之，物理层关心的是链路的机械、电气、功能等问题。

（2）数据链路层。

数据链路层（Data Link Layer）简称链路层，是在通信实体间建立数据链路连接，解决相邻两个节点之间通信问题，并为网络层提供差错控制和流量控制服务的。数据链路层传输数据的基本单位为"帧"。

在数据链路层要通过校验、确认等手段将不可靠的物理连接转换成对网络层无差错服务的数据链路。此外，为了防止接收方不及时处理数据而导致缓冲器溢出或线路阻塞，要进行流量控制，协同收发双方的数据传输速率。

（3）网络层。

网络层（Network Layer）主要负责为分组交换网上的不同主机提供通信服务，这一层为传输层提供服务。

在发送数据时，网络层把传输层产生的报文段或用户数据报封装成分组（IP 数据报/数据报）或数据包进行传输。此外，网络层还要选择合适的路由使源主机传输层传下来的分组通过路由器找到目的主机。

（4）传输层。

传输层（Transport Layer）也可称为运输层，是网络体系结构中高低层之间衔接的一个接口层。它不仅是一个单独的结构层，还是整个体系协议的核心。它主要负责向两台主机中进程之间的通信提供通用的数据传输服务。"通用"是指多种应用可以使用同一个传输层服务。一台主机可同时运行多个进程，多个应用层进程可以同时使用传输层的服务，而传输层可以把收到的信息分别交付到应用层中相应的进程，故而传输层有复用和分用功能。

（5）会话层。

会话层（Session Layer）的主要功能是管理和协调不同主机上的各种进程之间的通信（对话或会话），也就是负责建立、管理及终止应用程序间的通信，维护两个节点之间的传输连接，确保点到点传输不中断，以及管理数据交换等。

（6）表示层。

表示层（Presentation Layer）是指为在应用过程中传输的信息提供表示方法的服务。该层关心的是所传输数据的语法和语义。表示层的主要功能是处理在两个通信系统中交换信息的表示方法，主要包括数据格式、数据压缩与解压、数据加密与解密等。

（7）应用层。

应用层（Application Layer）是 OSI 参考模型中的最高层，是面向用户的一层，是用户与网络的接口。需要注意的是，应用层非应用程序，而是为应用程序提供服务的。在这一层可以通过应用程序完成网络用户的各种应用需求，如文件传输、收发邮件等。

如上所述，我们可以总结出 OSI 参考模型具有如下主要特点。

①网络中异构的每个节点均有相同的层次，且相同层次具有相同功能。

②同一节点内相邻层次间通过接口通信。

③相邻层次间接口定义原语，并由低层向高层提供服务。

④不同节点的相同层次间的通信由该层协议管理。

⑤每层独立定义功能且仅在物理层进行直接数据传输。

⑥抽象结构定义并非具体实现。

1.5.3　TCP/IP 协议模型

TCP/IP（Transmission Control Protocol/Internet Protocol，传输控制协议/网际协议）是指能够在多个不同网络间实现信息传输的协议族，是 ARPANET 和其后继的 Internet 使用的参考模型，故而称其为"计算机网络的祖父"。

需要注意的是：TCP/IP 协议指的不仅仅是 TCP 和 IP 两个协议，而是指由 TCP、IP 、FTP、SMTP、UDP 等协议构成的一个协议族，只不过 TCP 协议和 IP 协议最具代表性，所以被人们称为 TCP/IP 协议。TCP/IP 协议模型如图 1-20 所示。

图 1-20　TCP/IP 协议模型

从图 1-20 中可以看出，TCP/IP 协议模型的分层结构仅有四层，其中没有物理层和数据链路层，底层是网络接口层，这种模型通过网络接口层屏蔽下层网络间的差异，向上层提供统一的 IP 报文格式，用以实现异构网络间的互联。另外，该模型也没有表示层和会话层，只因在实际应用中这两层所涉及的功能比较弱，故而将它们归并到了应用层。

下面对 TCP/IP 协议模型的各层做一下介绍。

（1）网络接口层。

网络接口层又称网络接入层，即主机-网络层，该层与 OSI 参考模型中的物理层和数据链路层相对应，主要负责对在主机和网络之间的数据交换进行监视。事实上，TCP/IP 协议模型本身并没有定义该层的协议，而是首先由参与互联的各网络使用自己的物理层和数据链路层协议，然后与 TCP/IP 协议模型的网络接口层进行连接的。

（2）网络层。

网络层又称网际互联层，主要用来解决主机到主机的通信问题。网络层注重重新赋予主机一个 IP 地址来完成对主机的寻址，同时负责数据包在多种网络中的路由。在该层有三个主要协议，分别是网际协议（IP）、互联网组管理协议（IGMP）和互联网控制报文协议（ICMP）。其中，IP 协议可以提供一个可靠且无连接的数据报传输服务，因此该协议是网络层中最重要的协议。

（3）传输层。

传输层为最高层应用层的实体提供端到端的通信功能，其保证了数据包的顺序传输及数据的完整性。在该层定义了两个主要的协议，分别是传输控制协议（TCP）和用户数据报协议（UDP）。其中，TCP 协议提供的是一种可靠且通过"三次握手"来连接的数据传输服务；而 UDP 协议提供的是不保证可靠的（但并不是不可靠）且无连接的数据传输服务。

（4）应用层。

应用层为用户提供所需要的各种服务，如 FTP、Telnet、DNS、SMTP 等服务。

1.5.4 OSI 参考模型与 TCP/IP 协议模型的比较

OSI 参考模型与 TCP/IP 协议模型存在一些相同的地方，但也有不同之处。

相同之处如下。

（1）OSI 参考模型和 TCP/IP 协议模型都采用了层次体系结构的概念，将计算机网络的所有大问题拆分成独立个体的小问题，通过不同层来解决一类问题。

（2）都基于独立协议栈概念。

（3）都能实现异构的网络互联，也就是不同公司的应用或不同厂家的设备之间实现相互通信。

不同之处如下。

（1）OSI 参考模型采用的是七层结构，而 TCP/IP 协议模型采用的是四层结构，二者对比如图 1-21 所示。比较 OSI 参考模型和 TCP/IP 协议模型的各层，TCP/IP 协议模型有网络接口层而没有 OSI 参考模型的物理层和数据链路层，目的是实现异构网络的互联而屏蔽掉下层网络间的差异。另外，TCP/IP 协议模型没有表示层和会话层，而是将其所有内容归并到了应用层。

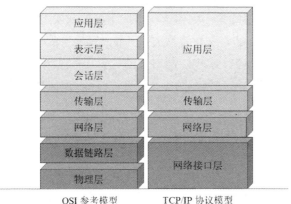

图 1-21　OSI 参考模型与 TCP/IP 协议模型对比

（2）OSI 参考模型的概念划分比较清晰，但有些过于复杂；而 TCP/IP 协议模型在服务、协议和接口上的区别不够清楚，功能描述和实现细节基本混在了一起。

（3）OSI 参考模型的抽象能力较强，适合描述各种网络，模型是在协议上建立的，具有通用性；而 TCP/IP 是先有协议集再建立模型，因而不适用于非 TCP/IP 网络。

（4）OSI 参考模型的网络层既提供面向连接的服务，又提供无连接的服务，但传输层是建立在网络层基础之上的，只提供面向连接的服务；相反，TCP/IP 协议模型的网络层只提供无连接的服务，面向连接的功能完全在 TCP 协议中实现，而传输层不仅提供无连接的服务（如 UDP），还提供面向连接的服务（如 TCP）。

1.5.5　五层协议模型的体系结构

OSI 参考模型的最大优点在于其模型本身，且已被讨论证明对计算机网络十分有益，同时，其提出的概念清晰，理论也较完整，但不足之处在于其过于复杂且不实用。相反，TCP/IP 协议模型的最大优点在于其协议，而这些协议得到了市场的认可，应用广泛。因为 TCP/IP 协议模型的网络接口层确实没有什么具体内容，由此，执其两端而用其中，综合 OSI 参考模型和 TCP/IP 协议模型的优点，采用一种五层协议的体系结构，分别是物理层、数据链路层、网络层、传输层和应用层。三种模型如图 1-22 所示。

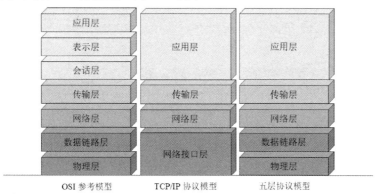

图 1-22　三种模型

五层协议模型中的物理层规定了如何透明地在不同的介质上以电气（或其他模拟）信号传输比特流，确定连接电缆插头的定义及连接方法。数据链路层的任务是在两个相邻节点之间的线路上无差错地传输以帧为单位的数据。网络层的主要任务是选择最合适的路由，以便使传下来的分组能正确无误地按照地址找到目的站，并交付给目的站的传输层。其中 IP 协议是该层，也是整个体系中重要的一个协议，我们将在后面的章节中详细介绍。传输层增强了网络层的传输保证，具有较高的可靠性，其任务是向上一层进行通信的两个进程之间提供一个可靠的端到端服务。传输层的 TCP 协议也是重要的一个协议，我们也将在后面的章节中详细介绍。应用层包含了使用网络的应用程序，该层直接为用户的应用进程提供服务。

图 1-23 展示出应用进程的数据在各层之间的传输过程。

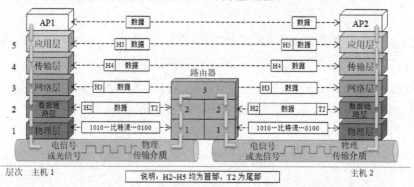

图 1-23　应用进程的数据在各层之间的传输过程

假定主机 1 和主机 2 是通过一台路由器连接起来的。假设主机 1 的应用进程 AP1 要向主机 2 的应用进程 AP2 传输数据，实现通信，那么 AP1 要先将数据交给本主机的应用层，该层要加上必要的控制信息 H5，于是变成了下一层的数据单元，传输层收到该数据单元后，加上本层的控制信息 H4，再交给网络层，成为网络层的数据单元，依次类推，到了数据链路层后，控制信息将被分为两个部分（H2 和 T2），其中 H2 加到本层数据单元的首部，T2 则加到本层数据单元的尾部，由于物理层采用比特流传输方式，所以该层不需要加控制信息，但要注意的是，传输比特流时应从首部开始。当主机 1 物理层的这串比特流离开本机通过路由器传输到主机 2 时，就要从主机 2 的物理层依次传输至应用层，在这个传输过程中需要每一层根据控制信息进行必要的操作后将控制信息剥去，再将剩余的数据传输到上一层，直至最后将应用进程的原始数据进行还原交至 AP2。

1.6　项目实验：认识计算机网络

1. 项目描述

（1）项目背景。

假设你是一个计算机网络的初学者，你希望通过实验来学习了解计算机网络的相关原理，如网络协议的格式、网络设备的结构、网络拓扑图、网络设备的配置与调试。你首先需要了解与网络相关的一些必要的工具，以及如何去使用这些工具，以此提升你的计算机网络专业技能。

（2）任务内容。

第1部分：安装虚拟仿真软件。

目前比较流行的网络虚拟仿真软件有GNS3、Packet Tracer和eNSP等。本实验采用Packet Tracer，建议安装最新版本。

第2部分：绘制拓扑图。

使用Packet Tracer绘制网络拓扑图，完成网络设备添加、网络连接、设备信息查看、硬件模块添加等内容。

第3部分：配置网络设备。

使用图形化配置和IOS命令行配置两种模式配置网络设备参数，并将网络调试连通。

2. 项目实施

第1部分：安装Packet Tracer 8.1。

Packet Tracer软件是免费开放的，目前的最新版本是8.1。使用前需要在思科网络学院注册一个账号，这样就可以下载了。

（1）安装与登录。

在官网下载Packet Tracer软件安装包后，按照软件安装导航提示，一直单击"Next"按钮，就可以完成安装。

第一次启动时需要登录并联网，输入注册的账户名和密码，完成登录过程。Packet Tracer 8.1在首次登录时，有两个选项，可以勾选左边第一个选项，登录后90天内免登录，让系统记住账户名和密码，以后90天内使用时无须再次登录。

（2）操作界面。

启动Packet Tracer 8.1后，软件界面如图1-24所示。

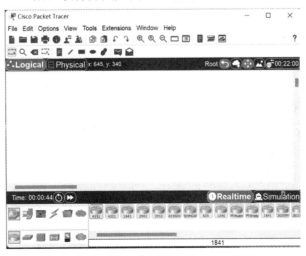

图1-24　Packet Tracer 8.1软件界面

Packet Tracer 8.1 软件界面由以下部分组成。

①菜单栏。

②工具栏。

③拓扑工作区。

④拓扑工作区工具条。

⑤设备列表区。

⑥协议仿真区。

菜单栏包括 File（文件）、Edit（编辑）、Options（选项）、View（视图）等菜单，可以新建、打开、保存文件，复制、粘贴等。

初次使用 Packet Tracer，对菜单的各种选项的含义、功能及使用方法还不了解，因此采用默认选择即可。先了解几个常用的参数选项，选择 Options 菜单 Preferences（参数选择）。

Show Device Model Labels：在拓扑图上显示设备型号。

Show Device Name Labels：在拓扑图上显示设备名。

Always Show Port Labels：显示接口标签，显示每个接口的接口名。

Show Link Lights：显示链接指示灯，红色表示关闭，绿色表示可用。

选择 Font（字体）选项可以设置字体大小和颜色。

第 2 部分：绘制拓扑图。

Packet Tracer 软件提供逻辑拓扑和物理拓扑绘制两种方式，练习绘制一个简单的网络拓扑图（见图 1-25）。

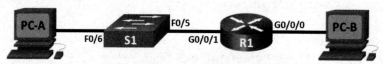

图 1-25　一个简单的网络拓扑图

（1）添加网络设备。

图 1-25 中有 3 种设备，有 1 台交换机、1 台路由器、2 台主机。需要将这些设备放入拓扑工作区。软件界面左下部分是设备列表区。设备列表区左侧显示了设备的大类型和小类型，右侧显示可供选择的设备型号。先介绍最常用的 3 项设备列表选项。

设备大类型 Network Devices（网络设备），小类型有 Routers（路由器）、 Switches（交换机）、Hubs（集线器）、Wireless Devices（无线设备）等选项，选择第 1 项路由器，右侧就显示出可供选择的路由器型号列表。

设备大类型 End Devices（终端设备），小类型选第 1 项 End Devices，右侧显示出各种类型的终端，通常选第 1 项 Generic 台式。

设备大类型 Connections（连接线缆，闪电图标），小类型选第 1 项 Connections，右侧显示出各种连接线缆，通常选第 1 项，软件自动选择连接线缆类型，其余项是供手工指定具体类型的连接线缆。

将网络拓扑中所需的设备添加到拓扑工作区。

步骤 1：拖入路由器。选择设备大类型 Network Devices，小类型第 1 项 Routers（路由器），右侧路由器型号选择思科 4321 路由器，用鼠标将其拖入拓扑工作区。

步骤 2：拖入交换机。选择设备大类型 Network Devices，小类型第 2 项 Switches（交换机），右侧交换机型号选择思科 Catalyst 2960 系列，用鼠标将其拖入拓扑工作区。

步骤 3：拖入主机。选择设备大类型 End Devices，小类型第 1 项 End Devices，右侧主机列表中选择台式机，用鼠标将其拖入拓扑工作区。同样，将第 2 台主机拖入拓扑工作区。

如需移动设备，先用拓扑工作区工具条的选择工具选中要移动的设备，再按住鼠标左键拖动到合适位置。

如需标注一些设备信息，如接口名或 IP 地址等，先单击注释工具，再在拓扑工作区单击鼠标，在光标处添加标注信息。

如需删除设备，用拓扑工作区工具条的删除工具删除选中的设备。

（2）连接网络设备。

拓扑工作区的设备需要连接起来。连接设备时需要选择适用的线缆类型，线缆类型有网线、电话线、光纤、串口线等。我们初学只使用网线，网线又分为直通线与交叉线两种，初学时让软件自动选择正确的线缆类型。

选择设备大类型 Connections，小类型第 1 项 Connections，右侧的线缆列表选第 1 项，自动匹配连接线缆类型。将 PC、交换机、路由器通过线缆连接起来，注意接口编号。搭建好的网络拓扑如图 1-26 所示。

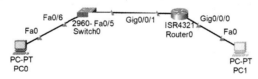

图 1-26　搭建好的网络拓扑

（3）查看网络设备信息。

单击查看工具（放大镜），用放大镜查看路由器、交换机及 PC，显示出可查看的信息列表。当选择查看路由器时，可查看路由表、IPv6 路由表、ARP 表、NAT 表、QoS 队列、接口状态信息表等。使用放大镜查看各设备的摘要信息如图 1-27 所示。

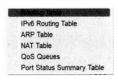

（a）路由器的摘要信息　　　　　　（b）交换机的摘要信息

图 1-27　使用放大镜查看各设备的摘要信息

```
ARP Table
Port Status Summary Table
```

（c）PC 的摘要信息

图 1-27　使用放大镜查看各设备的摘要信息（续）

不使用放大镜，直接将光标放在相应的设备图标上，也会显示出设备的接口信息摘要。若不显示，则需要在 Options 菜单 Preferences 中将"Show Port Labels When Mouse Over in Logical Works"标签勾选。显示出思科 4321 路由器有两个千兆以太网接口，如果网络接口数量不够，那么可以为设备添加功能模块。

（4）添加网络设备模块。

假设要给路由器添加串行接口模块。首先单击思科 4321 路由器图标，然后选择"Physical"选项卡，在面板图中找到电源开关，单击，将电源关闭。尽管是仿真工具，但 Packet Tracer 软件依然严格遵循设备操作规程，禁止带电插拔硬件模块之类的操作。在"Physical"选项卡下选择 NIM-2T 模块，该模块是一个 2 端口多协议同步串行模块，可用于连接串行链路。将 NIM-2T 模块拖入第一个插槽(从左往右)，再次单击电源，打开路由器电源开关。

这时将光标放在思科 4321 路由器处，查看思科 4321 路由器的端口，就多了两个串行接口 Serial0/1/0 和 Serial0/1/1。添加硬件模块如图 1-28 所示。

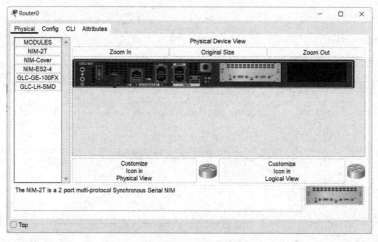

图 1-28　添加硬件模块

第 3 部分：配置网络设备。

前面已将网络设备连接好，要想使网络连通并进行通信，还需要配置设备各种参数，如 IP 地址、子网掩码、默认网关、路由协议等。只有完成设备的正确配置，启动相应的功能，网络才能连通并正常使用。Packet Tracer 软件提供两种配置模式：图形化配置和 IOS 命令行配置。

图形化配置是供初学者熟悉网络配置的辅助模式，功能十分有限。初学时可以使用图形化配置，帮助理解；熟悉使用方法和流程后就可以使用 IOS 命令行配置。

IOS 命令行配置完全模拟真实网络设备，操作界面、命令、功能都与真实网络设备一致。IOS 是思科网络设备专用操作系统，学习配置网络设备，就是学习各种 IOS 操作命令。

（1）图形化配置。

设置路由器 G0/0/1 接口的 IP 地址为 192.168.70.1，子网掩码为 255.255.255.0。

单击路由器，选择"Config"选项卡，选择 Gigabit Ethernet0/0/1（以下简称 G0/0/1）端口，填写 IP 地址与子网掩码。使用图形化模式配置设备参数如图 1-29 所示。

图 1-29　使用图形化模式配置设备参数

同样的操作，为 Gigabit Ethernet0/0/0（以下简称 G0/0/0）端口配置 IP 地址，设置为 192.168.80.1，子网掩码设置为 255.255.255.0。配置完成后，当路由器接口链路变为绿色小三角符号时，表示配置好了。

（2）IOS 命令行配置。

思科网络设备是一种专用计算机，同样由硬件系统和软件系统组成。其核心是 IOS 操作系统软件。IOS 命令行通过各种命令配置网络设备。IOS 命令行界面分为三种模式：用户模式、特权模式、全局配置模式。

启动设备。单击路由器，选择"Physical"选项卡，单击电源开关，关闭电源，再次单击电源开关，打开电源。此刻设备处于上电启动阶段，选择"CLI"选项卡。

此时会看到路由器处于启动过程，启动结束后，提示是否进入配置对话模式。

```
Would you like to enter the initial configuration dialog? [yes/no]: no
```

此处输入 no 后，多按几次回车键，就会出现初始界面，进入用户模式。

（3）IOS 命令行模式。

用户模式：设备启动进入用户模式。用户模式几乎没什么权限。用户模式的提示符为 Router >。

特权模式：在用户模式下输入命令 enable，进入特权模式。特权模式的提示符为 Router#。

```
Router>enable
```

```
Router#
```

在特权模式下，可以执行一些查看命令，如查看接口信息、路由表等；但不能执行配置命令，不能配置 IP 地址等。

```
Router#show ip interface brief  //显示设备接口信息
Router#show ip route   //显示路由表
```

全局配置模式：在特权模式下输入命令 configure terminal，进入全局配置模式。全局配置模式的提示符为 Router(config)#。

```
Router#configure terminal
Router(config)#
```

需要仔细分辨和牢记各种模式的提示符，清楚地了解当前处于何种模式。因为 IOS 命令是与模式关联的，这是 IOS 的一个特点。在全局配置模式下，可以对网络设备进行配置，如配置路由协议和参数等。如果需要完成某个专项功能的配置，还需要从全局配置模式进入专项功能配置模式。下面以配置思科 4321 路由器 G0/0/0 端口为例，介绍 IOS 命令行模式配置方法。

需要为路由器的 G0/0/0 端口分配 IP 地址 192.168.80.1，子网掩码 255.255.255.0。

```
Router>enable                    //进入特权模式
Router#config terminal           //进入全局配置模式
Router(config)#interface G0/0/0  //从全局配置模式进入 G0/0/0 端口
Router(config-if)#ip address 192.168.80.1 255.255.255.0 //配置 IP 地址与子网掩码
Router(config-if)#no shutdown    //激活端口
Router(config-if)#exit           //退出全局-接口模式，返回全局配置模式
Router(config)#exit              //退出全局配置模式，返回特权模式
Router#
```

通过 IOS 命令行模式配置的路由器端口 G0/0/0 结果如图 1-30 所示。

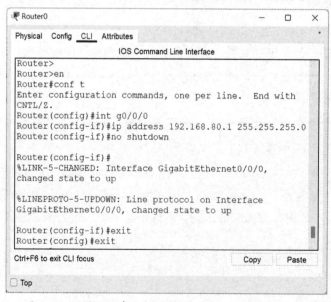

图 1-30　通过 IOS 命令行模式配置的路由器端口 G0/0/0 结果

IOS 命令行模式使用提示如下。

- 在 IOS 命令行模式中，忘记某个命令或参数，可以输入?帮助查找。例如，在调试设备过程中，需要经常查看各种信息，记不清查看路由表的命令，可以用?帮助查找。

- 在 IOS 命令行模式中，如果输入的命令有错，需要取消该命令，在与原命令相同的模式提示符下，输入"no 需要取消的命令"。例如，取消刚才配置的 IP 地址：

```
Router(config-if)# no ip address 192.168.80.1 255.255.255.0
```

- 在 IOS 命令行模式中，无论是命令还是参数，都可以只输入单词中的部分字符，只要这部分字符能够唯一确定该命令。例如，config terminal 可简写为 conf t。

- 在 IOS 命令行模式中，可以使用↑键查找以前使用的命令。例如，需要多次执行某个命令，可用↑键调出以前命令，这样就可以节省键入代码的时间，提高工作效率。

习题 1

一、单选题

1．建立计算机网络的主要目的是（　　　）。

A．提高运行速度　　　　　　　　B．提高计算精度

C．增加内存容量　　　　　　　　D．共享资源

2．下列关于局域网的特点描述错误的是（　　　）。

A．数据传输速率较高

B．数据传输时有较高的时延

C．数据误码率低

D．节点之间距离较短

3．计算机网络互联标准化阶段产生的两个影响力较大的国际通用的体系结构是（　　　）。

A．国际标准化组织的 OSI 体系结构和 IEEE 标准

B．TCP/IP 体系结构和 IEEE 标准

C．国际标准化组织的 OSI 体系结构和 TCP/IP 体系结构

D．IPX/SPX 协议和 IEEE 协议

4．计算机网络划分的主要依据是网络的（　　　）。

A．地理范围　　　　　　　　　　B．控制方式

C．拓扑结构　　　　　　　　　　D．传输介质

5．（　　　）属于互联网的核心部分。

A．主机　　　　　　B．终端　　　　　　C．联网外设　　　　　　D．传输介质

6. （　　）不属于计算机网络的拓扑结构。

A. 总线　　　　　　　　　　　　B. 星形

C. 树形　　　　　　　　　　　　D. 点形

7. 一般来说，误码率较低的是（　　）。

A. 互联网　　　　　　　　　　　B. 局域网

C. 城域网　　　　　　　　　　　D. 广域网

8. 一座建筑物内有几间房要实现联网，应该选择的组网方案是（　　）。

A. WAN　　　　　B. MAN　　　　　C. LAN　　　　　D. PAN

9. 在 OSI 参考模型中，第 N 层和其上的第 $N+1$ 层的关系是（　　）。

A. 第 N 层为第 $N+1$ 层提供服务

B. 第 N 层利用第 $N+1$ 层的服务

C. 第 N 层对第 $N+1$ 层没有任何作用

D. 第 $N+1$ 将为从第 N 层接收的信息增加一个信头

10. 随着通信与计算机网络技术的不断发展和"三网融合"的提出，人们的生活、工作需要得到了极大的满足，下列不属于三网之一的是（　　）。

A. 传统电信网　　　　　　　　　B. 卫星通信网

C. 有线电视网　　　　　　　　　D. 计算机网络

11. 按（　　）进行分类可以把网络分为电路交换网、报文交换网、分组交换网。

A. 连接距离　　　　　　　　　　B. 服务对象

C. 拓扑结构　　　　　　　　　　D. 数据交换方式

12. 在单位时间内通过某个网络（或信道、接口）的实际的数据量称为（　　）。

A. 速率　　　　　　　　　　　　B. 带宽

C. 吞吐量　　　　　　　　　　　D. 时延

13. 负责向两台主机中进程之间的通信提供通用的数据传输服务的是 OSI 参考模型的（　　）。

A. 网络层　　　　　　　　　　　B. 传输层

C. 物理层　　　　　　　　　　　D. 数据链路层

14. TCP/IP 协议模型中属于传输层协议的是（　　）。

A. HTTP　　　　　B. IP　　　　　C. DNS　　　　　D. TCP

15. TCP/IP 协议模型的网络接口层对应 OSI 参考模型的（　　）。

A. 表示层与会话层　　　　　　　B. 应用层与表示层

C. 数据链路层与物理层　　　　　　D. 网络层

16. 网络中管理计算机通信的规则称为（　　　）。

A. 介质　　　　　　　　　　　　　B. 协议

C. 服务　　　　　　　　　　　　　D. 网络操作系统

17. 制定 OSI 参考模型的组织是（　　　）。

A. ANSI　　　　　　B. ISO　　　　　　C. IEEE　　　　　　D. EIA

18. 网络性能指标不包括（　　　）。

A. 费用　　　　　　B. 时延　　　　　　C. 吞吐量　　　　　D. 速率

19. 下列关于 OSI 参考模型和 TCP/IP 协议模型描述错误的是（　　　）。

A. OSI 参考模型抽象能力强，适合于描述各种网络

B. OSI 参考模型过于繁杂且实施起来较困难

C. TCP/IP 协议模型比 OSI 参考模型更具实用性

D. TCP/IP 协议模型很好地区分了服务、接口和协议

20. TCP/IP 协议模型中的底层是（　　　）。

A. 物理层　　　　　　　　　　　　B. 数据链路层

C. 网络层　　　　　　　　　　　　D. 网络接口层

二、填空题

1. 互联网的两大功能特征是_____功能和_____功能。

2. 随着计算机网络结构的不断完善，人们从逻辑上把数据处理功能和数据通信功能分开，将数据处理部分称为_____，而将数据通信部分称为_____。

3. 按照覆盖的地理范围可将计算机网络分为_____、_____、_____和_____。

4. 目前网络常采用的一种网络交换方式是_____。

5. 数据从网络的一端传输到另一端所需的时间，称为_____。

6. 在网络边缘部分的端系统之间的通信方式通常可以划分为_____方式和_____方式。

7. TCP/IP 协议模型的层次结构自下而上分别是_____、_____、_____和应用层。

8. 计算机网络的性能指标通常包括_____、_____、_____、时延、时延带宽积、往返时间和利用率等。

9. 各节点通过传输线互相连接起来，并且每一个节点至少与其他两个节点相连，形成不规则的形状，这种拓扑结构是_____。

10. 信息传输速率的单位是＿＿＿＿＿＿。

三、简答题

1. 计算机网络中常见的拓扑结构有哪些？各自有什么特点？

2. 根据地理覆盖范围大小可以将网络划分为哪几类？各类网络的特点是什么？

3. 分组交换相对其他交换方式都有哪些优点？

4. OSI 参考模型自下而上分为几个层次？分别是什么？各层的主要功能又是什么？

5. OSI 参考模型和 TCP/IP 协议模型之间有什么区别？

第2章

TCP/IP 协议

在网络系统诞生之初，由于缺乏系统化和标准化，不同的网络设备制造商发布各自的网络体系标准和结构，不同厂商的网络设备及其网络系统之间不兼容的现象极大阻碍了互联网的规模化发展。随着 ISO（国际标准化组织）和 IETF（互联网工程任务组）的积极推动，互联网的标准化工作被持续推进。其中，TCP/IP 协议成为当今世界上应用最广泛的互联网协议，我们把 TCP/IP 协议及其相关的网络协议统称为 TCP/IP 协议族，它们是支撑互联网信息传输功能的协议集合。

2.1 TCP/IP 协议概述

2.1.1 TCP/IP 协议简介

随着 TCP/IP 协议从诞生到在互联网上的广泛应用，TCP/IP 协议成为事实上的标准，协议的标准化可以使不同的计算机硬件或操作系统通信，推动了计算机网络的普及和基于 TCP/IP 协议的网络应用软件及其生态链的蓬勃发展。事实上，TCP/IP 是一组协议，被称为 TCP/IP 协议族。TCP/IP 协议族是互联网使用最广的一组通信协议，其基础协议是传输控制协议（TCP）和网际协议（IP），以及用户数据报协议（UDP）。TCP/IP 协议族提供端到端数据通信服务，指定数据应如何打包、寻址、传输、路由和接收。此功能被分给五个抽象层来实现，它们根据每个协议的网络范围对相关协议进行分类，从高到低依次是应用层、传输层、网络层、数据链路层、物理层，如图 2-1 所示。

5.应用层（Application Layer）
4.传输层（Transport Layer）
3.网络层（Network Layer）
2.数据链路层（Datalink Layer）
1.物理层（Physical Layer）

图 2-1　TCP/IP 协议族的五个抽象层

2.1.2　TCP/IP 协议族与网络通信模型

在 TCP/IP 协议族里，不同类型的网络数据传输是由若干不同的网络协议共同完成的，每一种协议负责网络数据传输中的一部分工作，为网络中数据的传输提供某方面的服务。

网络通信模型的建立便于工程技术人员将网络的通信过程划分为更小的部分进行网络工程设计，这也有助于网络设备的开发、设计和排障，网络协议的公开标准化繁荣了网络设备制造业和工程项目服务行业，软件开发工程师不用再关注网络下层的传输机制问题。通过调用协议支持和分层思考的设计，他们能够更好地利用网络资源设计出更好的软件产品。有了各层协议的支持，整个 TCP/IP 协议族才能够有效地协同工作。图 2-2 展示了 TCP/IP 协议族的基本组成结构。

Telnet （虚拟终端协议）	FTP （文件传输协议）	SMTP （电子邮件传输协议）	DNS （域名服务）	其他协议 （如 HTTP 等）
TCP(传输控制协议)			UDP（用户数据报协议）	
IP（网际协议）、ICMP（互联网控制报文协议）、ARP（地址解析协议）、RARP（反向地址解析协议）				

图 2-2　TCP/IP 协议族的基本组成结构

应用层的主要作用是确保应用程序提供进程到进程的数据交换；传输层负责处理主机到主机的通信；网络层提供独立网络之间的互联互通；数据链路层包含保留在单个网段（链路）内的数据的通信方法；物理层定义了数据传输电缆的技术规格和其他电气特性。

TCP/IP 协议族及其组成协议的技术标准由 IETF 维护。需要注意的是，虽然 OSI 七层模型的划分更加详细，并且是通用网络系统的更全面的参考框架，但 TCP/IP 协议族的定义和大规模应用早于 OSI 七层模型，TCP/IP 协议族的五个抽象层的模型是当今应用范围最广的模型。

TCP/IP 协议模型中每一层的主要功能不同，每层与相邻层之间都有一个接口，下层为上层提供服务。换句话说，相邻层之间都有一个服务接口，但这些接口并不是标准化的，不同的操作系统定义了不同接口的标准。TCP/IP 协议模型及其每一层包含的协议集合确保了不同计算机系统上相同层之间的通信。这里需要注意服务与协议的区别，服务是指相邻层之间的通信，通常是下层为上层提供服务，是垂直的；而协议是同一层之间的两个不同实体（对等体）间的通信规则的集合，是水平的。

1．协议与接口

虽然 TCP/IP 协议模型各层在计算机系统中的通信是逻辑上的对等通信，但在实际的计算机系统中是由物理层的传输介质连接的，其他层之间的直接对等的物理连接和通信是不存在的。这意味着来自应用程序的所有数据必须"向下"流过发送方的所有五层，经过网络传输再"向上"流过接收方的所有五层。TCP/IP 协议模型各层协议逻辑对等与物理层线路连接如图 2-3 所示。

发送系统上的每一层都将信息添加到它从上一层接收的数据中，这些数据被称为服务数据单元（SDU），传输数据在每层加入 SDU 后被传输给下一层。物理层将数据以比特流的形式发送到数据链路中。接收系统上的每一层都会检查并剥离数据中含有本层协议数据单元（PDU）的信息，并将被剥离后的数据发往上层，应用层获得不含任何 PDU 的数据。

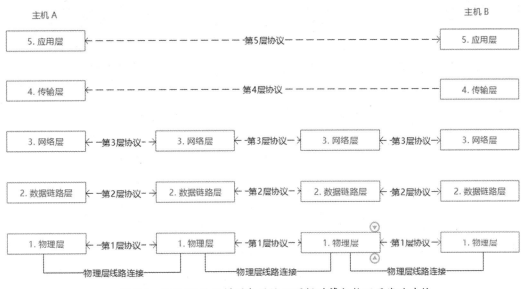

图 2-3　TCP/IP 协议模型各层协议逻辑对等与物理层线路连接

2. 封装

封装是每一层将接收方对等层所需的信息添加到流经本层的待发数据中的过程。网络层在它从发送方接收到的信息中添加一个报头，并将整个单元向下发送到数据链路层。在接收端，网络层查看控制信息，控制信息通常在数据报报头中。

TCP/IP 协议模型封装和解封装的一般流程如图 2-4 所示。在传输介质或通信链路上，是按位或按比特传输的，不同介质的通信链路会添加一些额外的位。其他层的每个 PDU 都被标记为该层的数据。值得注意的是，数据链路层显示首部和尾部信息的格式与其他层不同。

图 2-4　TCP/IP 协议模型封装和解封装的一般流程

2.2 物理层协议

2.2.1 物理层概念

在 TCP/IP 协议模型中，物理层位于第一层也是底层，该层是设备之间物理连接最密切的层。物理层为传输介质提供电气、机械和程序接口。物理层定义了电器的技术规格、属性、广播频率、使用的线路代码和类似的底层参数。物理层还定义了通过连接网络节点的物理数据链路传输原始比特流的方式。比特流可以被分组为字符或符号，并被转换为在传输介质上传输的物理信号。物理层按位传输示意图如图 2-5 所示。

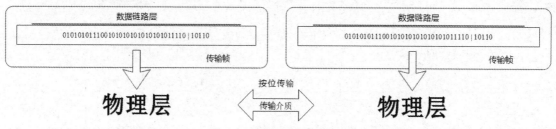

图 2-5　物理层按位传输示意图

物理层的传输介质形成一个纯粹的"位管道"传输"位"或"比特"。传输过程中的"位"或"比特"的形式会根据不同的传输方式而不同，只要接收方能够按照发送的方式接收比特流即可确保所收到信息的完整性。物理层的规范主要有四个部分：机械、电气或光学、功能、程序。机械规范指定连接器本身的物理尺寸和形状，以便组件可以轻松地相互插入；电气或光学规范决定了电压值或线路条件，其决定了引脚是否处于活动状态或准确表示 0 或 1；功能规范规定了连接器上每个引脚或每条引线的功能（第一个引脚负责发送，第二个引脚负责接收，依此类推）；程序规范详细定义了在接口上发送或接收位所需的发送序列。（如以太网传输过程被中断后发送"前导码"等机制。）IEEE 802.3 定义的以太网双绞线接口标准是包括所有这些元素的物理层的实现。

除以上提到的电气特性外，物理层还定义了以下特性。

传输速率：单位时间内发送的比特位数量，或者在一条线路上传输一个比特所需的时间。

位同步：发送方和接收方必须在符号级别同步（一个位可由一个或多个符号表示），以便每单位时间预期收发的位数相同。换句话说，发送器和接收器的时钟必须同步（在毫秒或微秒范围内）。在链路传输时，接收端通常从接收到的数据流中恢复得到定时信息。

配置：除简单的点对点连接外，在物理层处理多点连接配置时，一条链路往往需要连接两个以上的设备，而在 IEEE 802.3 局域网多系统总线广播拓扑中，网络系统的数量可能非常多，物理层往往需要连接多点设备实现实时传输。

拓扑：设备以何种方式排列和互联。在互联网中，所有设备都直接连接，每个节点设备以接力形式实现数据转发。网络系统中常见的拓扑包括星形拓扑，所有系统都可以通过中央系统访问；总线拓扑，所有设备都在一条公共链路上；环形拓扑，所有设备连接到一起，首尾相连，形成一个闭环。

模式：物理层的比特流传输模式包括单工模式、半双工模式和全双工模式。在单工模式下，参与同一网络会话的各节点设备只能发送和接收数据，数据流向不变，如天气传感器向远程气象站报告；在半双工模式下，参与同一网络会话的各节点设备能发送和接收数据，数据流向可变但数据收发不可同步进行，如多台对讲机之间的通话，同一时间只能一台设备讲话，其他设备收话；在全双工模式下，参与同一网络会话的各节点设备都可以平等地发送或接收数据，如腾讯视频会议和网络聊天室，多台设备间的信息收发可同步进行。

2.2.2　物理层传输介质

传输介质是指用于连接网络各节点的物理通信介质。有线网络中常用的传输介质包括双绞线、同轴电缆和光纤；无线网络则利用无线电波在空气中的传播特性进行数据的传输。

1．有线网络传输

（1）双绞线电缆。

双绞线电缆又称为 CAT 电缆。目前网络布线施工中常用的双绞线种类有标准 CAT5 双绞线、超五类 CAT5E 双绞线、标准 CAT6 双绞线和超六类 CAT6E 双绞线。标准 CAT5 双绞线如图 2-6 所示。

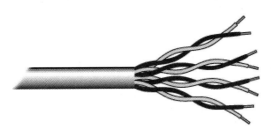

图 2-6　标准 CAT5 双绞线

由于电磁干扰和能量衰减，双绞线的信号传输受到距离的限制，在实际网络布线施工中，标准 CAT5 双绞线的单线布线距离不超过 100m，超五类 CAT5E 双绞线的单线布线距离不超过 350m，标准 CAT6 双绞线的单线布线距离则不超过 550m。

（2）同轴电缆。

同轴电缆通常包含四层，一条传输数据的导电铜线被外面的一层绝缘塑胶包裹，绝缘塑胶外面有一层铜或合金的网状导电体（防电磁干扰），最外层是绝缘胶皮。同轴电缆结构图如图 2-7 所示。

图 2-7　同轴电缆结构图

同轴电缆可提供良好的绝缘性和耐用性，适合设备之间的长单向连接。同轴电缆比双绞线电缆的抗干扰能力更强，在网络布线施工中，同轴电缆的单线布线距离可达 500m。

（3）光纤线缆。

光纤可以光速或接近光速的光脉冲实现在半透明光纤中的长距离信号传输。玻璃纤维是光纤的信号传输介质，包裹在玻璃纤维外的塑料涂层对光纤起到保护作用。光纤具有脆弱的抗剪切和抗拉扯属性，因此有的光纤线缆还在塑料涂层外包裹了一层纤维以保护线缆不被扯断，光纤线缆的最外层往往是 PVC 材质的涂层。光纤线缆结构图如图 2-8 所示。

图 2-8　光纤线缆结构图

由于光纤的光传播特性，数据信号以光脉冲的形式传输，因此相较于传统的铜线，光纤具有最佳的抗电子干扰特性。在网络布线施工中，光纤线缆的单线布线距离可达 145km。

2．无线网络传输

（1）IEEE 802.11 无线标准。

无线通信通常使用无线电波传输信号，无线电波是指在空气和真空中传播的射频频段的电磁波。无线电波的波长越短，频率越高，相同时间内传输的信息就越多。无线网络使用户摆脱了线缆的束缚，提供了极大的便利性，但无线电波的传播极易受到电磁源和障碍物的干扰而影响性能。现在 IEEE 802.11 标准是无线网络中应用广泛的标准，它定义了无线客户端和基站之间或两个无线客户端之间的无线传输的技术规格。随着无线网络技术的发展，802.11 标准衍生出了多个扩展协议（见表 2-1）。常见的 Wi-Fi 是 Wi-Fi 联盟制造商对无线网络产品进行的品牌认证技术，该技术基于 IEEE 802.11 标准的无线局域网技术，严格意义上说 Wi-Fi 并不能代表所有的无线网络技术。

IEEE 802.11 标准包括了如表 2-1 所示的主要标准。

表 2-1　IEEE 802.11 家族主要标准

名称	频率/GHz	最大传输速率/（Mbit/s）	最佳传输距离/m
IEEE 802.11a	5	54	35
IEEE 802.11b	2.4	11	30
IEEE 802.11g	2.4	54	40
IEEE 802.11n	5	450	70
IEEE 802.11ac	5	1300	70
IEEE 802.11ax	5~6	9608	15

除基于 IEEE 802.11 标准的无线网络技术外，其他常用的无线网络技术如下。

（2）蓝牙。

蓝牙是一种短距离无线网络通信协议，常用于在设备、计算机、手机之间建立网络。蓝牙工作在 2.45GHz 频段，大多数蓝牙设备的最大传输距离为 10m，蓝牙 2.0 允许传输速率高达

2.1Mbit/s，蓝牙 3.0 支持高达 24Mbit/s 的传输速率。

（3）移动通信。

移动通信是国际电信联盟制定的手机访问基站的移动数据通信网络的技术标准，如 4G 标准或 5G 标准，4G 网络中手机和基站间数据传输的最小速率为 100Mbit/s，5G 网络中手机和基站间数据传输的最小速率为 1Gbit/s。

2.2.3　信道复用技术

在计算机网络中，信道复用技术及其访问控制方法确保了连接到同一传输介质的两个以上的终端在同一介质中的共享式传输。信道复用技术应用于有线和无线网络，是提升网络传输速率的主要技术手段。

物理层提供的信道复用技术是基于多路复用技术的，它允许多个数据流或信号共享相同的通信信道或传输介质。信道复用技术也可通过多址协议和访问控制方法实现，也就是介质访问控制（MAC）。介质访问控制处理寻址、为不同用户分配多路复用信道和避免冲突等问题。介质访问控制是 TCP/IP 模型中数据链路层中的一个子层的主要功能。

1. 频分多址

频分多址（FDMA）技术基于频分复用（FDM）方法，常用于模拟信号传输系统，能够为不同的基于模拟信号的数据流提供不同的频段，并将不同的频段分配给不同的网络节点或设备。第一代（1G）手机通信系统采用了频分多址技术，每个电话呼叫被分配到一个特定的上行链路频率信道和另一个下行链路频率信道，每个电话呼叫都在特定的载波频率上进行调制。

光纤通信中采用的基于波分复用（WDM）方法的波分多址（WDMA）技术原理与频分多址相似，光纤通信采用不同的颜色表示不同的数据流。在 4G 通信系统中出现的正交频分多址（OFDMA）方案也具有频分多址的技术特点，正交频分多址方案中的每个节点可以使用多个子载波为不同的用户提供不同的服务质量（不同的传输速率）。基于当前无线电信道条件和业务负载，动态地改变对用户的子载波分配，从而在不同的用户间动态地分配带宽。

2. 时分多址

时分多址（TDMA）技术基于时分复用（TDM）技术。时分多址技术可实现在循环重复的帧结构中为不同的发送端提供不同的时间间隔。例如，节点 1 使用间隔 1、节点 2 使用间隔 2 等，循环交替，周而复始。动态时分多址（DTDMA）是一种动态的时分多址技术，其允许发送端根据发送帧的大小动态优化单次发送的时间间隔。

多频时分多址（MF-TDMA）结合了频分多址和时分多址的技术特点。2G 通信系统采用了基于时分多址和频分多址的组合，为每个频道分配了 8 个时间间隔，分配给 7 个电话呼叫和 1 个信令数据传输。

时分复用多路访问技术通常是基于时域复用的，但不采用循环重复的帧结构。由于其随机性，时分复用多路访问技术可以归类为统计复用方法并能够动态分配带宽。这需要使用介质访问控制协议，即节点轮流使用信道并避免冲突的原则。常见的例子是 CSMA/CD，用于以太网总线网络和集线器网络，以及 CSMA/CA，用于无线网络，如 IEEE 802.11。

3．码分多址

码分多址（CDMA）技术基于扩频原理，它使用比单个比特流的数据速率所需的更宽的无线电信道带宽，并支持多信号在同一载波频率上同时传输和使用不同的传输代码。3G 通信系统采用码分多址的一种形式是基于直接序列扩频（DSSS）的直接序列码分多址（DS-CDMA），每个信息位（或每个符号）由几个脉冲的长码序列表示，称为码片。该序列是扩频码，每个电话呼叫使用不同的扩频码。

跳频码分多址（FH-CDMA）基于跳频扩频（FHSS）技术，其中信道频率可因构成扩频码的序列的快速改变而改变。蓝牙系统采用了基于跳频和 CSMA/CA 统计时分复用通信（用于数据通信应用）或时分多址（用于音频传输）的组合，支持属于同一个用户的所有节点（同一个蓝牙网）同步使用相同的跳频序列，即在相同的频道上发送，但使用 CDMA/CA 或时分多址来避免 VPAN 内的冲突。蓝牙使用跳频来减少不同 VPAN 中节点之间的串扰和冲突概率。用于以太网总线网络和集线器网络的介质访问控制（MAC）协议采用了 CSMA/CD 方法实现了局域网内各节点轮流使用信道并避免了冲突。

4．空分多址

空分多址（SDMA）常用于卫星通信，它利用空间分割构成不同的信道，即使频率相同也不造成干扰。例如，一颗卫星上不同的天线波束射向地球表面的不同区域的地面接收站，即使在同一时间使用相同的频率进行数据传输，它们之间也不会形成干扰。空分多址是一种信道增容的方式，可实现频道的重复使用，节约频道资源。

表 2-2 列出了有线和无线网络中常用的信道复用技术。

表 2-2　有线和无线网络中常用的信道复用技术

有线网络	无线网络
带有冲突检测的载波侦听多路访问（CSMA/CD）	带有冲突避免的载波侦听多路访问 （CSMA/CA）
具有优先级的冲突避免和解决的载波侦听多路访问（CSMA/CARP）	码分多址（CDMA）
令牌总线（IEEE 802.4）	频分多址（FDMA）
令牌环（IEEE 802.5）	正交频分复用（OFDM）
令牌传输（用于 FDDI）	正交频分多址（OFDMA）
动态时分多址（DTDMA）	

2.3　数据链路层

2.3.1　数据链路层概念

数据链路层提供在网络实体之间传输数据的功能和程序手段，该层还提供检测和纠正物理层中可能发生的错误的机制。数据链路层关注网络同一级别节点之间的本地帧传输。这些帧被称为数据链路帧，具有跨越局域网边界的特点。数据链路层的功能类似于社区内部的保安，它提供的协议确保了数据在本地局域网内的寻址、仲裁和传输。当局域网内的设备尝试同时发送信息时，就会发生帧冲突，数据链路层在争夺介质使用权的信息发送各方之间进行发送顺序的仲裁。数据链路协议指定设备如何检测冲突并从这种冲突中恢复，而且提供减少或防止发生冲突的机制。

数据链路层提供连接到物理链路的主机之间的数据帧传输功能。数据链路层的协议响应来自网络层的服务请求，并通过向物理层发出服务请求来执行它们的功能。这种服务请求的传递有时候是不可靠的，这就要求数据链路层协议必须提供流量控制、错误检查、确认和重传功能。

数据链路帧首部包含源地址和目标地址，这些地址指示哪个设备发起了该帧及哪个设备将接收该帧。与网络层的分层和路由地址相比，数据链路层地址的任何部分都不能用于标识地址所属的逻辑或物理组。数据链路帧结构如图 2-9 所示。

图 2-9　数据链路帧结构

数据链路层通常分为两个子层：逻辑链路控制（LLC）子层和介质访问控制（MAC）子层。在某些网络中，如 IEEE 802 局域网，数据链路层通过 MAC 子层和 LLC 子层进行了更详细的描述。这意味着 IEEE 802.2 LLC 协议可以与所有 IEEE 802 MAC 层（如以太网、令牌环、IEEE 802.11 等）及一些非 IEEE 802 MAC 层（如 FDDI）一起使用。数据链路层的 MAC 子层和 LLC 子层如图 2-10 所示。

图 2-10　数据链路层的 MAC 子层和 LLC 子层

1. LLC 子层

LLC 子层复用在数据链路层顶部运行的协议，提供流量控制、确认和错误通知功能，LLC 子层还提供数据链路的寻址和控制功能。LLC 子层指定用于在传输介质上对站点寻址及用于控制在发起者和接收者机器之间交换数据的机制。

2. MAC 子层

MAC 子层确定由谁在何时访问介质的子层（如 CSMA/CD），它还格式化基于内部 MAC 地址传输的帧结构。

MAC 一般有两种形式：分布式 MAC 和集中式 MAC。例如，人与人之间的交流，在由说话的人组成的网络中，他们每个人都会随机停顿一段时间，然后尝试再次说话，从而有效地建立了一个避免冲突的机制。MAC 子层具备执行帧同步的功能，它确定了传输比特流中每一帧数据的开始和结束位置，确定的方法包括基于时间的检测、字符计数、字节填充和位填充。

2.3.2 数据链路层协议

数据链路层常用的协议有以太网帧、点对点协议和高级数据链路控制协议。

1. 以太网帧

以太网帧是数据链路层协议数据单元（PDU），使用底层以太网物理层传输机制，以太网链路上的数据单元传输把以太网帧作为其有效载荷。以太网帧中有前同步码和帧开始定界符（SFD）。每个以太网帧都以以太网报头为开始，其中包含目标地址、源地址（作为其前两个字段）和类型码。以太网帧的中间部分是有效载荷数据，包括帧中携带的其他协议（如互联网协议）的任何报头。以太网帧以帧校验和（FCS）为结束，这是一个 32 位循环冗余校验码，用于检测任何传输中的数据损坏。IEEE 802.3 以太网数据报和帧结构如图 2-11 所示。

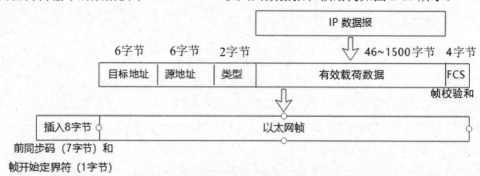

图 2-11　IEEE 802.3 以太网数据报和帧结构

线路上的数据报和作为其有效载荷的帧由二进制数据组成。以太网首先传输最高有效 8 位（1 字节）的数据；然而，在每个 8 位（1 字节）中，首先发送最低有效位。以太网帧的内部结构由 IEEE 802.3 定义。

2. 点对点协议

点对点协议（PPP）是两个路由器之间直接相联的数据链路层通信协议，提供连接认证、传输加密和数据压缩功能。PPP 用于多种类型的物理网络，包括串行电缆、电话线、干线网络、蜂窝电话、专用无线电链路、ISDN 和光纤链路（如 SONET）。数据链路协议可识别帧的源地址和目的地址，这确保了 IP 数据报可通过调制解调器进行线路传输。PPP 常用于拨号访问互联网的上网方式，如以太网点对点协议（PPPoE）和 ATM 点对点协议（PPPoA）。

PPP 是一种分层协议，由三个组件构成。

①一种封装组件，用于在指定的物理层上传输数据报。

②用于建立、配置和测试链路及协商设置、选项和功能使用的链路控制协议（LCP）。

③一种或多种网络控制协议（NCP），用于协商网络层的可选配置参数和设施。PPP 支持的每个高层协议都有一个 NCP。

PPP 协议结构图如图 2-12 所示。

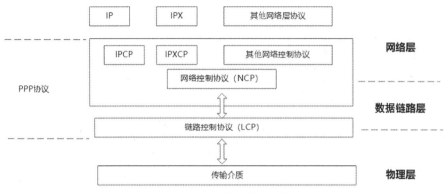

图 2-12　PPP 协议结构图

3. 高级数据链路控制协议

高级数据链路控制（HDLC）协议是数据链路层的一个协议，用以实现远程用户间资源共享及信息交互，主要使用异步平衡模式（ABM）将一个设备连接到另一个设备。HDLC 协议保证发送到下一层的数据在传输过程中能够准确完整地被接收，也就是无损的差错释放，并保证序列正确。HDLC 协议的一个重要功能是流量控制。

HDLC 协议有三种基本类型的 HDLC 帧：信息帧、监控帧、无编号帧。

信息帧从网络层传输用户数据，包括数据附带的流量和错误控制信息。

监控帧用于在不可能或不适当的情况下进行流量和错误控制，如当站内没有数据要发送时，监控帧没有信息字段。

无编号帧用于各种其他目的，包括链路管理，某些类型的监控帧包含信息字段。

2.3.3　差错控制技术

数据链路层的一个重要功能就是检测和纠正数据传输中的错误，确保差错被控制在所能容忍的最小范围内，这就是差错控制技术。奇偶校验码和循环冗余校验码是检查发送数据完整性的常用方法。接收方一旦发现错误，一般采用重发的方法通知发送方再次发送。在实际工作中，接收方收完一帧后，经过计算，向发送方反馈一个接收是否正确的信息，发送方据此做出是否需要重发的决定，发送方收到接收方已正确接收的反馈信号后，才认为该帧已正确发送完毕，否则就需要重发。由于物理信道的噪声可能完全"淹没"或"污染"一帧，当整个数据帧或反馈信息帧丢失时，发送方将永远收不到接收方发来的反馈信息，从而使传输过程停滞。为避免出现这种情况，通常引入计时器（Timer）来限定接收方发回反馈信息的时间间隔，在发送方发送一帧的同时启动计时器，若在限定时间间隔内未能收到接收方的反馈信息，即计时器超时（Timeout），则可认为帧已出错或丢失，继而重发。由于同一帧数据可能被重复发送多次，为了避免此类情况，可采用对发送的帧编号的方法，即赋予每帧一个编号，从而使接收方能通过编号来区分是新发送来的帧还是已经接收但又重新发送来的帧，以此来确定要不要将接收到的帧递交给网络层。数据链路层通过使用计时器和编号来保证每帧最终都被正确地递交给目标网络层一次。

2.4 网络层协议

2.4.1 网络层概念

网络层介于传输层和数据链路层之间，它在数据链路层提供的两个相邻端点之间的数据帧的传送功能上，进一步管理网络中的数据通信，将数据从源端经过若干个中间节点传送到目的端，从而向传输层提供基本的端到端的数据传送服务。网络层负责数据包转发，包括路由器的包转发。网络层响应来自传输层的服务请求，并向数据链路层发出服务请求。

网络层的功能是无连接通信、主机寻址、消息转发。

什么是无连接通信？例如，IP 协议是无连接的，而接收方在收到数据包后无须给发送方发送确认信息。相对而言，那些面向连接的协议存在于其他更高层，此处暂先不进行介绍。

什么是主机寻址？网络中的每台主机都必须有一个唯一的地址来确定它的位置（类似于邮件住址），这个地址在互联网上，被称为 IP 地址（IP 协议），网络层的主机寻址则依靠 IP 地址进行。

什么是消息转发？由于广域通信的需要，大型的网络被划分为若干子网并连接到其他网络，因此网络常使用网关或路由器在网络之间转发数据包。

网络层负责为分组交换网上的不同主机提供通信服务。在发送数据时，网络层把传输层产生的报文段或用户数据报封装成分组或包进行传送。在 TCP/IP 体系中，由于网络层使用 IP 协议，因此分组也叫作 IP 数据报，或者简称为数据报。

2.4.2 网络层协议

网络层的常用协议有 IP 协议、ARP 协议（地址解析协议）、ICMP 协议（网际控制报文协议）、路由选择协议等。

1. IP 协议

IP 协议是网络层最重要的通信协议，提供了用于跨网络边界的中继数据报。它的路由功能实现了互联互通，是互联网的核心协议之一。IP 协议定义了封装要传输的数据的数据包结构。它还定义了用于用源信息和目标信息标记数据报的寻址方法。IP 协议的第一个主要版本是 IPv4，由于所能提供的 IP 地址数量有限，IPv4 目前正逐渐被 IPv6 替代。

　　一个 IP 数据报由首部和数据两部分组成，首部的前面是固定长度部分（20 字节），这是所有 IP 数据报的相同格式，在首部的固定长度部分的后面是一些可选字段，其长度则是可变的。IPv4 数据报格式如图 2-13 所示。

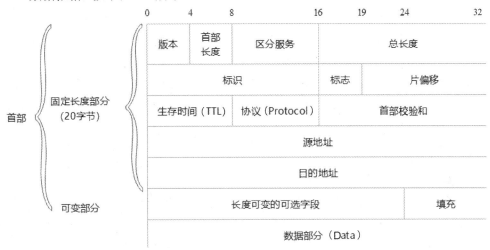

图 2-13　IPv4 数据报格式

IPv4 数据报包括如下内容。

版本：占 4 位，指 IP 协议的版本。

首部长度：占 4 位，可标识的最大十进制数值是 15，首部长度字段所表示数的单位是 32 位字（1 个 32 位字长是 4 字节），因为 IP 首部的固定长度是 20 字节，所以首部长度字段的最小值是 5，当首部长度为最大值 1111 时（十进制数的 15），就表明首部长度达到最大值 15 个 32 位字长，即 60 字节。

区分服务：占 8 位。

总长度：指首部和数据之和的长度，单位为字节，总长度字段为 16 位。

标识：占 16 位，IP 软件在存储器中维持一个计数器，每产生一个数据报，计数器就加 1，并将此值赋给标识字段。因为 IP 服务是无连接服务，所以数据报不存在按序接收的问题，当数据报由于长度超过网络的 MTU 而必须分片时，这个标识字段的值就被复制到所有的数据报片的标识字段中，相同的标识字段的值使分片后的各数据报片最后能正确地重装为原来的数据报。

标志：占 3 位，最高位保留；最低位记为 MF，当 MF=1 时，表示后面还有分片的数据报，当 MF=0 时，表示这是若干数据报片中的最后一个；中间一位记为 DF，表示不能分片，只有当 DF=0 时才允许分片。

片偏移：占 13 位，片偏移的作用是指明较长的数据报在分片后，某片在原数据报中的相对位置。

生存时间：占 8 位，生存时间表示数据报在网络中的寿命，防止无法传送的数据报无限制地在互联网中反复传送，浪费网络资源；生存时间字段的功能为"跳数限制"，路由器在每次转发数据报之前就把生存时间的值减 1，若生存时间的值减小到 0，就丢弃这个数据报，不再转发。数据报在互联网中经过的路由器的最大跳数值是 255，若把生存时间的初始值设置为 1，就表示这个数据报只能在本局域网中传送，因为这个数据报一传送到局域网上的某个路由器，在被转发之前生存时间的值减小到 0，因而就会被这个路由器丢弃。

首部校验和：占 16 位，这个字段只校验数据报的首部，不包括数据部分。

由于数据链路层位于网络层下面，每一种数据链路层协议都规定了一个数据帧中的数据字段的最大长度，称为最大传送单元（MTU）。当一个 IP 数据报被封装成数据链路层的帧时，此数据报的总长度（首部加上数据部分）一定不能超过下面的数据链路层所规定的 MTU 值。例如，常用的以太网就规定其 MTU 值是 1500 字节，若所传送的数据报长度超过数据链路层的 MTU 值，就必须把该数据报进行分片处理。

2. ARP 协议

ARP（地址解析协议）是根据 IP 地址获取物理地址的一个网络协议。在局域网中，网络中实际传输的是帧，帧里面含有目标主机的 MAC 地址。在以太网中，一台主机和另一台主机进行直接通信，必须要知道目标主机的 MAC 地址，主机通过 ARP 协议获得目标 MAC 地址。所谓"地址解析"，就是主机在发送帧前将目标 IP 地址转换成目标 MAC 地址的过程。ARP 协议的基本功能就是通过目标设备的 IP 地址查询目标设备的 MAC 地址，以保证通信的顺利进行。

当主机 B 要向主机 C 发送数据包时，若主机 B 只知道主机 C 的 IP 地址而不知道主机 C 的 MAC 地址，则主机 B 在数据链路层封装 MAC 帧时，无法填写目的 MAC 地址。这就需要查询每台主机自己的 ARP 缓存表，表中记录有 IP 地址和 MAC 地址的对应关系，表中的内容由这台主机曾经与其他主机通信时获得。ARP 缓存表示例如图 2-14 所示。

主机B的ARP高速缓存表

IP地址	MAC地址	类型
192.168.0.1	00-0C-85-72-AB-62	动态
192.168.0.2	00-01-C7-D3-B2-B6	静态

图 2-14 ARP 缓存表示例

当主机 B 和主机 C 通信时，会首先查看 ARP 缓存表，在 ARP 缓存表里查找主机 C 的 IP 地址和所对应的 MAC 地址。如果主机 B 的 ARP 缓存表里没有主机 C 的 IP 地址和 MAC 地址，主机 B 就会以广播的方式发送 ARP 请求报文来获取主机 C 的 MAC 地址。ARP 请求报文被封装在帧中发送，目的地址为广播地址，主机 B 发送封装有 ARP 请求报文的广播帧，总线上的所有设备都能收到广播。ARP 请求报文如图 2-15 所示。

```
ARP请求报文（广播）
（封装在MAC帧中，目的地址为FF-FF-FF-FF-FF-FF）
我的IP地址为192.168.0.2
我的MAC地址为 00-E9-F0-A4-43-77
```

图 2-15　ARP 请求报文

当主机 A 收到广播以后，网卡将帧交付上层处理，上层的 ARP 进程解析 ARP 请求报文，发现所询问的 IP 地址不是自己的，主机 A 就会将该帧丢弃，不会响应。当主机 C 收到广播以后，发现所询问的 IP 地址是自己的，于是主机 C 会首先将主机 B 的 IP 地址和 MAC 地址记录到自己的 ARP 缓存表里面，然后给主机 B 发送 ARP 响应，告诉主机 B 自己的 MAC 地址。

ARP 缓存表里面记录的信息分动态和静态两种类型。动态类型靠自动获取，生命周期默认为两分钟；静态类型由手工设置，不同操作系统下的生命周期不同。

ARP 协议在局域网内部使用，不能跨网段使用。RARP 协议的工作方式与 ARP 协议相似，局域网的主机从网关服务器的 ARP 缓存表或缓存上根据已知的 MAC 地址找到与之对应的 IP 地址。

3．ICMP 协议

ICMP（网际控制报文协议）是用于测试包括路由器在内的网络设备与另一个 IP 地址的连通性的网络层协议，当请求的服务不可用、主机或路由器不可达时，提示错误信息。ICMP 协议虽与 IP 协议同处一层，但 ICMP 协议底层用的是 IP 协议。ICMP 协议的工作流程如图 2-16 所示。

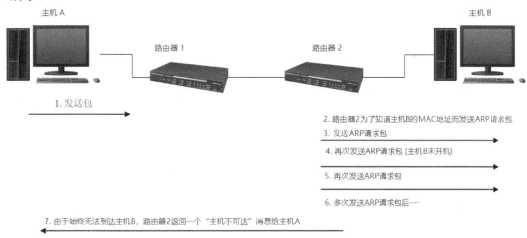

图 2-16　ICMP 协议的工作流程

用于验证网络连通性、统计响应时间和 IP 数据包的生存时间的 ping 命令和主机到目标主机之间经过了多少跳点的 traceroute 命令都是基于 ICMP 协议的。

4．路由选择协议

互联网的路由选择协议能随着网络通信量和拓扑结构的变化而自适应地进行调整。互联网可划分为多个 AS（自治系统），每个 AS 可使用不同的路由选择协议。路由选择协议分为两类：内部网关协议（Interior Gateway Protocol，IGP），在 AS 内部使用，如 RIP 和 OSPF；外部网关协议（External Gateway Protocol，EGP），在 AS 之间使用，如 BGP。路由选择协议种类如图 2-17 所示。

图 2-17　路由选择协议种类

2.4.3　网络层路由算法

路由是为互联网中跨网络的流量选择路径的过程。在分组交换网络中，路由是更高级别的决策，它通过特定的分组转发机制通过中间网络节点将网络分组从源地址引导至目的地址。分组转发是指网络分组从一个网络接口到另一个网络接口的传输过程。中间节点通常是指网络硬件设备，如路由器、网关、防火墙或交换机。通用计算机有时候也承担转发分组并进行路由的工作。

互联网的路由过程通常根据路由表转发至下一跳地址。路由表中记录了网络目的地的路由信息，路由表可以由管理员指定、通过网络流量自学习或由路由协议创建和维护。互联网 IP 地址保障了分组能够被路由到目的地，IP 地址路由采用结构化的网络地址格式，结构化地址允许单个路由表条目表示到一组设备的路由，在大型网络中，结构化寻址（路由）的功能优于非结构化寻址（桥接）。桥接在局域网内广泛使用，而路由是 Internet 上的主要寻址形式。

小型网络可采用静态路由方式手动配置路由表。大型网络具有可快速更改的复杂拓扑，手动构建路由表效率低下且难以维护，因此采用动态路由的方式。动态路由通过基于路由协议传输的信息自动构建路由表，动态地实现自动维护。动态路由在 Internet 上占主导地位，动态路由协议和算法包括路由信息协议、开放最短路径优先和外部网关协议。

1．路由信息协议

路由信息协议（Routing Information Protocol，RIP）是一种分布式的基于距离向量的路由选择协议，也是内部网关协议中最先得到广泛使用的协议。RIP 要求 AS 内的每一个路由器维护从它自己到 AS 内其他每一个网络的距离记录，这被称为"距离向量 D-V（Distance-Vector）"。RIP 使用跳数（Hop Count）作为度量（Metric）来衡量到达目的网络的距离，要求如下。

① 路由器到直连网络的距离定义为 1。

② 路由器到非直连网络的距离定义为所经过的路由器数加 1。

③ 允许一条路径最多包含 15 个路由器。"距离"等于 16 为不可达。

因此，RIP 的技术特点决定了它只适用于小型互联网。

RIP 选择"较短距离"的路由，也就是所通过路由器数量最少的路由，当到达同一目的网络有多条"距离相等"的路由时，可进行等价负载均衡。RIP 只考虑距离因素，而不考虑各链路带宽等因素。RIP 的等价负载均衡就是将通信量均衡地分布到多条等价路由上。等价负载均衡示意图如图 2-18 所示。

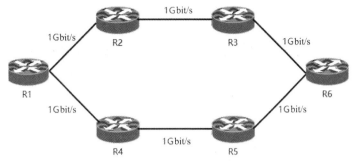

图 2-18　等价负载均衡示意图

RIP 每隔一段时间向相邻路由器发送一次 RIP 更新报文，报文信息包含三个要点：仅和相邻路由器交换信息；与相邻路由器交换什么信息；交换信息周期性。RIP 发送报文信息示意图如图 2-19 所示。

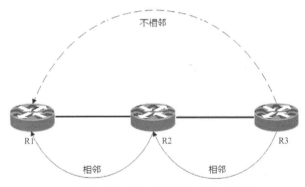

图 2-19　RIP 发送报文信息示意图

RIP 的基本工作过程：路由器在刚开始工作时，只知道自己到直连网络的距离为 1，每个路由器仅和相邻路由器周期性地交换并更新路由信息，若干次交换和更新后，每个路由器都知道到达本 AS 内各网络的最短距离和下一跳地址（收敛）。

2．开放最短路径优先

开放最短路径优先（Open Shortest Path First，OSPF）是 IETF 组织开发的一种基于链路状态的内部网关协议。目前针对 IPv4 协议使用的是 OSPF Version 2（RFC2328）；针对 IPv6 协议使用的是 OSPF Version 3（RFC2740）。

OSPF 工作于 IP 层之上，IP 协议号为 89。OSPF 以组播地址 224.0.0.5 发送协议包，它将每个路由器已知的链路状态信息告诉邻居节点用于收敛，确保网络上每个路由器对全网的链路状态有相同的认识，每个路由器根据学习到的全网链路状态，独立计算路由。

OSPF 的技术特点如下。

● 该协议是公开发表的，不局限于某一家厂商。

● 清晰地划分域（Area）。

- 链路状态协议，维持三种表：邻居关系表、拓扑关系表、路由选择表。
- 产生链路状态广播数据包 LSA（Link State Advertisement）。
- 发送给在某一区域内的所有路由器。
- 每个路由器都收到了 AS 中所有路由器生成的 LSA，这些 LSA 的集合组成了 LSDB（链路状态数据库）。
- 根据 LSDB，各路由器运行 OSPF 算法，构建一棵以自己为根的最短路径树。

运行 OSPF 的设备之间首先要互相建立邻居和邻接关系，然后互相发送自己的 LSA，每个设备都组建并维护一个自己的 LSDB，里面包含了单个 OSPF 区域内的网络链路状态信息，并根据 LSDB 用 SPF 算法来构建一棵最短路径树，将有效且最佳的路由条目填入最终的 IP 路由表中。

OSPF 使用泛洪方法向本 AS 中的所有路由器发送信息。发送的信息就是与相邻路由器的链路状态，链路状态包括与哪些路由器相连及链路的度量，度量用费用、距离、时延、带宽等来表示。只有当链路状态发生变化时，路由器才会发送信息。所有路由器都具有全网的拓扑结构图，并且是一致的。相较于 RIP，OSPF 的更新过程和收敛速度更快且突破了 15 跳的限制，更适合中大型网络使用。

2.5 传输层

2.5.1 传输层概念

传输层向应用层提供服务，并由网络层提供服务。传输层负责将数据传输到主机上的适当应用程序的相应进程。传输层对来自不同应用程序及进程的数据进行统计复用以形成数据段，并在每个传输层数据段的报头中添加源端口号和目标端口号。端口号与源 IP 地址和目的 IP 地址一起构成网络套接字，即进程到进程通信的标识地址。

2.5.2 传输层协议

传输层的协议为应用程序提供端到端的通信服务，具体来说，提供面向连接的通信、可靠性、流控制和多路复用等服务。传输控制协议（TCP）是传输层的重要协议，用于面向连接的传输；无连接的用户数据报协议（UDP）用于简单和低成本的消息传输。TCP 比 UDP 更复杂，因为 TCP 的状态设计结合了可靠的传输和数据流服务。Internet 上大多数应用层数据在传输层上会采用 TCP 或 UDP 进行封装，并且被所有主要操作系统支持。数据报拥塞控制协议（DCCP）和流控制传输协议（SCTP）也属于传输层协议。

TCP 支持虚拟电路，即通过底层面向分组的数据报网络提供面向连接的通信。TCP 在传输字节流的同时隐藏应用程序进程的数据报模式通信，工作流程包括连接建立、将数据流划分为称为分段的数据包、段编号和乱序数据的重组。TCP 还提供端到端的可靠通信，即通过错误检测码和自动重复请求（ARQ）协议进行错误恢复。ARQ 协议还提供流量控制功能，可以与拥塞控制功能组合使用。

UDP 是一种相对简单的协议，不支持虚拟电路，也不提供可靠的通信，UDP 将这些功能委托给应用程序。UDP 数据包也称为数据报，而不是分段。

TCP 用于许多协议，包括 HTTP 网页浏览和电子邮件传输。UDP 可用于多播和广播，无法对大量主机进行重传。UDP 提供更高的吞吐量和更短的时延，因此常用于对丢包率容忍度高的实时流媒体通信，如 IP-TV、IP 电话和网络游戏。

1．TCP 协议

TCP 报文格式包含的内容：源端口号、目标端口号、序号、确认号、首部长度、保留字、控制位、窗口大小、校验和、紧急指针、选项。

源端口号：发送端程序进程的端口号。

目标端口号：接收端程序进程的端口号，当接收端收到源端口的数据段后，根据端口号来确定给哪个应用程序。

序号：这里指发送端给每字节进行编号，方便重组（简单来说就是收到数据以后将数据重新排列，确保数据的完整性）。

确认号：对发送端的确认信息。

首部长度：可用来确定 TCP 首部数据结构的字节长度。

保留字：今后使用，目前无定义。

控制位：说明此报文段的性质。

- URG：紧急位，紧急指针有效位。
- ACK：确认位，当 ACK=1 时，确认号字段才有效；当 ACK=0 时，确认号字段无效。
- PSH：紧迫位，当 PSH=1 时，要求接收端尽快将数据段送达应用层。
- RST：重置位，当 RST=1 时，通知重新建立 TCP 连接。
- SYN：同步位， TCP 需要建立连接时将这个值设为 1。
- FIN：断开位，当 TCP 完成数据传输需要断开连接时，提出断开连接的一方将这个值设为 1。

窗口大小：这里指本地接收数据段的数量。

校验和：用来进行差错控制的校验数据，它会检验发送和到达目的地的数据，若两次数据不一样就丢弃。

紧急指针：和 URG 一起用，仅当 UGR=1 的时候有效。

选项：TCP 首部可以有多达 40 字节的可选信息。

TCP 报文内容如图 2-20 所示。

源端口号(16)								目标端口号(16)	
序号(32)									
确认号(32)									
首部长度(4)	保留字(6)	U R G	A C K	P S H	R S T	S Y N	F I N	窗口大小(16)	
校验和(16)								紧急指针(16)	
选项									

图 2-20　TCP 报文内容

互联网的两台主机通过 TCP 建立连接需要经历三次握手的过程（见图 2-21）。PC1 要发送数据给 PC2，那么第一步要发送 SYN 报文给 PC2 请求建立连接，当 PC2 收到请求后给 PC1发送 SYN+ACK 报文，ACK=x+1，SYN=1，ACK=1（表示确认），最后 PC1 接收到来自 PC2的 ACK 报文。

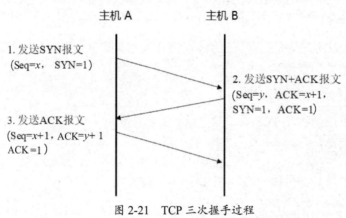

图 2-21　TCP 三次握手过程

常见的基于 TCP 的网络协议有使用 TCP 20 号端口和 21 号端口的 FTP 协议、使用 TCP 23号端口的 Telnet 协议、使用 TCP 25 号端口的 SMTP 协议、使用 TCP 80 号端口的 HTTP 协议、使用 TCP 110 号端口的 POP3 协议。

2. UDP 协议

UDP 协议提供面向事务的简单不可靠信息传输服务。UDP 协议是一种无连接、不可靠的传输协议，但它的开销较少。UDP 报文首部内容包括源端口号、目标端口号、UDP 长度、UDP校验和。TFTP（简单文件传输协议）使用 UDP 69 号端口，RPC（远程调用协议）使用 UDP111 号端口，NTP（网络时间协议）使用 UDP 123 号端口。

2.5.3　拥塞控制机制

当网络中的数据过多时，网络拥塞导致某个路由器来不及处理，这时这个路由器只能将一部分数据丢弃或出现长时间等待的排队现象。

拥塞窗口是一个装在发送端的可滑动窗口，窗口的大小不超过接收端确认通知的窗口值。拥塞窗口的大小取决于网络的拥塞程度，并且动态地变化。发送端让自己的发送窗口等于拥塞窗口。如果再考虑到接收端的接收能力，那么发送窗口往往小于拥塞窗口。TCP 发送端控制拥塞窗口的原则是只要网络没有出现拥塞，拥塞窗口就再增大一些，以便把更多的分组发送出去；如果网络出现拥塞，拥塞窗口就减少一些，以减少注入网络中的分组数。

TCP 采用端到端的拥塞控制，通过发送端的"丢包事件"来定义：确认超时或收到来自接收端的三个冗余 ACK。为确定发送速率使得网络既不会拥塞，又能充分利用可用带宽，TCP 发送端遵循如下原则。

① 一个丢失的报文段可能意味着拥塞，因此当丢失报文段时应当降低 TCP 发送端的速率。

② 一个确认报文段指示网络正在向接收端交付发送端的报文段，当先前发送的未确认报文段确认到达时，可适当增大发送端的速率和拥塞窗口。

③ 若 ACK 指示源到目标路径无拥塞，而丢包事件或冗余 ACK 指示路径拥塞，则 TCP 调节其传输速率的策略是增大其速率以响应到达的 ACK，除非出现拥塞事件。

TCP 拥塞控制算法包含三个部分：慢启动、拥塞避免、快速恢复。其中，慢启动和拥塞避免是 TCP 的强制部分，两者的区别在于收到 ACK 时，增大拥塞窗口的方式。

1. 慢启动

当 TCP 连接建立后，第一次发送数据时，拥塞窗口的值通常设置为一个较小值，当收到一个 ACK 确认报文段后，拥塞窗口就适当增大，发送较大长度的报文段，发送完成这两个报文段再收到两个 ACK 后，每个确认报文段都会使发送端拥塞窗口再适当增大，并这样依次进行下去。

当出现拥塞时（超时/冗余 ACK），TCP 针对超时和冗余 ACK 分别采取不同的策略。

当慢启动出现超时的情况时，拥塞窗口的值将被设置为 1，重复慢启动的过程，但在这次慢启动的过程中有一个慢启动阈值，该值表示如果发送速率达到该值后，发送速率不再以指数形式增长了，而采用保守的策略，结束慢启动，并且 TCP 转移到拥塞避免模式。如果慢启动出现了三次冗余 ACK，则说明当前通道即将阻塞，则将拥塞窗口的值置为原来的一半，结束慢启动，TCP 进入快速恢复状态并执行快速重传。

2. 拥塞避免

一旦 TCP 进入拥塞避免模式，拥塞窗口的值大约为上次拥塞时拥塞窗口值的一半，这时 TCP 采用一种保守的策略，每过一个周期，就适当增大拥塞窗口的值。当拥塞避免出现超时情况时，则重新计算拥塞阈值，进入慢启动过程，周而复始，动态执行。

3. 快速恢复

对于每个引起 TCP 进入快速恢复状态的冗余 ACK，拥塞窗口的值都会适当增大。当收到三个冗余 ACK 后，TCP 进入快速恢复状态，将拥塞阈值设置为先前拥塞窗口值的一半，重复类似拥塞避免的操作。如果在快速恢复过程中出现了超时，则执行如同在慢启动和拥塞避免过程中相同的动作后，迁移到慢启动状态：拥塞窗口的值被设置为1，并将拥塞阈值设置为先前拥塞窗口值的一半。

2.6 应用层

2.6.1 应用层概念

应用层定义计算机网络中进程间通信所用到的通信协议和接口方法。应用层仅对通信进行标准化，依赖于传输层协议来建立主机到主机的数据传输通道，并在客户端—服务器或对等网络模型中管理数据交换。应用层为应用软件提供接口，使应用程序能够使用网络服务。应用层协议会指定使用相应的传输层协议，以及传输层所使用的端口，应用层的PDU被称为数据。

2.6.2 应用层协议

应用层直接与用户和应用程序打交道，负责为软件提供接口以使程序能使用网络服务。这里的网络服务包括文件传输、文件管理、电子邮件的消息处理等。典型的应用层协议包括Telnet、FTP、TFTP、SMTP、SNMP、HTTP等。

Telnet（Telecommunications Network）为用户提供了一种通过联网的终端登录远程服务器的方式。

FTP（File Transfer Protocol，文件传输协议）是用于文件传输的Internet标准。FTP支持文本文件（如ASCII码、二进制数等格式）和面向字节流的文件结构。FTP使用传输层协议TCP在支持FTP的终端系统间执行文件传输，FTPS提供了FTP的安全增强服务，可提供可靠的面向连接的文件传输能力，适合于远距离、可靠性较差的线路上的文件传输。

TFTP（Trivial File Transfer Protocol，简单文件传输协议）也可用于文件传输，但TFTP使用UDP提供服务，被认为是不可靠的、无连接的。TFTP常用于局域网内部的文件传输。

SMTP（Simple Mail Transfer Protocol，简单邮件传输协议）支持文本邮件的Internet传输。绝大多数Internet服务提供者使用SMTP作为其输出邮件服务的协议。SMTP被设计成在各种网络环境下进行电子邮件信息传输的协议，实际上，SMTP真正关心的不是邮件如何被传输，而是邮件能否顺利到达目的地。SMTP具有健壮的邮件处理特性，这种特性允许邮件依据一定标准自动路由。SMTP具有当邮件地址不存在时立即通知用户的能力，并且具有把在一定时间内不可传输的邮件返回发送端的特点。

SNMP（Simple Network Management Protocol，简单网络管理协议）负责网络设备监控和维护，支持安全管理、性能管理等。

HTTP（Hyper Text Transfer Protocol，超文本传输协议）是WWW（World Wide Web，万维网）的基础，Internet上的网页主要通过HTTP进行传输。HTTPS（Hyper Text Transfer Protocol over Secure Socket Layer，超文本传输安全协议）是以安全为目标的HTTP通道，在HTTP的

基础上通过传输加密和身份认证保证了传输过程的安全性。

2.6.3　视频流媒体技术

流媒体（Streaming Media）是指在数据网络上按时间先后顺序传输和播放的连续音/视频数据流。与传统的先下载再播放方式不同，流媒体在播放前并不下载整个文件，只将部分内容缓存，流媒体数据流边传输边播放，这样就节省了下载等待时间和存储空间。流媒体数据流具有三个特点：连续性（Continuous）、实时性（Real-time）、时序性，即其数据流具有严格的前后时序关系。由于流媒体的这些特点，它已经成为在 Internet 上实时传输音/视频的主要方式。

流媒体技术是一种在数据网络上传输多媒体信息的技术。目前数据网络普遍具有无连接、无确定路径、无质量保证的特点，给多媒体实时数据的传输带来了极大的困难，流媒体技术的主要目标就是通过一定的技术手段实现在数据网络上有效传输多媒体信息流。

随着音/视频编解码技术、媒体传输质量控制技术等流媒体技术的成熟，以及宽带网络的兴起，流媒体的发展逐渐跨越了层层技术门槛，基于宽带网络的流媒体技术发展迅速，应用范围越来越广。宽带流媒体应用被认为是未来高速宽带网络的主要应用之一。各国在相应的高速网络研究计划中都把流媒体技术作为一个重要的研究内容，如 Internet2（I2）的应用研究组认为未来 I2 网络的骨干应用应该包括几个基本的属性：交互式合作环境、对远程资源的公共访问、构建网络计算和数据服务的支撑平台、虚拟现实技术。在所有的这些应用中，数字视频能带来最广泛的利益，并能最广泛地应用 I2 能力，它可以覆盖从点播到远程的资源控制。数字视频可以看作宽带流媒体应用的一个基本类型。

除了宽带网络外，流媒体技术还可以广泛地应用于无线网络。在 NGN 网络中，流媒体也扮演重要的角色。随着网络技术的不断发展，流媒体已经成为未来数据网络的一项关键技术，对人们的生活带来重要的影响。

流媒体应用根据传输模式、实时性、交互性分为多种类型。传输模式主要是指流媒体传输是点到点的模式还是点到多点的模式，点到点的模式一般采用单播（Unicast）传输来实现，点到多点的模式一般采用组播（Multicast）传输来实现，在网络不支持组播传输的时候，也可以用多个单播传输来实现；实时性是指视频内容源是否实时产生、采集和播放的，实时内容主要包括实况（Live）内容、视频会议节目内容等，而非实时内容是指预先制作并存储好的媒体内容；交互性是指应用是否需要交互，即流媒体的传输是单向的还是双向的。流媒体技术的主要应用有视频点播（VOD）、视频广播、视频监视、视频会议、远程教学、联机游戏。

原始的音/视频流经过编码和压缩，形成媒体文件被存储后（直播的方式不需要文件存储），媒体服务器根据用户的请求把媒体文件（或直播的媒体流）传输到客户端的媒体播放器，在媒体传输过程中还可能需要代理服务器进行媒体内容的分发或转发。媒体流传输过程如图 2-22 所示。

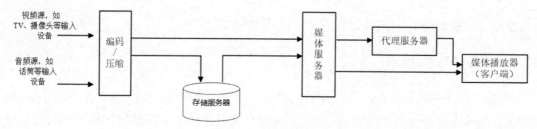

图 2-22　媒体流传输过程

为了实现较好质量的流媒体实时播放，需要考虑媒体流传输的所有环节。其中，影响传输质量的三个关键因素是编码和压缩的性能和效率、媒体服务器的性能、媒体流传输的质量控制。

流媒体技术是文件下载的替代方法，在流媒体文件发布后，用户可在传输整个文件之前使用他们的媒体播放器开始播放数字视频或数字音频内容。流媒体一词可以适用于视频和音频以外的媒体，如实时字幕、自动收报机和实时文本，这些被认为是"流文本"，也是流媒体的一种形式。

目前基于流媒体的应用非常多，流媒体技术发展迅速。丰富的流媒体应用对用户有很强的吸引力，在解决了制约流媒体的关键技术问题后，流媒体应用必然会成为未来网络的主流应用。

2.7　项目实验：使用 Wireshark 分析数据包

1．项目描述

（1）项目背景。

当上层协议互相通信时，数据会向下流到开放式系统互联（OSI）模型的各层中，并最终被封装进第 2 层帧。帧的成分取决于介质访问类型。例如，如果上层协议是 TCP 和 IP，并且介质访问类型是以太网，则第 2 层帧的封装协议采用以太网 II。这是局域网环境的典型情况。

在了解数据包封装与解封的概念，以及 TCP 连接三次握手原理时，分析数据包报头信息很有帮助。另外，网络管理员在对网络异常情况进行分析时，也经常需要对本地和远程流量进行分析。

（2）任务内容。

第 1 部分：ICMP 数据包的捕获与分析。

使用 Wireshark 抓包工具捕获 ICMP 数据包，并对数据包封装结构进行分析。

第 2 部分：TCP 三次握手数据包的捕获与分析。

使用 Wireshark 抓包工具捕获 TCP 数据包，分析 TCP 连接的三次握手过程，并对 TCP 数据包封装结构进行分析。

2．项目实施

第 1 部分：ICMP 数据包的捕获与分析。

（1）Wireshark 安装与使用。

可以到官网根据自己的操作系统选择下载相应版本的 Wireshark 软件进行安装。安装完成后开启 Wireshark，在初始化界面中选择活跃网卡（本例中的"WLAN"为活跃网卡），可在"Wireshark·捕获选项"对话框中选择绑定数据包捕获的输入接口，通常是网络接口。输入接口可以是以太网接口、无线网络接口，也可以是虚拟接口。"Wireshark·捕获选项"对话框如图 2-23 所示。

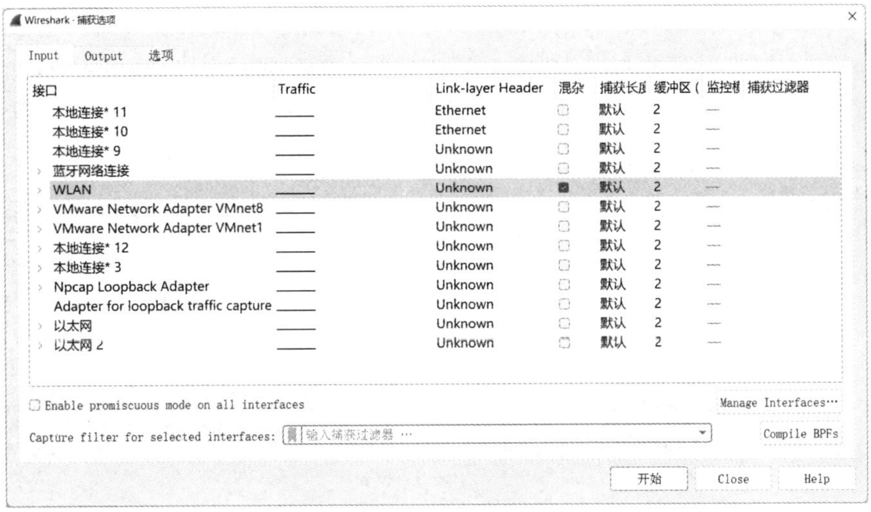

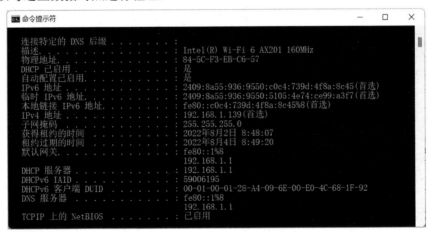

图 2-23　"Wireshark·捕获选项"对话框

（2）检查本地 IP 地址、物理地址、默认网关等参数。

使用 ipconfig/all 命令查看本地连接参数，本地 IPv4 地址为 192.168.1.139，物理地址是 84-5C-F3-EB-C6-57，默认网关为 192.168.1.1，如图 2-24 所示。记住这些参数，后面数据包捕获分析时可以与这些数据对照进行验证。

图 2-24　本地连接参数

（3）执行 ping 操作。

打开命令行窗口，对默认网关 192.168.1.1 执行 ping 操作。

```
C:\Users\40433>ping 192.168.1.1 -t
正在 Ping 192.168.1.1 具有 32 字节的数据:
来自 192.168.1.1 的回复: 字节=32 时间=34ms TTL=64
来自 192.168.1.1 的回复: 字节=32 时间=8ms TTL=64
来自 192.168.1.1 的回复: 字节=32 时间=2ms TTL=64
来自 192.168.1.1 的回复: 字节=32 时间=1ms TTL=64
来自 192.168.1.1 的回复: 字节=32 时间=4ms TTL=64
来自 192.168.1.1 的回复: 字节=32 时间=2ms TTL=64
```

（4）数据包捕获。

在 Wireshark 中开始捕获流量，可以在过滤窗口中选择 ICMP，以筛选出感兴趣的流量，将其他不感兴趣的流量过滤掉。使用 Wireshark 捕获 ICMP 数据包如图 2-25 所示。

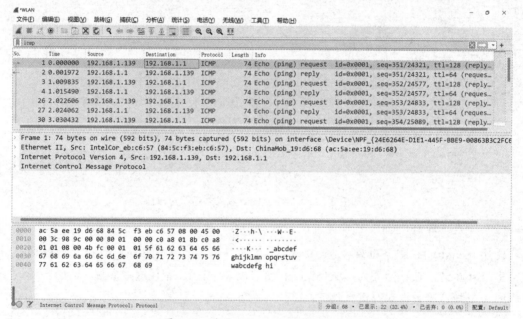

图 2-25　使用 Wireshark 捕获 ICMP 数据包

（5）数据包分析。

选择工作窗口中的第一个窗口——流量列表窗中的第 1、2 个数据包进行分析。在协议分析窗中分析第 1 个数据包，这个数据包是发送 ping 命令的请求包，报头内容如图 2-26 所示。

```
Ethernet II, Src: IntelCor_eb:c6:57 (84:5c:f3:eb:c6:57), Dst: China
 > Destination: ChinaMob_19:d6:68 (ac:5a:ee:19:d6:68)
 > Source: IntelCor_eb:c6:57 (84:5c:f3:eb:c6:57)
   Type: IPv4 (0x0800)
Internet Protocol Version 4, Src: 192.168.1.139, Dst: 192.168.1.1
   0100 .... = Version: 4
```

图 2-26　第 1 个数据包报头内容

在协议分析窗中分析第 2 个数据包，这个数据包是发送 ping 命令的回应包，报头内容如图 2-27 所示。

```
Ethernet II, Src: ChinaMob_19:d6:68 (ac:5a:ee:19:d6:68), Dst: IntelCc
  > Destination: IntelCor_eb:c6:57 (84:5c:f3:eb:c6:57)
  > Source: ChinaMob_19:d6:68 (ac:5a:ee:19:d6:68)
    Type: IPv4 (0x0800)
Internet Protocol Version 4, Src: 192.168.1.1, Dst: 192.168.1.139
    0100 .... = Version: 4
```

图 2-27　第 2 个数据包报头内容

可以看出，回应包的 MAC 地址、IP 地址的源和目的地址正好和请求包中的源和目的地址发生了对调。ICMP 数据包分析情况如表 2-3 所示。与本地主机及网关的实际 IP 地址、MAC 地址进行对比，是相符的。

表 2-3　ICMP 数据包分析情况

序号	目的 MAC 地址	源 MAC 地址	源 IP 地址	目的 IP 地址	协议
1	ac:5a:ee:19:d6:68	84:5c:f3:eb:c6:57	192.168.1.139	192.168.1.1	ICMP（Echo Request）
2	84:5c:f3:eb:c6:57	ac:5a:ee:19:d6:68	192.168.1.1	192.168.1.139	ICMP（Echo Reply）

第 2 部分：TCP 三次握手数据包的捕获与分析。

（1）TCP 三次握手。

TCP 是面向连接的通信协议，通过三次握手建立连接，通信完成时要释放连接。TCP 数据包中的报头信息主要包括源 IP 地址、目的 IP 地址、源端口、目的端口。TCP 是 Internet 中的传输层协议，使用三次握手协议建立连接。当请求方发出 SYN 连接请求后，等待对方回答 SYN-ACK。这种建立连接的方法可以防止产生错误的连接，TCP 使用的流量控制协议是可变大小的滑动窗口协议。第一次握手：当建立连接时，客户端发送 SYN 包（Seq=x）到服务器，并进入 SYN_SEND 状态，等待服务器确认。第二次握手：服务器收到 SYN 包，必须确认客户端的 SYN（ACK=x+1），同时自己发送一个 SYN 包（Seq=y），即 SYN+ACK 包，此时服务器进入 SYN_RECV 状态。第三次握手：客户端收到服务器的 SYN+ACK 包，向服务器发送确认包 ACK（ACK=y+1），此包发送完毕，客户端和服务器进入 Established 状态，完成三次握手。

（2）建立 TCP 连接。

可以通过打开浏览器，访问互联网上某个开放的网站来建立 TCP 连接。如果没有外网连接，则可以通过建立一个简单的 Web 服务器来模拟。当打开网页时，浏览器会尝试和服务器建立 TCP 连接。连接建立好后，可以正常通信。此时可以用 Wireshark 捕获数据包。

（3）数据包捕获。

本实验尝试使用浏览器访问本地无线路由提供的 Web 页面，地址为 192.168.1.1。捕获 TCP 连接的三次握手数据包如图 2-28 所示。序号为 133、135、136 的这 3 个数据包正好展示了一个完整的三次握手过程。序号为 137 的数据包表明连接已建立，客户端开始发送页面请求。

133	4.364596	192.168.1.139	192.168.1.1	TCP	66 56853 → 80 [SYN] Seq=0 Win=64240 Len=0 MSS=14
135	4.400102	192.168.1.1	192.168.1.139	TCP	66 80 → 56853 [SYN, ACK] Seq=0 Ack=1 Win=29200 L
136	4.400187	192.168.1.139	192.168.1.1	TCP	54 56853 → 80 [ACK] Seq=1 Ack=1 Win=65536 Len=0
137	4.400594	192.168.1.139	192.168.1.1	HTTP	444 GET / HTTP/1.1

图 2-28　捕获 TCP 连接的三次握手数据包

（4）数据包分析。

序号为 133 的数据包是本地主机 192.168.1.139 （端口号为 56853）发给 Web 服务器 192.168.1.1（端口号为 80）的，其标志位 SYN=1，ACK=0，表明是一个 TCP 连接请求包。TCP 连接请求报文如图 2-29 所示，SYN 已经设置为 1，其他标志位均未设置。

```
1000 .... = Header Length: 32 bytes (8)
Flags: 0x002 (SYN)
    000. .... .... = Reserved: Not set
    ...0 .... .... = Nonce: Not set
    .... 0... .... = Congestion Window Reduced (CWR): Not set
    .... .0.. .... = ECN-Echo: Not set
    .... ..0. .... = Urgent: Not set
    .... ...0 .... = Acknowledgment: Not set
    .... .... 0... = Push: Not set
    .... .... .0.. = Reset: Not set
    .... .... ..1. = Syn: Set
    .... .... ...0 = Fin: Not set
    [TCP Flags: ·········S·]
Window: 64240
[Calculated window size: 64240]
```

图 2-29　TCP 连接请求报文

序号为 135 的数据包是 Web 服务器 192.168.1.1 对本地主机 192.168.1.139 连接请求的回应，其标志位 SYN=1，ACK=1，是对收到请求的一个确认。TCP 连接请求确认报文如图 2-30 所示，SYN 和 ACK 均已经设置为 1。

```
Acknowledgment Number: 1    (relative ack number)
Acknowledgment number (raw): 1495821907
1000 .... = Header Length: 32 bytes (8)
Flags: 0x012 (SYN, ACK)
    000. .... .... = Reserved: Not set
    ...0 .... .... = Nonce: Not set
    .... 0... .... = Congestion Window Reduced (CWR): Not set
    .... .0.. .... = ECN-Echo: Not set
    .... ..0. .... = Urgent: Not set
    .... ...1 .... = Acknowledgment: Set
    .... .... 0... = Push: Not set
    .... .... .0.. = Reset: Not set
    .... .... ..1. = Syn: Set
    .... .... ...0 = Fin: Not set
    [TCP Flags: ·······A··S·]
```

图 2-30　TCP 连接请求确认报文

序号为 136 的数据包是本地主机 192.168.1.139 收到 Web 服务器 192.168.1.1 发来的确认后，再次发回给服务器的确认。至此，三次握手已经成功，通信连接已建立，可以在连接上传输数据。

习题 2

一、单选题

1. 路由器工作在 TCP/IP 模型中的（　　）。

　A．网络接口层　　　　　　B．网络层　　　　C．传输层　　　　D．应用层

2. 对传输控制协议（TCP）表述正确的内容是（　　）。

　A．面向连接的协议，不提供可靠的数据传输

　B．面向连接的协议，提供可靠的数据传输

　C．面向无连接的服务，提供可靠的数据传输

　D．面向无连接的服务，不提供可靠的数据传输

3. FTP 协议使用（　　）。

　A．ICMP 服务　　　　　　B．UDP 服务　　　C．TCP 服务　　　D．SMTP 服务

4. 在同一自治系统内实现路由器之间自动传输可达信息、进行路由选择的协议称为（　　）。

　A．EGP　　　　　　　　　B．BGP　　　　　　C．IGP　　　　　　D．GGP

5. RIP 规定活动节点每隔（　　）秒广播一轮其当前路由表中的路由信息。

　A．60　　　　　　　　　　B．120　　　　　　C．180　　　　　　D．30

6. （　　）不是动态路由选择协议的度量标准。

　A．跳数　　　　　　　　　B．路由器性能　　C．链路性能　　　D．传输时延

7. 网络操作系统中的 ping 命令可用于（　　）。

　A．测试指定的主机是否可达　　　　　　B．计算发出请求到收到应答的来回时间

　C．估计网络的当前负载　　　　　　　　D．以上皆是

8. Internet 上的 WWW 服务是在（　　）协议直接支持下实现的。

　A．TCP　　　　　　　　　B．IP　　　　　　　C．HTTP　　　　　D．SMTP

9. ARP 协议的功能是（　　）。

　A．根据 IP 地址找到 MAC 地址

　B．根据 MAC 地址找到 IP 地址

　C．传输 ICMP 消息

　D．传输 UDP 报文段

10. PPP 协议是（　　）的协议。

　A．物理层　　　　　　　　B．数据链路层　　C．网络层　　　　D．应用层

二、填空题

1．在 TCP/IP 协议中，数据在数据链路层叫＿＿＿＿＿＿＿＿＿＿＿＿＿，在网络层叫＿＿＿＿＿＿＿＿＿＿，在传输层叫＿＿＿＿＿＿＿＿＿＿，在应用层叫＿＿＿＿＿＿＿＿＿＿。

2．与分段有关的 IP 报头字段分别是＿＿＿＿＿＿＿＿、＿＿＿＿＿＿＿＿和＿＿＿＿＿＿＿＿＿。

3．ping 命令允许用户向目的系统发送一个或多个＿＿＿＿＿＿＿＿＿＿Echo Request 消息。

4．在 TCP 报头中，当 SYN=1，ACK=0 时，表明这是一个连接请求报文；当 SYN=1，ACK=1 时，表明这是一个＿＿＿＿＿＿＿＿＿＿报文。

5．将 IP 地址解析为物理地址称为＿＿＿＿＿＿＿＿＿。

6．当一台主机把以太网数据帧发送到位于同一局域网上的另一台主机时，是根据＿＿＿＿＿＿＿＿＿＿＿＿＿＿来确定目的接口的。

7．＿＿＿＿＿＿＿＿＿＿是计算机网络和分布系统中互相通信的对等实体间交换信息时所必须遵守的规则的集合。

8．传输层的服务访问点又称为＿＿＿＿＿＿＿＿＿。

9．用于将 WWW 服务器的文档传送给浏览器的协议是＿＿＿＿＿＿＿＿＿。

10．TCP 协议通过带重发功能的＿＿＿＿＿＿＿＿＿实现可靠通信。

三、简答题

1．网络协议的三要素是什么？各有什么含义？

2．什么是 TCP/IP 模型和 TCP/IP 协议族？

3．简述 TCP/IP 模型的分层结构和各层的功能，以及网络协议分层的好处。

4．面向连接和无连接服务有何区别？

5．简述数据发送端封装和接收端解封装的过程。

6．在 TCP/IP 模型中，各层有哪些主要协议？

7．最大传输单元（MTU）是什么意思？

8．常用的有线传输介质有哪几类？各有何特点？

9．什么是介质访问控制方法？常用的介质访问控制方法有哪几种？

10．简述 CSMA/CD 的控制方法。

第3章

局域网

随着微型计算机的发展和应用，面向小区域范围的局域网设计应运而生。到了 20 世纪 80 年代，局域网获得了高速发展。局域网种类繁多，目前典型代表是以太网（Ethernet），以太网几乎成了局域网的代名词，在计算机网络中占有非常重要的地位，究其原因是以太网组网方便，可用性、可靠性、可扩展性等均较高，而且速率发展非常快，从 10Mbit/s（传统以太网）、100Mbit/s、1Gbit/s、10/25Gbit/s、40/100Gbit/s 到 400Gbit/s 的转变，局域网行业不断创新以实现更高的网络速度。

3.1 局域网概述

3.1.1 局域网概念

局域网（Local Area Network，LAN）是一种在小区域内使各种数据通信设备互联在一起的通信网络，其中小区域是指小至一个房间、一幢建筑，大到一个校园或几十千米范围的一个区域。数据通信设备可以是计算机、终端及各种外部设备，其覆盖范围在几百米到十几千米内。局域网可以实现数据信息的快速传输、集中和综合处理，文件管理，应用软件和打印机等资源共享，电子邮件和传真通信服务等功能。

3.1.2 局域网的技术特点

在设计局域网时，主要考虑的因素是能够在较小的地理范围内更快运行、资源得到充分使用、信息传输更加安全，以及简单方便的网络操作与维护等。这些要求决定了局域网的技术特点，即采取什么样的网络拓扑结构、使用什么传输介质和采用何种介质访问控制方法。

1. 局域网拓扑结构

网络的拓扑结构对网络的性能有很大的影响。选择网络拓扑结构，首先要考虑采用何种介质访问控制方法，因为特定的介质访问控制方法一般仅用于特定的网络拓扑结构；其次要考虑性能、可靠性、成本、扩展灵活性、实现的难易程度及传输介质、传输距离等因素。局域网常见的拓扑结构有星形、环形、总线，如图 3-1 所示。

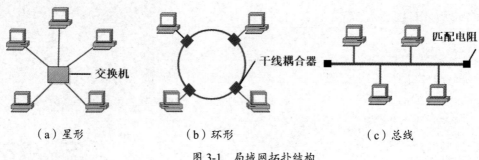

（a）星形　　　　　　（b）环形　　　　　　　　（c）总线

图 3-1　局域网拓扑结构

2．局域网传输介质

局域网常用的传输介质有同轴电缆、双绞线、光纤与无线通信信道。同轴电缆是早期使用的局域网传输介质。目前，近距离使用双绞线，远距离使用光纤，移动节点使用无线通信信道。这里重点介绍双绞线和光纤，如图 3-2 所示。

非屏蔽双绞线　　　　　　　　屏蔽双绞线　　　　　　　　　　光纤

图 3-2　双绞线和光纤

（1）双绞线。

双绞线是由两根具有绝缘保护层的铜导线相互缠绕而成的，每一根导线在传输中辐射出来的电波会被另一根导线上发出的电波抵消，有效降低信号干扰的程度。双绞线分为两类。

屏蔽双绞线（STP）：由外部保护层、屏蔽层与多对双绞线组成。

非屏蔽双绞线（UTP）：由外部保护层与多对双绞线组成。

屏蔽双绞线的抗干扰能力优于非屏蔽双绞线，但价格相对更贵。

（2）光纤。

光导纤维简称光纤，通过光信号传输数据，传输带宽远大于目前其他各种传输介质。其特点是传输距离远、数据速率高、抗干扰和保密性强。光纤分为两类。

多模光纤：价格便宜，但传输距离近，传输距离为 2～5km。

单模光纤：纤芯细、速率高、距离远、成本高，传输距离为 20～120km。

3．局域网介质访问控制

对于一对多通信、共享信道的局域网，着重要考虑的一个问题就是如何使众多用户合理而方便地共享通信介质资源。在技术上可以采用动态介质随机接入控制方法，其特点是所有用户可以随机地发送信息。那么在发送数据过程中，如果产生碰撞等问题要如何解决？比较常用的介质访问控制方法是 CSMA/CD。

3.1.3　局域网的组成和分类

1．局域网的组成

局域网由网络硬件和网络软件两部分组成。网络硬件主要包括服务器、工作站、传输介质和网络连接部件等。网络软件主要包括网络操作系统、控制信息传输的网络协议及相应的协议软件、大量的网络应用软件等。图 3-3 所示为一种比较常见的局域网。

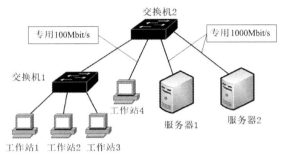

图 3-3　常见的局域网

在本书中常把局域网上的计算机称为主机、节点、工作站、站点或站。

服务器可分为文件服务器、打印服务器、通信服务器、数据库服务器等。

工作站也称为客户机，可以是普通的个人计算机，还可以是专用计算机。

工作站和服务器之间的连接通过传输介质和网络连接部件来实现。

局域网常用的网络连接部件有网卡、中继器和交换机等，如图 3-4 所示。

网卡　　　　　　　　中继器　　　　　　　　　　交换机

图 3-4　局域网常用的网络连接部件

网卡和局域网之间的通信是通过电缆或双绞线以串行传输方式进行的，而网卡和计算机之间的通信是通过计算机主板上的 I/O 总线以并行传输方式进行的。因此，网卡的一个重要功能就是进行串行/并行转换。当网卡收到一个有差错的帧时，它就将这个帧丢弃而不必通知它所插入的计算机。当网卡收到一个正确的帧时，它就使用中断来通知该计算机并交付给协议栈中的网络层。当计算机要发送一个 IP 数据包时，该数据包就由协议栈向下交给网卡组装成帧后发送到局域网。网卡也称为网络适配器或适配器。

中继器的作用是对接收到的信号进行放大和发送，从而增加信号传输的距离，补偿信号衰减。

交换机采用交换方式进行工作，能够将多条线路的端点集中连接在一起，端口工作在全双工模式下，实现多个工作站中间数据的并发传输，大大增加局域网带宽。交换机将在 3.2.4 节中详细介绍。

网络软件一般是指网络操作系统、网络通信协议和应用级的提供网络服务功能的专用软件。常见的网络操作系统有 UNIX、Netware、Windows NT、Linux 等。网络通信协议是网络中计算机交换信息时的约定，规定了计算机在网络中通信的规则，互联网常用的协议是 TCP/IP。应用级的提供网络服务功能的专用软件是目前发展最活跃的部分。

2．局域网的分类

按照不同的分类标准，可从以下几个方面对局域网进行分类。

（1）按照拓扑结构，局域网可分为总线局域网、环形局域网、星形局域网等。

（2）按照传输介质，局域网可分为有线局域网和无线局域网。本章主要介绍有线局域网。

（3）按照传输速率分为 10Mbit/s 局域网、100Mbit/s 局域网、千兆局域网等。

局域网经过几十年的发展，尤其是以交换机为核心的快速以太网和千兆以太网、万兆以太网进入市场后，以太网在局域网市场中占据了绝对优势，现在以太网几乎成为局域网的代名词。

3.2　以太网技术

以太网是目前应用最普遍的一种局域网技术，是以总线方式连接、广播式传输的网络，采用 CSMA/CD（Carrier Sense Multiple Access/Collision Detection，即载波监听多路访问/碰撞检测）介质访问控制方法。IEEE 802.3 以太网技术标准规定了包括物理层的连线、电子信号和介质访问层协议的内容。以太网工作在数据链路层和物理层，支持的数据带宽为 10Mbit/s、100Mbit/s、1Gbit/s、10Gbit/s、40Gbit/s、100Gbit/s、400Gbit/s、800Gbit/s，甚至更高。

3.2.1　以太网的两个标准

以太网是美国施乐（Xerox）公司于 1975 年研制成功的，最初的数据速率为 2.94Mbit/s。以太网用无源电缆作为总线来传输数据帧，并以传播电磁波的以太（Ether）命名。在 1982 年，Xerox 与 DEC 及 Intel 组成 DIX 联盟，共同发表了 Ethernet Version 2（EV2）的规约，EV2 成为世界上第一个局域网产品的规约，投入市场后被普遍使用。

IEEE 802 委员会的 802.3 工作组在 EV2 的基础上，于 1983 年制定了第一个 IEEE 的以太网标准 IEEE 802.3，数据速率为 10Mbit/s。IEEE 802.3 局域网对以太网标准中的帧格式进行了很小的改动，允许在同一个局域网上的硬件支持这两种标准。以太网的两个标准 DIX EV2 和 IEEE 的 802.3 标准差别很小，因此很多人也常把 IEEE 802.3 局域网简称为以太网，但实际上以太网是指符合 DIX EV2 标准的局域网。

出于有关厂商在商业上竞争的原因，IEEE 802 委员会未能指定一个统一的局域网标准，而是被迫制定了几个不同的局域网标准，同时，为了使数据链路层更好地适应多种局域网标准，IEEE 802 委员会把局域网的数据链路层拆成逻辑链路控制（LLC）子层和介质访问控制（MAC）子层，与接入传输介质有关的内容都放在 MAC 子层，不管采用何种传输介质和 MAC

子层的局域网对 LLC 子层来说都是透明的。然而到了 20 世纪 90 年代，激烈的局域网竞争市场逐渐明朗。以太网在局域网市场中取得了垄断地位，并且几乎成为局域网的代名词。由于互联网发展很快，而 TCP/IP 体系经常使用的局域网只剩下 DIX EV2 而不是 IEEE 802.3 标准中的局域网，因此很多厂商生产的适配器仅装有 MAC 协议，而没有 LLC 协议。

3.2.2　CSMA/CD 协议

最早的以太网将许多计算机都连接在一根总线上。以太网的标准拓扑结构为总线型，但快速以太网（100Mbit/s 以上）为了减少冲突，将网络速率和使用效率最大化，使用交换机来进行网络连接和组织。如此一来，以太网的拓扑结构就成了星形，但在逻辑上，以太网仍然使用总线型拓扑和 CSMA/CD 的总线技术。

总线技术的特点是当一台计算机发送数据时，总线上的所有计算机都能检测到这个数据。这就是广播通信方式，但我们并不总是需要在局域网上进行一对多的广播通信。为了在总线上实现一对一的通信，可以使每一台计算机的网卡拥有一个与其他网卡都不同的地址。在发送数据帧时，帧首部包含目的地址，只有当数据帧中的目的地址与网卡 ROM 中存放的硬件地址相同时，该网卡才接收该数据帧，否则就丢弃。这样一来，具有广播特性的总线技术就实现了一对一的通信。

1．以太网简化通信的两种措施

（1）采用无连接的工作方式，即不必先建立连接就可以直接发送数据。

网卡对发送的数据帧不编号，也不要求对方发回确认。这样做可以使以太网工作简单，而局域网信道的质量很好，因通信质量不好产生差错的概率很小，因此，以太网提供的是尽最大努力交付的服务，即不可靠的交付。当目的站收到有差错的数据帧时，就把该帧丢弃，其他什么也不做。对于有差错的数据帧是否需要重传，由高层（如 TCP 协议）来决定。对于重传的数据帧，以太网并不知道。

我们知道，总线上只要有一台计算机在发送数据，总线的传输资源就被占用。因此，在同一时间只能允许一台计算机发送数据，否则，各计算机之间就会互相干扰，使得所发送的数据被破坏。因此，如何协调总线上各计算机的工作就是以太网要解决的一个关键问题。以太网采用最简单的随机接入方式，使用 CSMA/CD 协议帮助减少冲突发生的概率。

（2）以太网发送的数据都使用曼彻斯特编码的信号。

曼彻斯特编码方法把一个码元再分成两个相等间隔。例如，码元 1 为前一个间隔是低电压而后一个间隔是高电压，码元 0 则正好相反。当然，也可把码元 1 和码元 0 采用相反的约定。

2．CSMA/CD 协议要点

（1）多点接入，就是指许多计算机以多点接入的方式连接在一根总线上。

（2）载波监听，就是检测总线信道上有没有其他计算机发送数据。不管是发送前，还是发送中，每个站都必须不停地检测信道。发送前检测是为了获得发送权；发送中检测是为了及时发现是否有发送冲突。

（3）碰撞检测，即边发送边监听，网卡边发送数据边检测信道上的信号电压是否有变化，如果信道上的电压变化幅度超过一定的门限值（碰撞后信号叠加），就判断出信道上至少有两个站在同时发送数据，发生了碰撞（冲突），碰撞导致传输的信号失真。一旦发生碰撞，网卡要立即停止发送，等待一段随机时间后再次发送。

为什么要进行碰撞检测？由于电磁波在总线上的传播速率是有限的，因此会产生传播时延（电磁波在 1km 电缆上的传播时延约为 5μs），当某个站监听到总线是空闲状态时，可能总线并非真正是空闲的。A 向 B 发出的信息，要经过一定的时间后才能传送到 B。B 若在 A 发送的信息到达 B 之前发送自己的帧(因为这时 B 的载波监听检测不到 A 所发送的信息)，则必然要在某个时间和 A 发送的帧发生碰撞。碰撞的结果是两个帧都变得无用。所以需要在发送期间进行碰撞检测，以检测冲突。这种发送的不确定性使整个以太网的平均通信速率远小于以太网的最高数据速率。

在局域网的分析中，常把总线上的单程端到端传播时延记为 τ。某个站发送数据后，最迟要经过两倍的总线端到端的传播时延（2τ），就知道是否发生碰撞。以太网端到端往返时间 2τ 称为争用期，又称为碰撞窗口。经过争用期这段时间还没有检测到碰撞，就能肯定这次发送不会发生碰撞。这时，就可以放心地把这一帧数据顺利发送完毕。

3．截断二进制指数退避

以太网使用截断二进制指数退避（Truncated Binary Exponential Backoff）算法来确定碰撞后重传的时间。发生碰撞的站在停止发送数据后，要推迟（退避）一个随机时间才能再次发送数据。为了使各站进行重传时发生碰撞的概率减小，具体的退避算法如下。

（1）基本退避时间取为争用期 2τ，具体的争用期时间为 51.2μs。对于 10Mbit/s 以太网，发送 512bit 的时间需要 51.2μs。

（2）从整数集合 $[0,1,\cdots,(2^k-1)]$ 中随机地取出一个数，记为 r。重传所需的时延就是 r 倍的基本退避时间。

参数 k 按下面的公式计算：

$$k=\min[重传次数,10]$$

当 $k \leqslant 10$ 时，参数 k 等于重传次数。

（3）当重传 16 次仍不能成功时，丢弃该帧，并向高层报告。

4．MAC 帧长度范围

网卡每发送一个新的帧，就要执行一次 CSMA/CD 算法。10Mbit/s 以太网取 51.2μs 为争用期。对于 10Mbit/s 以太网，在争用期内可发送 512bit，即 64 字节。这意味着：以太网在发送数据时，若前 64 字节没有发生碰撞，则后续的数据就不会发生碰撞。如果发生碰撞，就一定是在发送的前 64 字节之内。由于一检测到碰撞就立即中止发送，这时已经发送出去的数据一定小于 64 字节，因此以太网规定了最短有效帧长为 64 字节，凡长度小于 64 字节的帧，都是由于碰撞而异常中止的无效帧。为了提高帧的传输效率，应当使帧的数据载荷部分的长度尽可能大些，但是考虑到差错控制等多种因素，每一种数据链路层协议都规定了帧的数据载荷部分的长度上限，即最大传送单元（MTU），EV2 协议规定以太网的 MAC 帧 MTU 为 1500 字节，再加上帧头和帧尾的 18 字节，因此以太网的 MAC 帧有效帧长度范围是 64~1518 字节，数据载荷部分的长度范围是 46~1500 字节。

5. 强化碰撞

当发送数据的站一旦发现发生碰撞时，会采取以下措施。

（1）立即停止发送数据。

（2）继续发送 32bit 或 48bit 的人为干扰信号（Jamming Signal），以便让所有用户都知道现在已经发生了碰撞，不要再发送数据了。

6. 帧间最小间隔

以太网规定了帧间最小间隔为 9.6μs，相当于传输 96bit 的时间。这样做是为了使刚刚收到数据帧的站的接收缓存来得及清理，做好接收下一帧的准备。

通过以上知识的学习，CSMA/CD 协议要点归纳如下。

（1）准备发送。在发送之前，必须先检测信道。

（2）检测信道。若检测到信道忙，则应不停地检测，一直等待信道转为空闲状态。若检测到信道空闲，并在 96bit 时间内信道保持空闲（保证了帧间最小间隔），就发送这个帧。

（3）检查碰撞。在发送过程中仍不停地检测信道，即网卡要边发送边监听。这里只有两种可能性。

① 发送成功：在争用期内一直未检测到碰撞。这个帧肯定能够发送成功。发送完毕后，其他什么也不做，回到步骤（1）。

② 发送失败：在争用期内检测到碰撞。这时立即停止发送数据，并按规定发送人为干扰信号。网卡接着执行截断二进制指数退避算法，等待 r 倍 512bit 的时间后，返回到步骤（2），继续检测信道。但若重传 16 次仍不能成功，则停止重传而向上报错。

以太网每发送完一帧，还要把已发送的帧暂存一下，以确保该帧在争用期内发生碰撞后，可以在推迟一个随机时间后重传一次。

3.2.3　以太网 MAC 地址及帧格式

IEEE 802 委员会在局域网上规定了一种 48 位的全球唯一地址，这种地址被生产网卡的厂商固化在计算机网卡的 ROM 中，因此称为硬件地址或物理地址。因为在局域网的 MAC 帧中的源地址和目的地址都是硬件地址，所以硬件地址也称为 MAC 地址。严格来说，这种地址实际上就是网卡地址或网卡标识符。如果我们更换了局域网上某台计算机的网卡，虽然这台计算机所接入的局域网没有变，地理位置也没有变，但是这台计算机在该局域网中的"地址"改变了。

1．MAC 地址和十六进制数

以太网 MAC 地址是一种表示为 12 个十六进制数的 48 位二进制数。十进制是以 10 为基数的数制系统，十六进制是以 16 为基数的数制系统。以 16 为基数的数制系统使用数字 0~9 和字母 A~F。表 3-1 显示了十进制数 0~15 与二进制数及十六进制数的对应关系，这是计算机基本知识，要熟练掌握。

表 3-1　十进制数 0~15 与二进制数及十六进制数的对应关系

十进制数	0	1	2	3	4	5	6	7	8	9	10	11	12	13	14	15
二进制数	0000	0001	0010	0011	0100	0101	0110	0111	1000	1001	1010	1011	1100	1101	1110	1111
十六进制数	0	1	2	3	4	5	6	7	8	9	A	B	C	D	E	F

十六进制数通常以 0x 为前导的值（如 0x35，对应十进制数 53），或者以 16 为下标的值来表示，有时也会写成 35H。以太网 MAC 地址和 IPv6 地址常用十六进制数表示。

2．MAC 地址结构

MAC 地址是 IEEE 为确保每个以太网设备使用全局唯一地址，而强制厂商遵守规定的结果。IEEE 规定销售以太网设备的任何厂商都要向 IEEE 注册。IEEE 为厂商分配一个 3 字节的代码，称为组织唯一标识符（OUI），并要求厂商分配给网卡或其他以太网设备的所有 MAC 地址前 3 字节必须使用分配给该厂商的 OUI，后 3 字节要保证在该 OUI 下唯一，这种地址标识符称为扩展的唯一标识符（EUI），对于 48 位的 MAC 地址，可称为 EUI-48。MAC 地址的标准表示方法是将每 4 位写成一个十六进制的字符，共 12 个十六进制字符，将每两个十六进制字符分为一组，共 6 组，组之间用短线连接。MAC 地址结构如图 3-5 所示。

组织唯一标识符 OUI（由 IEEE 的注册管理机构分配）						网络接口标识符（由获得 OUI 的厂商分配）					
第一字节		第二字节		第三字节		第四字节		第五字节		第六字节	
高4位	低4位	高4位	低4位	高4位	低4位	高4位	低4位	高4位	低4位	高4位	低4位
X	X	X	X	X	X	X	X	X	X	X	X

图 3-5　MAC 地址结构

MAC 地址的发送顺序：从第一字节到第六字节；字节内比特的发送顺序：从最低位到最高位。

3．MAC 地址表示方法

Windows 系统中的 MAC 地址表示方法：XX-XX-XX-XX-XX-XX，如 30-FB-B8-4A-5C-

9D。可以使用 ipconfig /all 命令查看以太网网卡的 MAC 地址。

Linux 系统中的 MAC 地址表示方法：XX:XX:XX:XX:XX:XX，如 30:FB:B8:4A:5C:9D。可以使用 ifconfig 命令查看网卡的 MAC 地址。

Packet Tracer 仿真软件中的 MAC 地址表示方法：XXXX.XXXX.XXXX.XXXX。

4．单播 MAC 地址

单播 MAC 地址是帧从一个源设备发送到另一个目的设备时使用的唯一地址。此时帧中的目的 MAC 地址是单播 MAC 地址，以太网中所有的主机都会收到该帧，网卡负责查看帧中的目的 MAC 地址是否与自己的匹配。若匹配，则会将帧传输到上层进行解封装处理；若不匹配，则丢弃该帧。

5．广播 MAC 地址

广播 MAC 地址是帧从一个源设备发送到本网络（广播域）中其他所有设备时，使用的目的 MAC 地址。此时的目的 MAC 地址为十六进制的 FF-FF-FF-FF-FF-FF，本网络中其他所有的设备都会收到该帧，网卡发现帧中的目的 MAC 地址是广播 MAC 地址，直接将该帧传输到上层进行解封装处理。

6．组播 MAC 地址

组播 MAC 地址是帧从一个源设备发送到一组设备时使用的目的 MAC 地址。与 IPv4 组播地址关联的组播 MAC 地址是一个以十六进制的 01-00-5E 开头的特殊值。组播 MAC 地址的其余部分通过将 IP 组播地址的低 23 位换算成 6 个十六进制字符而创建。例如，IPv4 组播地址 224.0.0.201 对应的组播 MAC 地址是 01-00-5E-00-00-C9。

目的 MAC 地址可以是单播、广播或组播地址，但是源 MAC 地址只能是单播地址。

7．MAC 帧格式

有两种常用的以太网 MAC 帧格式：DIX EV2 和 IEEE 802.3。这里只介绍使用的最多的 EV2 MAC 帧格式（见图 3-6）。

图 3-6　EV2 MAC 帧格式

EV2 MAC 帧由 5 个字段组成。前两个字段分别为 6 字节的目的地址和源地址。第三个字段是 2 字节的类型，用来标志上一层使用的协议，以便把收到的 MAC 帧的数据上交给上一层的这个协议。例如，当类型字段值是 0x0800 时，就表示上层协议是 IP 协议。第四个字段是数据载荷，其长度范围为 64~1500 字节。第五个字段是 4 字节的帧校验和 FCS（使用 CRC 校验）。

需要说明的是：

（1）当数据载荷字段的长度小于 64 字节时，数据链路层会在数据载荷字段的后面加入整数字节的填充字段，以保证以太网的 MAC 帧长不小于 64 字节。

（2）为了使收发两端迅速达到比特同步（否则接收端无法收到有效的帧），在物理层上实际传输的要比 MAC 帧还多 8 字节，其中前 7 字节称为前导码（1 和 0 交替码），用于同步收发端时钟；第 8 字节称为帧开始定界符（10101011），用于通知接收端网卡其后就是 EV2 MAC 帧。

（3）无效的 MAC 帧。当出现帧的长度不是整数字节、用收到的帧校验和 FCS 查出有差错、收到的帧数据载荷字段的长度不在 64～1500 字节之间的这些情况时，收到的 MAC 帧都被视为无效帧，以太网对于检查出的无效 MAC 帧直接丢弃，不负责重传丢弃的帧。

3.2.4　以太网交换机

交换机从广义上分为广域网交换机和局域网交换机。前者主要应用于电信领域，而后者应用于局域网，用来连接终端设备。交换机以简单、低价、性能高等优点受到用户的喜爱，而局域网中最常见的交换机是以太网交换机。

在许多情况下，我们希望对以太网的覆盖范围进行扩展。扩展以太网常使用以太网交换机在数据链路层进行。1990 年问世的以太网交换机（Switch）可明显地提高以太网的性能。以太网交换机因为工作在 OSI 体系结构中的第二层，因此也被称为二层交换机。图 3-7 所示为思科 2960 系列交换机，图 3-8 所示为华为 S2750 系列交换机。

图 3-7　思科 2960 系列交换机

图 3-8　华为 S2750 系列交换机

1. 以太网交换机的功能

以太网交换机是一种即插即用设备，通常都有十几个或更多的接口，每个接口都直接与单台主机或以太网交换机相连，并且一般都工作在全双工模式。交换机将局域网分割成多个冲突域，每个冲突域都有独立的带宽，因此极大地提高了局域网性能。交换机内部的 CPU 会在每个端口成功连接时，将所连接设备的 MAC 地址与源端口的映射关系写在一张 MAC 地址表（帧交换表）中，该表是交换机通过自学习算法自动建立的，交换机就是根据这张表进行数据帧的转发及过滤的。以太网交换机使用专用的交换结构芯片，用于硬件转发，其转发速率要比使用软件转发的网桥高很多。以太网交换机的接口有存储器,能在输出端口繁忙时把暂时来不及输出的帧进行缓存。

以太网交换机具有并行性,能同时连通多对接口,能使多对主机同时通信,相互通信的主机都是独占传输介质的,无碰撞(冲突)地传输数据。在默认情况下,交换机所有端口属于一个广播域,可以通过 VLAN 技术分割广播域。

以太网交换机不使用共享总线,没有碰撞问题,因此不使用 CSMA/CD 协议,而以全双工模式工作,但仍然采用以太网的帧结构。

2. 以太网交换机的交换方式

以太网交换机的交换方式有两种:存储转发方式和直通方式。

存储转发方式:把整个数据帧先缓存再进行处理。在某些情况下,仍需要采用基于软件的存储转发方式进行交换,如当需要进行线路速率匹配、协议转换或差错检测时。

直通方式:在接收数据帧的同时立即按数据帧的目的 MAC 地址,决定该帧的转发接口,因而提高了帧的转发速率。缺点是不检查差错就直接将帧转发出去,因此有可能将一些无效帧转发给其他的站。

3. 以太网交换机的工作原理

MAC 地址表(帧交换表)作为交换机转发帧的依据,保存着交换机的端口、该端口所连设备的 MAC 地址、VLAN-ID 等信息。以太网交换机刚上电启动时内部的帧交换表是空的,随着网络中各主机间的通信,以太网交换机通过自学习算法自动逐渐建立起帧交换表。

下面举例说明以太网交换机是如何进行自学习及转发帧的。

如图 3-9 所示,有一个简单的交换式以太网,假设主机 A 发送信息给主机 B,那么交换机是如何自学习及转发帧的? 为了表述简单,各主机的 MAC 地址仅用一个大写字母表示(如主机 A 的 MAC 地址是 A),交换机的接口用阿拉伯数字表示,帧记录也只简单登记该接口所连设备的 MAC 地址与交换机相连的接口的信息。

(1)假设主机 A 给主机 B 发送帧。

① 该帧从交换机 1 的接口 1 进入交换机 1,交换机 1 首先进行登记的工作,将该帧的源MAC 地址 A 和该帧进入的接口号 1,记录到自己的帧交换表中(A,1),这个登记工作就称为交换机的自学习。以后不管从哪一个接口收到帧,只要其目的地址是 A,就应当把收到的帧从交换机的接口 1 转发出去。

② 之后,交换机 1 对该帧进行转发,该帧的目的 MAC 地址是 B,在帧交换表中查找 MAC地址 B,没找到,于是对该帧进行盲目的转发(泛洪),也就是从除该帧进入交换机的接口外的其他所有接口转发该帧,主机 B 的网卡收到该帧后,根据帧的目的 MAC 地址 B,知道这是发给自己的帧,接收该帧;主机 C 收到该帧后,根据帧的目的 MAC 地址 B,知道这不是发给自己的帧,丢弃该帧,这称为过滤。

③ 该帧从交换机 2 的接口 3 进入交换机 2,交换机 2 首先进行登记的工作,将该帧的源

MAC 地址 A 和该帧进入的接口号 3,记录到自己的帧交换表中(A,3)。

④之后,交换机 2 对该帧进行转发,该帧的目的 MAC 地址是 B,在帧交换表中查找 MAC 地址 B,没找到,于是对该帧进行盲目的转发(泛洪),主机 C、主机 D、主机 E、主机 F 都会收到该帧,由于帧的目的 MAC 地址是 B,与这些主机的 MAC 地址不匹配,于是这些主机丢弃该帧。注意:一开始两台交换机的帧交换表是空的,图 3-9 中帧交换表是两台交换机已经学习到主机 A 信息的情况。

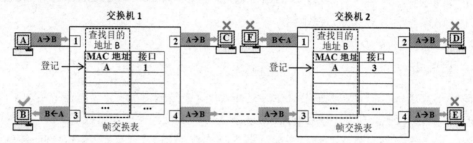

图 3-9 交换机自学习及转发帧过程

(2)假设主机 D 给主机 A 发送帧。

①该帧从交换机 2 的接口 2 进入交换机 2,交换机 2 首先进行登记的工作,将该帧的源 MAC 地址 D 和该帧进入的接口号 2,记录到自己的帧交换表中(D,2)。

②之后,交换机 2 对该帧进行查表转发,该帧的目的 MAC 地址是 A,在帧交换表中查找到 MAC 地址 A 对应的接口号是 3,于是将该帧从交换机 2 的接口 3 进行明确转发。

③该帧从交换机 1 的接口 4 进入交换机 1,交换机 1 首先进行登记的工作,将该帧的源 MAC 地址 D 和该帧进入交换机 1 的接口号 4,记录到自己的帧交换表中(D,4)。

④之后,交换机 1 对该帧进行查表转发,该帧的目的 MAC 地址是 A,在帧交换表中查找到 MAC 地址 A 对应的接口号是 1,于是将该帧从交换机 1 的接口 1 进行明确转发。

经过一段时间后,只要主机 B、主机 C、主机 E、主机 F 也向其他主机发送帧,交换机 1 和交换机 2 最终就会得到完整的帧交换表,如表 3-2 所示。以太网交换机的这种自学习方法使得以太网交换机能够即插即用,不必人工进行配置,因此非常方便。

表 3-2 交换机 1 和交换机 2 的完整帧交换表

交换机 1		交换机 2	
MAC 地址	接口	MAC 地址	接口
A	1	A	1
B	3	B	3
C	2	C	2
D	4	D	4
E	4	E	4
F	4	F	4
...	...	...	...

下面总结交换机自学习和转发帧的流程。

自学习：

交换机收到数据帧后，先进行自学习，查找帧交换表中有没有与收到帧的源地址相匹配的记录。若有，则把原有的记录进行更新（如进入的接口或有效时间等信息）；若无，则在帧交换表中增加一条记录（帧的源 MAC 地址、进入的接口和有效时间等信息）。

转发帧：

交换机自学习完成后，查找帧交换表中有没有与收到帧的目的 MAC 地址相匹配的记录。若有，则按帧交换表中记录的接口进行转发（明确转发）；若无，则向除进入接口外的所有其他接口转发（也称泛洪）。

丢弃帧：

当交换机转发帧的时候，如果目的 MAC 地址的端口与源 MAC 地址的端口相同，则丢弃该帧，不转发。也就是说，当帧进入的端口和帧转发的端口相同时，则丢弃这个帧，因为这时不需要经过交换机进行转发。例如，用集线器将主机 A 和另一台主机 G 连接，这时主机 G 给主机 A 发送帧，交换机 1 在帧交换表中登记源 MAC 地址 G 和接口 1 及有效时间后，转发该帧，找到目的 MAC 地址 A，其对应的接口仍是 1，就丢弃该帧，不转发。

帧交换表的老化时间一般是 300s，为什么要有老化时间？

原因：交换机的接口与所连设备的 MAC 地址的对应关系并不是永久的，如某个接口换了连接设备，或者设备更换网卡，都会导致接口对应的 MAC 地址改变，因此交换机会删除帧交换表中有效时间到期的记录。

3.2.5　以太网交换机基本配置

1．项目描述

（1）项目背景。在本实验中，你首先会学习交换机的基本配置：配置主机名、配置控制台和特权 EXEC 模式密码、加密 enable 密码和控制台密码、将配置文件保存到 NVRAM 中等知识；然后对交换机和 PC 配置 IP 地址，实现基本连接；最后使用各种 show 命令来查看配置结果，并使用 ping 命令验证设备之间的基本连接。

（2）逻辑拓扑。交换机基本配置拓扑图如图 3-10 所示。

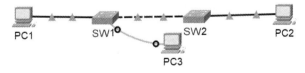

图 3-10　交换机基本配置拓扑图

（3）地址分配。地址分配表如表 3-3 所示。

表 3-3　地址分配表

设备	接口	IP 地址	子网掩码
SW1	VLAN 1	192.168.2.253	255.255.255.0

续表

设备	接口	IP 地址	子网掩码
SW2	VLAN 1	192.168.2.254	255.255.255.0
PC1	网卡	192.168.2.1	255.255.255.0
PC2	网卡	192.168.2.2	255.255.255.0
PC3	网卡	192.168.2.3	255.255.255.0

（4）任务内容。

第 1 部分：对 SW1 和 SW2 进行基本配置。

第 2 部分：配置两台 PC。

第 3 部分：配置交换机管理接口。

（5）所需资源。

三台 PC，两台思科 2960 系列交换机。

2．项目实施

在 Packet Tracer 中，按照图 3-10 搭建逻辑拓扑图，并保存好文件。

第 1 部分：对 SW1 和 SW2 进行基本配置。

步骤 1：配置 SW1 主机名为 SW1。

（1）单击 SW1，选中"CLI"选项卡，输入以下命令，进入特权 EXEC 模式。

```
Switch>enable
```

（2）输入以下命令，检查当前交换机配置。

```
Switch#show running-config
```

（3）进入全局配置模式，输入以下命令，将交换机 1 配置为 SW1。

```
Switch#configure terminal          //进入全局配置模式
Switch(config)#hostname SW1
```

步骤 2：配置控制台的密码和特权 EXEC 模式的加密密码。

（1）在全局配置模式下，使用 jcjssc 作为所有控制台密码。

```
SW1(config)#line console 0          //表示交换机的第一个控制台接口且唯一
SW1(config-line)#password jcjssc
SW1(config-line)#login              //表示登录控制台时进行密码验证，否则密码配置无效
SW1(config-line)#exit
```

（2）在全局配置模式下，使用 cssjcj 作为特权 EXEC 模式加密密码。

```
SW1(config)#enable secret cssjcj    //将 secret 换成 password，密码明文显示
```

步骤 3：验证 SW1 的密码配置，并检查运行配置文件的内容。

```
SW1(config-line)#end
SW1(config-line)#exit
User Access Verification
Password:                           //此处输入控制台密码，输入成功后，按回车键确认即可
```

```
SW1>enable
Password:                        //此处输入特权 EXEC 模式加密密码，输入成功后，按回车键确认即可
SW1#show running-config
```

PC3 的 RS-232 接口和交换机 SW1 的 Console 接口通过本地配置线相连，可以通过 PC3 的终端访问 SW1，可以单击 PC3 桌面上的终端（Terminal）验证 SW1 的密码配置。注意，此时控制台密码是明文形式的，不安全，要加密运行配置文件中的有关密码。

步骤 4：使用以下命令，加密运行配置文件中的有关密码。

```
SW1(config)#service password-encryption
SW1(config)#exit
SW1#show running-config  //再次查看运行配置文件，密码将加密显示
```

步骤 5：将 SW1 配置文件保存到 NVRAM（非易失性随机访问存储器）中，以免因交换机断电而丢失刚才所进行的配置。

```
SW1#copy running-config startup-config //将运行配置文件保存到 NVRAM
```

说明：交换机将运行配置文件保存在 RAM 中，断电就会丢失；将运行配置文件保存在 NVRAM 中，断电也不会丢失；将 IOS 保存在 Flash 闪存中。

步骤 6：在交换机 SW2 上重复执行步骤 1~步骤 5。

使用以下参数配置 SW2：设备名称为 SW2；控制台密码为 jsjwoo；特权 EXEC 模式加密密码为 cj$c0。

第 2 部分：配置两台 PC。

步骤 1：为两台 PC 配置 IP 地址。

（1）单击 PC1，单击"桌面"（Desktop）选项卡。

（2）单击"IP 配置"命令。参照表 3-3，在"IP 配置"窗口中输入 PC1 的信息：IP 地址为 192.168.2.1，子网掩码为 255.255.255.0。

（3）对 PC2、PC3 重复步骤（1）~步骤（2）。

步骤 2：测试交换机的连接。

（1）单击 PC1。如果"IP 配置"窗口仍开着，关闭它。在"桌面"选项卡中，单击"命令提示符"（Command Prompt）命令。

（2）输入 ping 命令和 SW1 的 IP 地址，按回车键。

```
PC>ping 192.168.2.253
```

此时还不能 ping 通交换机 SW1，因为现在还没有给它配置 IP 地址，但可以 ping 通 PC2（IP 地址为 192.168.2.2）。

第 3 部分：配置交换机管理接口。

SVI 接口是交换机管理 VLAN 的接口，要想远程访问交换机，需要给 SVI 接口分配 IP 地址及子网掩码，交换机的默认管理接口是 VLAN 1，并且需要激活才能启用。

步骤 1：使用以下命令配置 SW1 的 IP 地址。

```
SW1#configure terminal
SW1(config)#interface vlan 1  //进入 VLAN 1
SW1(config-if)#ip address 192.168.2.253 255.255.255.0
SW1(config-if)#no shutdown
```

步骤 2：参照步骤 1，使用表 3-3 中的信息为 SW2 配置 IP 地址。

步骤 3：验证 SW1 和 SW2 上的 IP 地址配置。

show ip interface brief 命令显示交换机的所有接口的 IP 地址、状态等三层概况。

步骤 4：将 SW1 和 SW2 的配置保存到 NVRAM 中。

```
SW1(config)#copy running-config startup-config
```

步骤 5：验证网络连接。

现在，可以在 PC1 上 ping 通 SW1。若配置正确，则整个网络可以完全连通。你还可以在交换机的 CLI 和 PC2 上使用 ping 命令。

交换机会根据 MAC 地址表将来自一个接口的信息转发到另一个接口，可以使用 show mac-address-table 命令查看交换机的 MAC 地址表。

通过实验，我们学会了交换机的基本配置，并使用 ping 命令验证了网络的连通性。

3.2.6　地址解析协议

本节学习 MAC 地址和 IP 地址之间的关系及地址解析协议（ARP）如何映射这两个地址。ARP 提供两个基本功能。

- 将 IPv4 地址解析为 MAC 地址。
- 维护从 IPv4 地址到 MAC 地址映射的 ARP。

1. MAC 地址和 IP 地址

我们已经使用了两种不同类型的地址：MAC 地址和 IP 地址。现在我们来学习这两种地址的功能与差异。

MAC 地址是数据链路层和物理层使用的地址，在这两层只能"看见"MAC 帧中的源或目的 MAC 地址，该地址被厂商烧录在网卡的 ROM 中。IP（IPv4）地址是网络层及以上各层使用的地址，是一种逻辑地址（因其是软件实现的），被保存在计算机的存储器中，IP 层及以上各层也只能"看见"IP 数据包中的源或目的 IP 地址。路由器只根据目的主机的 IP 地址确定的网络进行路由选择。IP 地址属于网络层的范畴，之所以在数据链路层的讲解中引入 IP 地址，是因为在我们日常的大多数网络应用中，属于数据链路层的 MAC 地址和属于网络层的 IP 地址都要一起使用，它们之间存在一定的关系。IP 地址的相关内容比较多，我们将会在 3.4.1 节中系统地学习。这里主要介绍 IP 地址的作用。IP 地址是互联网上的主机或路由器所使用的地址，用于标识两部分信息。

（1）网络编号：标识互联网上数以百万计的网络。

（2）主机编号：标识同一网络上不同的主机或路由器的各接口。

很显然，MAC 地址不具备区分不同网络的功能。

在数据包转发的过程中，源 IP 地址和目的 IP 地址始终保持不变；而源 MAC 地址和目的 MAC 地址逐段链路（或逐个网络）改变。

2．ARP 概述

IPv4 网络中的每个节点都有 MAC 地址和 IP 地址。要发送数据，节点必须同时使用这两个地址。节点必须在源字段中指定自己的 MAC 地址和 IP 地址，并提供目的 MAC 地址和目的 IP 地址，目的 IP 地址已经由 OSI 高层提供，但发送节点还需要给出以太网链路中目的节点的 MAC 地址，这就是 ARP 要实现的功能，即如何通过 IP 地址找到相应的目的节点的 MAC 地址。

实际上，每台主机都会有一个 ARP 高速缓存表，记录有与该主机通信过的 IP 地址和 MAC 地址的映射关系。源主机要给目的主机发送数据包，源主机首先会查找其 ARP 高速缓存表中是否有目的 IP 地址对应的 MAC 地址，如果有，则将目的主机的 MAC 地址作为帧中的目的 MAC 地址；如果没有，源主机就发送一个 ARP 请求报文。

ARP 高速缓存表中的每一条记录都有其类型，类型分为动态和静态两种，动态类型是指记录是主机通过 ARP 自动获取到的，在 Windows 系统中，动态记录的生命周期默认为两分钟，当生命周期结束时，该记录将自动删除，这样做的原因是 IP 地址与 MAC 地址的对应关系并不是永久的，如当主机的网卡坏了，更换新的网卡后，主机的 IP 地址并没有改变，但主机的 MAC 地址改变了。静态类型是指记录是用户或网络管理员手工配置的，不同操作系统下的生命周期不同，如有的系统重启后静态记录不存在，有的系统重启后静态记录依然存在。

下面我们举例说明 ARP 在以太网中的工作原理及过程。

如图 3-12 所示，有一个简单的共享总线型的以太网，为了简单起见，该网络拓扑中仅给出三台主机，各主机的 IP 地址和 MAC 地址见图 3-12 的标注。

假设主机 B 要给主机 C 发送数据包，则 ARP 在以太网中的工作原理及过程如下。

（1）源主机 B 查看自己的 ARP 高速缓存表，是否存在主机 C 的 IP 地址与 MAC 地址对应关系的记录。

主机 B 知道主机 C 的 IP 地址，首先在自己的 ARP 高速缓存表中查找主机 C 的 IP 地址所对应的 MAC 地址，如果找到，就不用发送 ARP 请求报文，目的 MAC 地址就是主机 C 的 MAC 地址。但是，未找到，因此主机 B 需要发送 ARP 请求报文，来获取主机 C 的 MAC 地址。主机 B 的 ARP 高速缓存表如图 3-11 所示。

主机 B 的 ARP 高速缓存表		
IP 地址	MAC 地址	类型
172.16.1.1	0A-82-61-37-E0-AA	动态
172.16.1.4	44-4C-72-89-23-4B	静态
：	：	：

查找主机 C 的 IP 地址 172.16.1.3 未找到，发送 ARP 请求报文

图 3-11　主机 B 的 ARP 高速缓存表

（2）源主机 B 发送 ARP 请求报文。

①主机 B 发送的 ARP 请求报文的内容（这里用较通俗的语言描述）："我的 IP 地址为 172.16.1.2，我的 MAC 地址为 22-2A-99-65-43-BB，我想知道 IP 地址为 172.16.1.3 的主机的 MAC 地址"，ARP 请求报文被封装在 MAC 帧中发送，目的地址为广播地址 FF-FF-FF-FF-FF-FF。

②主机 B 发送封装有 ARP 请求报文的广播帧，被总线上的其他主机都接收。主机 A 的网卡收到该广播帧后，将其交到上层处理，上层的 ARP 进程解析 ARP 请求报文，发现所询问的 IP 地址不是自己的 IP 地址，因此不予理会；主机 C 的网卡收到该广播帧后，将其交到上层处理，上层的 ARP 进程解析 ARP 请求报文，发现所询问的 IP 地址正是自己的 IP 地址，需要响应。主机 B 发送 ARP 请求报文的过程如图 3-12 所示。

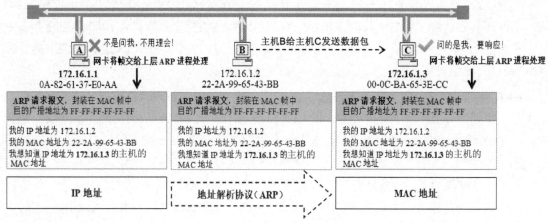

图 3-12　主机 B 发送 ARP 请求报文的过程

（3）匹配的目的主机 C 发送 ARP 响应报文。

①主机 C 首先将 ARP 请求报文中所携带的主机 B 的 IP 地址与 MAC 地址记录到自己的 ARP 高速缓存表中。

②主机 C 给主机 B 发送 ARP 响应报文，已告知自己的 MAC 地址，ARP 响应报文的内容（这里用较通俗的语言描述）："我的 IP 地址为 172.16.1.3，我的 MAC 地址为 00-0C-BA-65-3E-CC"，需要注意的是，ARP 响应报文被封装在 MAC 帧中发送，目的 MAC 地址为主机 B 的 MAC 地址。

③主机 C 给主机 B 发送封装有 ARP 响应报文的单播帧，总线上的其他主机都能收到该单播帧，主机 A 的网卡收到该单播帧后，发现其目的 MAC 地址与自己的 MAC 地址不匹配，直接丢弃该帧；主机 B 的网卡收到该单播帧后，发现其目的 MAC 地址与自己的 MAC 地址匹配，将其交给上层处理，上层的 ARP 进程解析 ARP 响应报文，将其所包含的主机 C 的 IP 地址与 MAC 地址记录到自己的 ARP 高速缓存表中。主机 C 发送 ARP 响应报文的过程如图 3-13 所示。

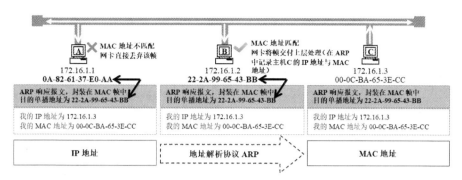

图 3-13　主机 C 发送 ARP 响应报文的过程

此时，主机 B 的 ARP 高速缓存表中新增一条记录（主机 C 的 IP 地址和 MAC 地址），如图 3-14 所示。

主机 B 的 ARP 高速缓存表		
IP 地址	MAC 地址	类型
172.16.1.1	0A-82-61-37-E0-AA	动态
172.16.1.4	44-4C-72-89-23-4B	静态
172.16.1.3	00-0C-BA-65-3E-CC	动态
⋮	⋮	⋮

（左侧：新增一条记录）

图 3-14　主机 B 的 ARP 高速缓存表中新增一条关于主机 C 的记录

④主机 B 现在可以给主机 C 发送之前想发送的数据包了。后续过程不再叙述。

3．ARP 在远程通信中的使用

上面讲的是 ARP 在局域网中的工作原理，接下来，请大家思考一下，如果主机要与远程网络（不在同一个网络）中的某台主机进行通信，那么如何获取远程网络中的主机 IP 地址对应的 MAC 地址呢？

在如图 3-15 所示的网络拓扑中，主机 1 是否可以使用 ARP 直接获取到主机 2 的 MAC 地址？答案是否定的，ARP 只能在一段链路或一个网络上使用，而不能跨网络使用，对于本例，ARP 的使用需要逐段链路进行。

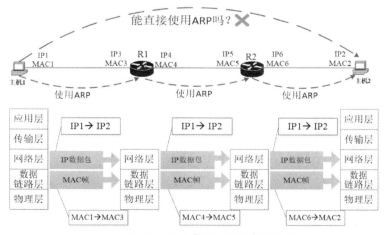

图 3-15　ARP 在远程通信中的使用

为了简单起见，图 3-15 中各主机和路由器各接口的 IP 地址、MAC 地址用比较简单的标识符来表示。我们从网络体系结构的角度，来看看 IP 数据包在传输过程中，IP 地址与 MAC 地址的变化情况。需要注意的是，主机中有完整的网络体系结构，而路由器的最高层为网络层，它没有网络体系结构中的传输层和应用层，我们所关注的重点是网络层在封装 IP 数据包时，源 IP 地址和目的 IP 地址应该填写什么？数据链路层在封装 MAC 帧时，源 MAC 地址和目的 MAC 地址应该填写什么？

假设主机 1 要给主机 2 发送一个 IP 数据包，具体过程如下。

（1）主机 1 将 IP 数据包发送给路由器 R1，在网络层封装的 IP 数据包首部中，源 IP 地址应填写主机 1 的 IP 地址 IP1，目的 IP 地址应填写主机 2 的 IP 地址 IP2，也就是从 IP1 发送给 IP2；而在数据链路层封装的 MAC 帧首部中，源 MAC 地址应填写主机 1 的 MAC 地址 MAC1，目的 MAC 地址应填写路由器 R1 的 MAC 地址 MAC3，也就是从 MAC1 发送给 MAC3。

（2）路由器 R1 将收到的 IP 数据包转发给路由器 R2，在网络层封装的 IP 数据包首部中，源 IP 地址和目的 IP 地址没变，仍是从 IP1 发送给 IP2，而在数据链路层封装的 MAC 帧首部中，源 MAC 地址应填写路由器 R1 的 MAC 地址 MAC4，目的 MAC 地址应填写路由器 R2 的 MAC 地址 MAC5，也就是从 MAC4 发送给 MAC5。

（3）路由器 R2 将收到的 IP 数据包转发给主机 2，在网络层封装的 IP 数据包首部中，源 IP 地址和目的 IP 地址没变，仍是从 IP1 发送给 IP2，而在数据链路层封装的 MAC 帧首部中，源 MAC 地址应填写路由器 R2 的 MAC 地址 MAC6，目的 MAC 地址应填写主机 2 的 MAC 地址 MAC2，也就是从 MAC6 发送给 MAC2。

从图 3-15 中可以看出，在 IP 数据包转发过程中，源 IP 地址和目的 IP 地址保持不变，但是源 MAC 地址和目的 MAC 地址是逐段链路或逐个网络改变的。

4．ARP 其他问题

除 ARP 请求报文和 ARP 响应报文外，ARP 还有其他类型的报文，如用于检查 IP 地址冲突的"无故 ARP"报文；ARP 没有安全验证机制，因此，存在 ARP 欺骗（攻击）等问题。

5．ARP 总结

以太网上的设备会获得两个地址。

● 第 2 层物理地址（MAC 地址），用于同一网络中的以太网网卡之间的通信。

● 第 3 层逻辑地址（IP 地址），用于将数据包从源设备发送到目的设备。

第 2 层物理地址用于将帧从一个网卡传输到同一网络中的另一个网卡。如果目的 IP 地址位于本地网络中，那么目的 MAC 地址就是目的设备的 MAC 地址；否则，目的 MAC 地址就是默认网关的 MAC 地址。

当一台源主机已知另一台目的主机的 IP 地址，但不知道目的主机的 MAC 地址时，源主机会使用 ARP 来判断对方的 MAC 地址，过程如下。

（1）如果数据包的目的 IP 地址处于同一个网络，则源主机会在 ARP 高速缓存表中搜索目的主机的 IP 地址；如果目的 IP 地址处于远程不同的网络，则源主机会在 ARP 高速缓存表中搜索默认网关的 IP 地址。

（2）如果源主机在其 ARP 高速缓存表中找到了目的 IP 地址，相应的 MAC 地址就会作为帧中的目的 MAC 地址；如果没有找到，则源主机会发送一个 ARP 请求报文。

（3）封装有 ARP 请求报文的广播帧被以太网上的其他主机都接收，这些主机的网卡将该广播帧交给上层处理，上层的 ARP 进程解析 ARP 请求报文，只有 IP 地址相匹配的主机需要做出 ARP 响应，其他 IP 地址不匹配的主机无须响应。

（4）匹配上的目的主机先将 ARP 请求报文中所携带的源主机的 IP 地址、MAC 地址**记录**到自己的 ARP 高速缓存表中，再将包含自己 IP 地址和 MAC 地址的 **ARP 响应报文**封装在单播帧中发送（以此告知源主机自己的 MAC 地址），此时源主机的 MAC 地址变成了帧中的目的 MAC 地址。

（5）对于封装有 ARP 响应报文的单播帧，以太网上其他主机都能收到该单播帧，这些主机的网卡会判断该帧中包含的目的 MAC 地址是否与自己的 MAC 地址匹配，不匹配的，直接丢弃该帧；匹配的，将其交给上层处理，上层的 ARP 进程解析 ARP 响应报文，将 ARP 响应报文中所包含的源 IP 地址、源 MAC 地址记录到自己的 ARP 高速缓存表中，即源主机获取到目的主机的 MAC 地址。

至此，源主机就可以给目的主机发送之前想发送的数据包了。

3.2.7　MAC 地址、IP 地址的关系及 ARP 的作用

1．项目描述

（1）项目背景。在本实验中，你将会学习 MAC 地址与 IP 地址的关系，以及 ARP 的作用；交换机 MAC 地址表的查看。

（2）逻辑拓扑。MAC 地址、IP 地址、ARP 的拓扑结构如图 3-16 所示。

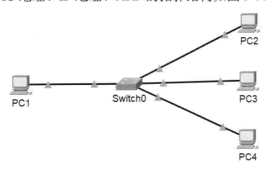

图 3-16　MAC 地址、IP 地址、ARP 的拓扑结构

（3）地址分配。主机地址分配表如表 3-4 所示。

表 3-4　主机地址分配表

设备	接口	IP 地址	子网掩码
PC1	网卡	172.16.1.1	255.255.0.0
PC2	网卡	172.16.1.2	255.255.0.0
PC3	网卡	172.16.1.3	255.255.0.0
PC4	网卡	172.16.1.4	255.255.0.0

（4）任务内容。

第 1 部分：配置 PC。

第 2 部分：检查 ARP 请求报文。

第 3 部分：检查 ARP 响应报文。

第 4 部分：检查交换机的 MAC 地址表。

（5）所需资源。

四台 PC，一台思科 2960 系列交换机。

2．项目实施

在 Packet Tracer 中，按照图 3-16 搭建逻辑拓扑图，并保存好文件。

第 1 部分：配置 PC。

步骤 1：按照表 3-4 分配的 IP 地址与子网掩码配置四台 PC。

（1）首先单击 PC1，然后选择 "Desktop"（桌面）→ "IP Configuration"（IP 配置）选项。

（2）将 IPv4 Address（IPv4 地址）设置为 172.16.1.1。

（3）将 Subnet Mask（子网掩码）设置为 255.255.0.0。

（4）参考 PC1 的配置方法，参阅表 3-4 中的地址分配，配置另外三台 PC 的 IPv4 地址及子网掩码。

步骤 2：单击 Packet Tracer 工具栏上的 "查看" 按钮，查看 PC1 和 PC3 的端口状态汇总表（Port Status Summary Table）、ARP 高速缓存表，以及交换机的 MAC 地址表。此时的 ARP 高速缓存表、MAC 地址表都是空的，单击 PC1、PC3，使用 ipconfig/all 命令，查看 PC1、PC3 的 IP 地址和 MAC 地址，在表 3-5 中记录其网卡的 IP 地址、MAC 地址。

表 3-5　PC1、PC3 的 IP 地址和 MAC 地址

设备	IP 地址	MAC 地址
PC1		
PC3		

第 2 部分：检查 ARP 请求报文。

PC1 给 PC3 发送一个简单的 PDU 数据包。

（1）切换到选择状态，从实时（Realtime）模式切换到仿真（Simulation）模式，先单击工

具栏上的"添加简单 PDU"（Add Simple PDU）按钮，再分别单击 PC1、PC3。

可以看到 PC1 上有两个信封（一个是 ICMP 数据包，一个是 ARP 请求报文），原因：如果不知道目的设备的 MAC 地址，ping 命令无法完成 ICMP 数据包的发送，因此计算机会先发送 ARP 广播请求帧，来查找目的设备的 MAC 地址。

（2）单击右侧"仿真面板"（Simulation Panel）→"事件列表"（Event List）中的"ICMP事件"（第一个事件）。

弹出"在设备 PC1 上的 PDU 信息"对话框，可以看到第二层是空的，因为现在设备准备封装帧，但在 ARP 高速缓存表中，没有目的 IP 地址（172.16.1.3）的信息，没有办法封装目的 MAC 地址，暂时不能发送 ICMP 数据包，要先发送 ARP 请求报文，来获取目的 IP 地址对应的 MAC 地址。关闭该对话框。

（3）单击"事件列表"中的第二个事件，弹出"在设备 PC1 上的 PDU 信息"对话框，选择"出站 PDU 详情"选项。观察 ARP 请求报文中的源、目的 IP 地址和 MAC 地址，此时 ARP请求报文中的目的 MAC 地址是 0000.0000.0000。第二层的目的 MAC 地址是 FFFF.FFFF.FFFF。关闭该对话框。

（4）单击"捕获前进"按钮两次，ARP 广播请求帧发送到交换机 Switch0，交换机处理这个广播帧，将其从除入口外的所有其他接口转发出去。

请根据前面所学的主机处理 ARP 请求报文知识，回答 PC2、PC3、PC4 三台主机会如何处理收到的该广播帧，为什么会这样处理？

第 3 部分：检查 ARP 响应报文。

（1）单击 PC3 上的信封，查看 OSI 模型的第二层。总结 PC3 对该广播帧的处理过程。选中 ARP 高速缓存表，单击"查看"按钮，可以看到 PC1 的 IP 地址及 MAC 地址信息。

（2）分别单击 PC3 的"入站 PDU 详情"和"出站 PDU 详情"选项，查看 PC3 入站 PDU的 ARP 请求报文内容，以及出站 PDU 中 ARP 单播响应报文内容（PC3 发回给 PC1 的 ARP单播响应报文）中的源 IP 地址、源 MAC 地址、目的 IP 地址和目的 MAC 地址，并将其记录在表 3-6 中。

表 3-6　PC3 入站和出站 PDU 中的源、目的 IP 地址和 MAC 地址

	源 IP 地址	目的 IP 地址	源 MAC 地址	目的 MAC 地址
入站 PDU 详情				
出站 PDU 详情				

（3）单击"捕获前进"按钮两次，此时 PC1 收到 PC3 发回的 ARP 响应报文，在 PC1 上又有两个信封（一个是收到的 ARP 响应报文，另一个是之前要发送的 ICMP 数据包）。

（4）单击 PC1 上的 ARP 响应报文（有对号的），弹出其 PDU 信息对话框，单击 OSI 模型，总结出设备 PC1 对该 ARP 响应报文的处理情况是怎样的。

（5）单击 PC1 上的 ICMP 数据包，查看 OSI 模型的第二层，已不再为空，目的 MAC 地

址是刚刚通过 ARP 请求报文获取到的 PC3 的 MAC 地址。现在 PC1 已经知道 PC3 的 IP 地址对应的 MAC 地址，于是 ARP 进程从缓冲区中取出并发送等待该 ARP 响应的数据包，后续事件不再跟踪。最后请切换回实时模式。

至此，我们通过实验，清楚地了解到 MAC 地址与 IP 地址的关系，以及 ARP 的作用。

第 4 部分：检查交换机的 MAC 地址表。

步骤 1：检查交换机 Switch0 的 MAC 地址表。

在实时模式下，首先单击 Switch0，然后单击 "CLI" 选项卡。输入以下命令，查看交换机当前的 MAC 地址表的内容。

```
switch0#show mac-address-table
```

此时，可以看到在交换机的 MAC 地址表中，已经记录了与交换机端口相连的 PC1 和 PC3 的 MAC 地址信息及相关的交换机接口信息。

步骤 2：生成额外的流量来填充交换机 MAC 地址表。

（1）单击 PC1，选择 "Desktop"（桌面）→ "Command Prompt"（命令提示符）选项。执行以下命令。

```
ping 172.16.1.2
ping 172.16.1.4
```

（2）单击 Switch0，再次输入以下命令查看交换机当前的 MAC 地址表的内容。

```
switch0#show mac-address-table
```

可以看到交换机的 MAC 地址表中又新增两条记录，交换机通过自学习完善了 MAC 地址表。

至此，整个实验完成。

3.3 虚拟局域网

虚拟局域网（Virtual Local Area Network，VLAN）是一种将局域网内的设备划分成与物理位置无关的逻辑组的技术，这些逻辑组具有某些共同的需求。VLAN 技术是将一个大的广播域，按照部门、功能等需求划分成较小的广播域的一种二层技术。每一个带有 VLAN 标记的帧都有一个明确的 VLAN ID 字段值，指明发送这个帧的主机属于哪个 VLAN。

3.3.1 VLAN 概述

1. VLAN 产生的原因

以太网交换机工作在物理层和数据链路层。我们来看如图 3-17 所示的某公司的网络拓扑图，该公司内部的局域网设计很不合理，原因是每一个交换机都连接了多台主机。在使用一个或多个以太网交换机连接起来的交换式以太网中，其所有站点都属于同一个广播域。随着交互式以太网规模的扩大，广播域相应扩大。所有的局域网的主机都处在相同的广播域，一台主机发送广播数据，其他所有的主机都能收到，严重占用网络资源和主机资源，有一些主机根本不需要收到该广播数据，但是因为在同一个广播域，所以不可避免地收到了广播数据。另外，如果一台主机中病毒，其他所有主机都有可能会受到影响；整个局域网处于同一个故障域，难于维护。划分 VLAN 分隔广播域如图 3-18 所示。

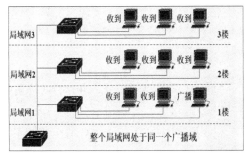

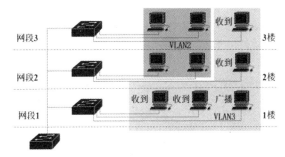

图 3-17　未划分 VLAN 以太网属同一个广播域　　　　图 3-18　划分 VLAN 分隔广播域

2. 解决的方法

要解决上述问题，就需要减小广播域，即分隔广播域。如何分隔广播域？使用路由器可以分隔广播域，因为路由器默认情况下不会转发广播包，但路由器的成本较高，局域网的内部如果全部使用路由器来分隔广播域是不现实的，增加成本，还会增加路由器的路由表信息，因此出现了 VLAN 技术，通过划分 VLAN 将一个大的广播域分隔成若干个较小的广播域。在 VLAN 中，只有属于同一个 VLAN 的主机，才能收到同一个 VLAN 上的其他主机发送来的广播信息。也就是同一个 VLAN 内部可以广播通信，不同 VLAN 之间不能广播通信。这样，VLAN 限制了接收广播信息的主机数量，使得网络不会因为过多的广播信息（广播风暴）而性能下降。

从以上的分析可以看出，划分 VLAN 的好处是可以有效地抑制广播风暴，提高网络的安全性和网络性能，简化网络管理员对网络的维护等。

3.3.2　VLAN 的实现机制

那么如何才能实现 VLAN 呢？VLAN 技术是在交换机上实现的，需要交换机实现以下两大功能。

（1）能够处理带有 VLAN 标记的帧，也就是 IEEE 802.1Q 帧。

（2）交换机的各端口可以支持不同的端口类型（Access 端口和 Trunk 端口）。

1. IEEE 802.1Q 帧

IEEE 802.1Q 帧也称为 Dot One Q 帧。1988 年，IEEE 批准了 802.3ac 标准，该标准定义了扩展的以太网帧格式，以便支持 VLAN，也就是在原以太网 MAC 帧的源 MAC 地址字段和类型字段之间，插入 4 字节的 VLAN 标记（Tag）字段，如图 3-19 所示，用来表明发送该帧的主机属于哪一个 VLAN，得到新格式的帧，称为 IEEE 802.1Q 帧。VLAN 标记的前两字节固定设置成十六进制字符 0x8100，当数据链路层检查到 MAC 帧的源 MAC 地址字段后面的两字节是 0x8100 时，就知道该帧中包含了 4 字节的 VLAN 标记；后两字节的前 3 位是优先级字段，第 4 位是规范格式指示位 CFI，最后 12 位是 VLAN 标识符 VLAN ID，它唯一地标识以太网帧属于哪一个 VLAN。

图 3-19　插入 VLAN 标记后的 IEEE 802.1Q 帧

IEEE 802.1Q 帧由交换机负责处理，当交换机收到普通的以太网帧时，插入 4 字节的 VLAN 标记，称为"打标签"。对来自源交换机的不同 VLAN 的数据进行"打标签"操作，从而将数据传输到目的交换机的对应 VLAN，否则要给不同的 VLAN 创建许多的端口。当交换机转发 IEEE 802.1Q 帧时，可能需要删除 4 字节的 VLAN 标记，称为"去标签"。

2. VLAN ID 的范围

VLAN ID 的取值范围为 0~4095，但是 0 和 4095 不用来表示 VLAN。

（1）普通范围的 VLAN ID。

1~1005 属于普通范围的 VLAN ID。其中，1 和 1002~1005 是系统自动创建的，用户不能修改或删除；2~1001 是用户可以执行创建、修改、删除等操作的 VLAN ID 范围；1002~1005 保留给令牌环 VLAN 和 FDDI VLAN，存储在闪存中的 vlan.dat 文件中。

（2）扩展范围的 VLAN ID。

1006~4094 属于扩展范围的 VLAN ID，为服务提供商设计，比普通范围的 VLAN ID 的功能选项要少，存储在运行配置文件中。

3. VLAN 的分类

按照 VLAN 成员添加方式，VLAN 可分为静态 VLAN 和动态 VLAN。

（1）静态 VLAN：通过手动方式将交换机端口添加到某个 VLAN 中，端口属于某个 VLAN 后，除非管理员重新分配，否则该端口永远属于该 VLAN。例如，将交换机的端口 Fa0/1 添加到 VLAN3 中，则该端口只属于 VLAN3，只要连接到这个端口的计算机就会被划分到 VLAN3 中。静态 VLAN 存在一定的安全隐患，但可以通过技术手段弥补。

（2）动态 VLAN：交换机会根据用户设备信息，如 MAC 地址、IP 地址，乃至高层用户信息等，自动将端口分配给某个 VLAN。动态 VLAN 要求网络中必须有一台策略服务器（VMPS），该服务器包含设备信息到 VLAN 的映射关系。例如，当有离职、入职等情况时，需要管理员更新 VMPS 中有关离职、入职人员的设备信息和 VLAN 的映射关系。

4. 交换机端口类型

不同类型的交换机端口对帧的处理方式有所不同。思科交换机的端口有两种：Access 端口和 Trunk 端口。交换机各端口的默认 VLAN ID，在思科交换机上被称为本征 VLAN ID（Native

VLAN ID），这里简写为 NVID。思科交换机在用户未配置 VLAN 时，所有端口都默认属于
VLAN1，即所有端口的本征 VLAN 都是 VLAN1，交换机的每个端口有且仅有一个 NVID。创
建 VLAN 后，Access 端口的 NVID 为端口所属的 VLAN 的 ID；Trunk 端口的 NVID 默认为
1，可进入交换机相应的端口，用命令（如 trunk native vlan 3）改变其 NVID 为 3。

（1）Access 端口。

Access 端口一般用于连接用户主机，只能属于一个 VLAN，Access 端口的 NVID 与端口
所属 VLAN 的 ID 相同（默认为 1）。

Access 端口接收处理方法：一般只接收"未打标签"的普通以太网 MAC 帧。根据接收帧
的端口的 NVID 给帧"打标签"，即插入 4 字节 VLAN 标记字段，字段中的 VLAN ID 取值与
端口的 NVID 取值相等。

Access 端口发送处理方法：若帧中的 VLAN ID 与端口的 NVID 相等，则"去标签"并转
发该帧；否则，不转发。

（2）Trunk 端口。

Trunk 端口一般用于交换机之间或交换机与路由器之间的连接，Trunk 端口可以属于多个
VLAN（允许多个 VLAN 通过）。用户可以使用命令设置 Trunk 端口的 NVID 值，在默认情况
下，Trunk 端口的 NVID 值为 1。

Trunk 端口接收处理方法：接收"未打标签"的普通以太网 MAC 帧，根据接收帧的端口
的 NVID 给帧"打标签"，即插入 4 字节 VLAN 标记字段，字段中的 VLAN ID 取值与端口的
NVID 取值相等。若帧"已打标签"，则直接接收该帧。

Trunk 端口发送处理方法：若帧中的 VLAN ID 与端口的 NVID 相等，则先"去标签"再
转发该帧；若帧中的 VLAN ID 与端口的 NVID 不相等，则直接转发。

接下来，举例说明两种端口收发帧的过程。

图 3-20 给出了用于交换机互联的 Trunk 端口的 NVID 值及交换机每个端口的类型，其中
A 表示 Access 端口，T 表示 Trunk 端口，主机 A～主机 D 被划分到 VLAN3，交换机相应端口
的类型为 Access，本征 VLAN ID（NVID）的值是 3；主机 E～主机 H 被划分到 VLAN2，交
换机相应端口的类型为 Access，本征 VLAN ID（NVID）的值是 2。如果主机 E 发送广播帧，
则帧的传输过程是怎样的（也就是交换机的各个端口会如何处理该帧）？

（3）主机 E 发送广播帧，交换机 1 和交换机 2 各端口的处理过程。

交换机 1 接收：交换机 1 的端口 3 接收"未打标签"的以太网 VLAN 2 的广播帧，给其
"打标签"，帧中 VLAN ID=NVID=2，变成 IEEE 802.1Q 帧。

交换机 1 转发：端口 4 是 Access 类型，NVID=帧中的 VLAN ID=2，"去标签"转发，即
主机 F 接收该广播帧；端口 1、端口 2 是 Access 类型，NVID=3 与帧中的 VLAN ID=2 不相
等，则不转发；端口 5 是 Trunk 类型，NVID=1，与帧中的 VLAN ID=2 不相等，直接转发。

交换机 2 接收：现在带标签的 IEEE 802.1Q 广播帧要通过交换机 2 的端口 5 进入交换机

2，由于交换机 2 的端口 5 是 Trunk 类型，因此直接接收"已打标签"的广播帧，此时 VLAN ID=2。

交换机 2 转发：交换机 2 的端口 1、端口 2 是 Access 类型，NVID=3，与帧中的 VLAN ID=2 不相等，丢弃该帧；端口 3、端口 4 是 Access 类型，NVID=2，与帧中的 VLAN ID=2 相等，则"去标签"转发，即主机 G、主机 H 接收该广播帧。

请参考上述过程，试着分析当主机 A 发送广播帧后，图 3-20 中哪些主机会收到这个广播帧？并简述主机 A 发送广播帧，交换机 1 和交换机 2 各端口的处理过程。

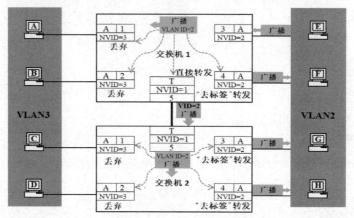

图 3-20   VLAN 实现机制

从上述分析中，可以看出如果互联的 Trunk 端口的 NVID 不相等，可能会造成转发错误。

3.3.3   VLAN 的配置

我们可以选择普通范围的可用 VLAN ID（2~1001）创建、配置静态 VLAN，具体配置如下所述。

1. 创建 VLAN

创建 VLAN 可以在全局配置模式中进行，也可以在特权 EXEC 模式中进行。创建命令是 VLAN 后跟普通范围可用 VLAN ID，如创建 VLAN3，并把 VLAN 名字改成 BeiJing。

```
Switch>enable  //进入特权 EXEC 模式
Switch#configure terminal  //进入全局配置模式
Switch(config)#vlan 3  //创建 VLAN 3
Switch(config-vlan)#name BeiJing  //给 VLAN3 命名为 BeiJing
Switch(config)#vlan 30
Switch(config-vlan)#name ShangHai
```

2. 添加 VLAN 成员

（1）首先要进入交换机的一个、多个连续或多个不连续的端口。

```
Switch(config)#interface Fa0/1  //进入交换机的一个端口
Switch(config)#interface range Fa0/2-5  //进入交换机多个连续的端口
Switch(config)#interface range Fa0/5-7,Fa0/9  //进入交换机多个不连续的端口
```

（2）修改交换机的端口类型为 Access 或 Trunk。

```
Switch(config-if)#switchport mode access
Switch(config-if)#switchport mode trunk
```

（3）将交换机端口划分到相应的 VLAN，如 VLAN3。

```
Switch(config-if)#switchport access vlan 3
```

在一般情况下，要先创建 VLAN，再添加 VLAN 成员。若没有创建 VLAN 就添加 VLAN 成员，系统会使用默认名称自动创建 VLAN。

3．修改 VLAN 成员

可以根据实际情况将交换机的端口重新划分到另一个 VLAN，如要将交换机的端口 Fa0/1 重新划分到 VLAN3，可以使用如下命令实现。

```
Switch(config)#interface Fa0/1
Switch(config-if)#switchport access vlan 3
```

4．删除 VLAN

在删除某个 VLAN 前，先使用 show vlan brief 命令查看当前 VLAN 信息，再把 VLAN 成员从该 VLAN 中删除，最后删除该 VLAN。

```
Switch#show vlan brief
```

现在若要删除 VLAN3，要先删除 VLAN3 中的成员（前两条命令），再删除 VLAN 3（第三条命令），具体如下。

```
Switch(config)#interface range fa0/1-5,fa0/9
Switch(config-if-range)#no switchport access vlan 3   //先删除 VLAN3 中的成员
Switch(config-if-range)#no vlan 3   //删除 VLAN3
Switch(config)#do show vlan brief   //查看 VLAN 信息，命令前加 do，不用切换回特权 EXEC 模式
```

再次使用 show vlan brief 命令查看当前 VLAN 信息，可以看到 VLAN3 已被删除，其成员又回到 VLAN1 中。

若在删除 VLAN 时，未先删除其成员，而直接删除 VLAN，则会导致其成员一并被删除，但是这些成员（端口）不会回到 VLAN1 中，而会处于"游离"状态，是不可用的，若想使用这些端口，必须将其添加到相应的 VLAN 中，这种情况会给网络维护带来一定难度。

3.4　局域网 IP 地址规划

3.4.1　IPv4 地址概述

IP 地址（IPv4 地址）由互联网名称与数字地址分配机构（Internet Corporation for Assigned Named and Numbers，ICANN）进行分配。2011 年 2 月 3 日，互联网编号分配机构 IANA 宣布，IPv4 地址已经分配完毕，我国在 2014—2015 年也逐步停止了向新用户和应用分配 IPv4 地

址，同时全面开展部署商用的 IPv6 地址。

1．IPv4 地址的概念

在 TCP/IP 体系中，IP 地址是一个基本的概念，必须要理解。IPv4 地址就是给互联网上的每一台主机或路由器的每一个接口分配一个在全世界范围内唯一的 32 位的标识符。

IPv4 地址的编址方法经历了三个历史阶段，分别是 1981 年的分类编址、1985 年的划分子网、1993 年的无分类编址。

2．IPv4 地址的表示方法

由于 32 位的 IP 地址不方便我们阅读、记忆和输入等，因此 IPv4 地址采用点分十进制表示方法，以方便我们的使用。IPv4 地址转化成点分十进制形式如图 3-21 所示。

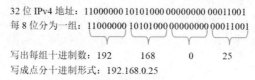

图 3-21　IPv4 地址转化成点分十进制形式

3．8 位无符号二进制整数与十进制正整数之间的转换

在 IPv4 地址规划中，经常需要用到 8 位无符号二进制整数与十进制正整数之间的相互转换，因此要熟练掌握两者之间的快速转换方法，前提是熟记 8 位无符号二进制整数各位的权值，如表 3-7 所示。

表 3-7　8 位无符号二进制整数各位的权值

权值	128	64	32	16	8	4	2	1
位	第 8 位	第 7 位	第 6 位	第 5 位	第 4 位	第 3 位	第 2 位	第 1 位

下面举例说明 8 位无符号二进制整数转换为十进制正整数。

8 位无符号二进制整数转换为十进制正整数的一般方法是将它的每个位乘以对应的权值后相加。

【例 3-1】

$$(11101011)_2 = (1\times2^7 + 1\times2^6 + 1\times2^5 + 0\times2^4 + 1\times2^3 + 0\times2^2 + 1\times2^1 + 1\times2^0)_{10}$$

$$= (1\times128 + 1\times64 + 1\times32 + 0\times16 + 1\times8 + 0\times4 + 1\times2 + 1\times1)_{10}$$

$$= (235)_{10}$$

快速转换方法：将位是 1 的权值相加即可，而位是 0 的不计算。

$$(11101011)_2 = (1\times2^7 + 1\times2^6 + 1\times2^5 + 1\times2^3 + 1\times2^1 + 1\times2^0)_{10}$$

$$= (1\times128 + 1\times64 + 1\times32 + 1\times8 + 1\times2 + 1\times1)_{10}$$

$$= (235)_{10}$$

进一步的转换方法：当 8 位无符号二进制整数中 1 的个数少的时候，可以用加法将相应位的权值相加，计算更快；当 0 的个数少的时候，用 255（8 位全是 1 时）减去 0 所在的权值，即减法计算对应的十进制正整数更快。

$(1110101)_2 = (255-16-4)_{10} = (235)_{10}$（当 0 比较少时，用 255 减去位是 0 的权值）

$(10000001)_2 = (128+1)_{10} = (129)_{10}$（当 1 比较少时，用对应的权值相加）

接下来，介绍十进制正整数转换为 8 位无符号二进制整数的方法，一般方法是除 2 取余法，对于 IPv4 地址的点分十进制数转换为 8 位无符号二进制整数这种特殊应用，我们可以采用更快速的凑值法，这需要熟记 8 位无符号二进制整数各位的权值。

下面举例说明使用凑值法，将十进制正整数转换为 8 位无符号二进制整数的过程。

【例 3-2】

$(235)_{10} = (128+64+32+8+2+1)_{10}$，其中 128 是 8 位二进制数第 8 位的权值，64 是 8 位二进制数第 7 位的权值，32 是 8 位二进制数第 6 位的权值，8 是 8 位二进制数第 5 位的权值，2 是 8 位二进制数第 2 位的权值，1 是 8 位二进制数第 1 位的权值，其他位补 0，最终 235 转换成二进制数为$(11101011)_2$。

$(235)_{10} = (128+64+32+8+2+1)_{10}$

在凑值法中，出现权值的位置处写 1，没有出现权值的位置处写 0。

二进制权值： 128　64　32　16　8　4　2　1
　　　　　　　 1　 1　 1　 0　1　0　1　1

得到最终的转换结果$(235)_{10}=(11101011)_2$。

请练习将 185、269、172 转换成 8 位无符号二进制整数。

3.4.2　分类编址的 IPv4 地址

分类编址的 IPv4 地址是 IPv4 地址发展的第一个历史阶段，分类编址的 IPv4 地址分为 A、B、C、D、E 五类。

1．A 类地址

A 类地址结构如图 3-22 所示。

图 3-22　A 类地址结构

A 类地址的网络号部分占 8 位，主机号部分占 24 位，网络号的最高位固定为 0。A 类地址的最小网络号为 0，保留不指派，因此 A 类网络第一个可指派的网络号为 1，网络地址为 1.0.0.0；最大网络号为 127，网络地址作为本地环回测试地址（可以用来测试主机的 TCP/IP 协议栈是否正常），不指派，本地环回测试地址的范围是 127.0.0.1~127.255.255.254。A 类网络最后一个可指派的网络号为 126，网络地址为 126.0.0.0，A 类网络可指派的数量为 $2^{(8-1)}-2=126$ 个，减 2 的原因是去掉最小网络号 0 和最大网络号 127。每个 A 类网络可分配的 IP 地址数量为 $2^{24}-2=16777214$ 个，减 2 的原因是去掉主机号全为 0 的网络地址和全为 1 的广播地址。网络地址代表同一网络中的所有设备的地址。广播地址代表与网络中所有主机通信的特殊地址。A 类地址的范围是 0.0.0.0/8~127.0.0.0/8。

2．B 类地址

B 类地址结构如图 3-23 所示。

图 3-23　B 类地址结构

B 类地址的网络号部分占 16 位，主机号部分也占 16 位，网络号的最高位固定为 10。B 类地址的最小网络号也是 B 类网络第一个可指派的网络号，即 128.0，网络地址为 128.0.0.0，最大网络号也是 B 类网络最后一个可指派的网络号，即 191.255，网络地址为 191.255.0.0，B 类网络可指派的数量为 $2^{(16-2)}=16384$ 个，每个 B 类网络可分配的 IP 地址数量为 $2^{16}-2=65534$ 个，减 2 的原因是去掉主机号全为 0 的网络地址和全为 1 的广播地址。B 类地址的范围是 128.0.0.0/16~191.255.0.0/16。

3．C 类地址

C 类地址结构如图 3-24 所示。

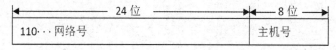

图 3-24　C 类地址结构

C 类地址的网络号部分占 24 位，主机号部分占 8 位，网络号的最高位固定为 110。C 类地址的最小网络号也是 C 类网络第一个可指派的网络号，即 192.0.0，网络地址为 192.0.0.0，最大网络号也是 C 类网络最后一个可指派的网络号，即 223.255.255，网络地址为 223.255.255.0，C 类网络可指派的数量为 $2^{(24-3)}=2097152$ 个，每个 C 类网络可分配的 IP 地址数量为 $2^8-2=254$ 个，减 2 的原因是去掉主机号全为 0 的网络地址和全为 1 的广播地址。C 类地址的范围是 192.0.0.0/24~223.255.255.0/24。

4．D 类地址

D 类地址结构如图 3-25 所示。

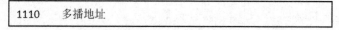

图 3-25　D 类地址结构

D 类地址是多播地址，其最高四位固定为 1110。

5．E 类地址

E 类地址结构如图 3-26 所示。

1111	保留为今后使用地址

图 3-26　E 类地址结构

E 类地址是保留地址，其最高四位固定为 1111。

地址 0.0.0.0 和 255.255.255.255 是两个特殊的 IPv4 地址，其中 0.0.0.0 只能作为源地址使用，表示"在本网络上的本主机"；255.255.255.255 只能作为目的地址使用，表示"只在本网络上进行广播，各路由器均不转发"。

值得注意的是：只有 A 类、B 类、C 类地址可以分配给网络中的主机或路由器的各接口。主机号全为 0 的网络地址和主机号全为 1 的广播地址，是不能分配给主机或路由器的各接口的。

6．私有地址

IP 地址中的一类比较特殊的地址被称为私有 IP 地址。在现在的网络中，IP 地址分为公网 IP 地址和私有 IP 地址。公网 IP 地址是在互联网上使用的 IP 地址；而私有 IP 地址是在局域网中使用的 IP 地址，属于非注册地址，专门为组织机构内部使用，是局域网范畴内的，私有 IP 地址禁止出现在互联网中，不会被路由。A 类、B 类、C 类的 IP 地址中有一部分被保留为私有 IP 地址，具体如下。

A 类地址：10.0.0.0~10.255.255.255 即 10.0.0.0/8。

B 类地址：172.16.0.0~172.31.255.255 即 172.16.0.0/12。

C 类地址：192.168.0.0~192.168.255.255 即 192.168.0.0/16。

这些地址是不会被互联网分配的，虽然它们不能直接和互联网连接，但通过技术手段（NAT 技术）仍可以和互联网通信。

3.4.3　划分子网的 IPv4 地址

划分子网的 IPv4 地址是 IPv4 地址发展的第二个历史阶段。使用划分子网的方法可以减小网络的规模，创建更小的广播域，这些小型网络就被称为子网，子网划分允许将一个大的网络分段，划分为多个较小的网络。设计、实施和管理有效的 IP 编址规划能确保网络高效率运行。随着连接到网络上的主机数的增加，情况更是如此。没有划分子网，网络只能支持一个局域网接口。

1．划分子网的原因

为什么会出现划分子网这样的需求呢？我们知道，在以太网中，设备使用广播进行定位，如果一个单位的以太网连接了几百台主机，这些主机会产生大量的广播，其他主机必须接收和处理每个广播数据包，不仅浪费主机资源，还使主机运行缓慢，大量的广播数据包导致整个网络运行缓慢。子网划分可以降低整体网络流量并改善网络性能，它还能让管理员实施安全策略，如哪些子网允许或不允许进行通信。

2．子网掩码

计算机是如何知道分类 IPv4 地址中主机号有几位被用作子网号呢？实际上，计算机通过 32 位子网掩码这个工具，来区分主机号中有几位被用作子网号。当从主机号借用一些位作为子网号时，IPv4 地址从原来的两级结构的分类 IPv4 地址变成三级结构的划分子网 IPv4 地址，如图 3-27 所示。

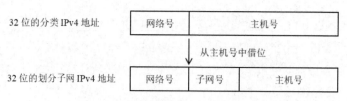

图 3-27 二级和三级 IPv4 地址结构的比较

子网掩码用连续的比特 1 对应网络号和子网号。子网掩码用连续的比特 0 对应主机号。将划分子网的 IPv4 地址与其相应的子网掩码进行逻辑与运算就可以得到 IPv4 地址所在的网络地址。例如，给一个设备配置了 IPv4 地址（192.168.1.15）和子网掩码（255.255.255.0），计算该设备所在的网络地址，如图 3-28 所示。

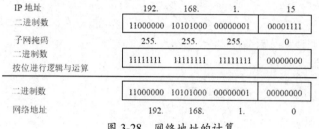

图 3-28 网络地址的计算

默认子网掩码是指未划分网络时的子网掩码。A 类地址的默认子网掩码是 255.0.0.0，B 类地址的默认子网掩码是 255.255.0.0，C 类地址的默认子网掩码是 255.255.255.0。

3. 默认网关

默认网关就是确定到达远程网络所需的本地网关（一般是本地路由器接口 IPv4 地址）。在给主机配置 IPv4 地址时，必须配置 IPv4 地址和子网掩码，但是默认网关只有当该主机要进行跨网络通信时，才需要配置。

4. 划分子网的方法

划分子网的方法是从主机号借用若干位作为子网号，主机号会相应减少相同的位数。划分子网只是把 IP 地址的主机号这部分进行再划分，而不改变原来地址中的网络号部分。可以看出，若子网号的位数少，则每一个子网可分配的 IP 地址数量就多。反之，若子网号的位数多，则每一个子网可分配的 IP 地址数量就少。因此，划分子网要根据网络的具体情况（一共要划分几个子网，每个子网连接多少台主机）选择合适的子网掩码。要对 IPv4 网络进行子网划分，需要从 IPv4 地址的主机号部分借用一些位，用来创建子网。扩展子网掩码来将一个网络划分为多个子网。这里以 C 类地址为例，学习划分子网的方法，A 类地址、B 类地址划分子网的方法与 C 类地址的相同，不再一一举例。

【例 3-3】已知某个网络的地址为 198.77.152.0，使用子网掩码 255.255.255.128 对其进行子网划分，给出划分细节。

【解析】198.77.152.0 是 C 类地址，根据子网掩码是 255.255.255.128，可知前三个字节的三个 255.255.255 对应 24 个连续的 1，从第 4 字节（128 转换成二进制数 10000000）的主机号部分借用了 1 位，作为子网号（见图 3-29），将原来一个大网络划分成 $2^1=2$ 个子网络，具体分析过程如下。

图 3-29　使用子网掩码计算子网号的位数

（1）根据子网掩码，计算划分的子网数量。

本例从主机号中借用 1 位，划分的子网数量就是 $2^1=2$ 个。若从主机号中借用 2 位，则划分的子网数量就是 $2^2=4$ 个，依次类推。

计算子网数量的公式：从主机号中借走 n 位，子网数量为 2^n 个。

（2）根据剩余主机号位数，计算每个子网可分配的 IPv4 地址数量。

8 个主机位被借走 1 个，还剩 8-1 个主机位，因此每个子网中全部 IPv4 地址数量是 $2^{(8-1)}=128$ 个，再减 2 去掉主机号全为 0 的网络地址和全为 1 的广播地址（128-1-1=126），才是可分配或有效的 IPv4 地址数量。

每个子网可分配的 IPv4 地址数量的公式：m 为借位后剩余的主机号位数，可分配的 IPv4 地址数量是 2^m-2 个。

对于 C 类的 IPv4 地址，每个子网可分配的 IPv4 地址数量还可以用公式 256-子网掩码的第 4 字节的十进制值-2 来计算，如本例的子网掩码是 255.255.255.128，用 256-128-2=126，也可以快速地算出每个子网可分配的 IPv4 地址数量是 126 个，256 个是一个 C 类地址未划分子网时的全部 IPv4 地址数量。当然，还可以使用(256/子网数量)-2 的方法计算，如本例，子网数量为 2 个，则 256/2-2=126 个，也可以得出可分配的 IPv4 地址数量。不管哪种方法，只要熟练掌握其中一种即可。

（3）得出划分细节（每个子网的网络地址、广播地址、可分配的最小地址、可分配的最大地址）。

我们已经根据子网掩码，分析出主机号部分被借走几位，剩余几位，并根据借走的位数计算出子网的数量，根据剩余主机号位数计算出每个子网的 IPv4 地址数量。接下来，就可以很容易地得出每个子网的划分细节。图 3-30 所示为 C 类地址 198.77.152.0 包含的全部 IPv4 地址。

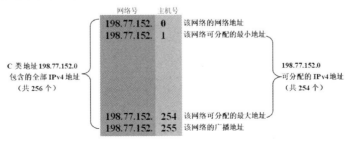

图 3-30　C 类地址 198.77.152.0 包含的全部 IPv4 地址

现在进一步分析。网络号部分用 3 个十进制数表示（网络号部分不影响划分子网，因此不用写成二进制数），原主机号部分被分成子网号和主机号两部分，用 8 个二进制位表示，从主机号借用 1 位作为子网号，子网号只能是 0 或 1，具体划分细节如表 3-8 所示。

表 3-8　使用 255.255.255.128 子网掩码对网络地址 198.77.152.0 划分子网细节

	网络号	子网号	主机号	说明	
全部 IPv4 地址（共 256 个）	198.77.152.	0	0000000	子网 0 网络地址 198.77.152.0	子网 0 全部 IPv4 地址
	198.77.152.	0	0000001	子网 0 可分配最小地址 198.77.152.1	
	...	...	...	...	
	198.77.152.	0	1111110	子网 0 可分配最大地址 198.77.152.126	
	198.77.152.	0	1111111	子网 0 广播地址 198.77.152.127	
	198.77.152.	1	0000000	子网 1 网络地址 198.77.152.128	子网 1 全部 IPv4 地址
	198.77.152.	1	0000001	子网 1 可分配最小地址 198.77.152.129	
	...	...	...	...	
	198.77.152.	1	1111110	子网 1 可分配最大地址 198.77.152.254	
	198.77.152.	1	1111111	子网 1 广播地址 198.77.152.255	

由表 3-8 可以看出，C 类地址 198.77.152.0 使用子网掩码 255.255.255.128，将原来一个网络（共 256 个 IPv4 地址）划分为两个子网，每个子网共有 256-128=128 个 IPv4 地址（包括网络地址和广播地址），子网 0 的地址范围是 198.77.152.0~198.77.152.127，子网 1 的地址范围是 198.77.152.128~198.77.152.255。

总结划分子网的 IPv4 地址的步骤如下。

（1）根据子网掩码，计算划分的子网数量。

计算子网数量的公式：从主机号中借走 n 位，子网数量是 2^n 个。

（2）根据剩余主机号位数，计算每个子网可分配的 IPv4 地址数量。

每个子网可分配的 IPv4 地址数量的公式：m 为借位后剩余的主机号位数，可分配的 IPv4 地址数量是 2^m-2 个。

（3）得出划分细节（每个子网的网络地址、广播地址、可分配的最小地址、可分配的最大地址）。

方法：网络号部分不变，子网号从 0 变化到最大值，剩余主机号部分全部取 0 对应该子网的网络地址，剩余主机号部分全部取 1 对应该子网的广播地址，网络地址与广播地址之间的地址就是可分配的 IPv4 地址，比网络地址大 1 的是可分配的最小地址，比广播地址小 1 的是可分配的最大地址。

若将 C 类地址 198.77.152.0 使用子网掩码 255.255.255.192 划分子网，192 对应的二进制数是 11000000，借 2 位，划分为 4 个子网，每个子网共有 64 个 IPv4 地址。

4 个子网的地址范围如下。

198.77.152.0~198.77.152.63，

198.77.152.64~198.77.152.127，

198.77.152.128~198.77.152.191，

198.77.152.192~198.77.152.255。

请思考如果使用子网掩码 255.255.255.224 来划分子网，划分细节如何？

当子网数量比较多时，不能一一列举出来，可以使用如下的方法。

（1）将要划分的地址分成三部分：完整的网络号部分（对应子网掩码中值是 255 的字节部分）+变化的部分（包含子网号和不完整的主机号，对应子网掩码中值非 0 和非 255 的字节部分）+完整的主机号部分（若有的话，对应子网掩码中值是 0 的字节部分）。

（2）将 IP 地址中完整的网络号部分直接保留，用 NET 表示；变化的部分中不完整的主机位的个数 n，决定每个子网 IP 地址的起止变化范围。

例如，不完整的主机位还剩 2 个，则变化范围为 $2^2 = 4$，即划分成 64 个子网，子网 0 的变化部分取值为 0~3，子网 1 的变化部分取值为 4~7，子网 2 的变化部分取值为 8~11……，子网 63 的变化部分取值为 252~255。用 X 和 Y 表示每个子网 IPv4 地址的起始值和终止值，则满足 $Y-X= 2^n-1$。

（3）完整的主机位从 0 变化到 255，则划分子网的细节就是 NET.X.0~NET.Y.255（此时 NET 占 2 字节）或 NET.X.0.0~NET.Y.255.255；如果没有完整的主机号部分，则划分子网的细节就是 NET.X~NET.Y。

这个方法适用于推算所有类别的网络地址划分。

【例 3-4】C 类地址 198.77.152.0 使用子网掩码 255.255.255.128 划分子网的细节，可以用上述方法推算出来。根据子网掩码 255.255.255.128 可知

（1）完整的网络号部分是前三字节，将 IP 地址前三字节对应的网络号部分直接保留，即 198.77.152。

（2）变化的部分是第四字节，根据子网掩码 255.255.255.128，可知子网号有 1 位，划分为 2 个子网，主机号有 8-1 = 7 位，$2^7 = 128$，因此每个子网网络 IP 地址的起止变化范围相差 128。子网 0 的 X 和 Y 的取值分别为 0 和 127，子网 1 的 X 和 Y 的取值分别为 128 和 255，即子网 0 的变化部分取值为 0~127，子网 1 的变化部分取值为 128~255。

（3）没有完整的主机号部分。

得出划分细节：两个子网的全部 IPv4 地址为 198.77.152.0~198.77.152.127，198.77.152.128~198.77.152.255，含每个子网的网络地址和广播地址。

【例 3-5】一个 A 类地址 10.77.152.0 使用子网掩码 255.252.0.0 划分子网的细节，用上述方法推算出来。根据子网掩码 255.252.0.0 可知

（1）完整的网络号部分是第一字节，直接写出来，即 10。

（2）变化的部分是第二字节，根据子网掩码 255.252.0.0，可知子网号有 6 位，有 64 个子网，主机号有 8-6 = 2 位，$2^2 = 4$，因此每个子网起止 IP 地址的变化范围值是 4。子网 0 的 X

和 *Y* 的取值分别为 0 和 3，子网 1 的 *X* 和 *Y* 的取值分别为 4 和 7，子网 2 的 *X* 和 *Y* 的取值分别为 8 和 11……，子网 63 的 *X* 和 *Y* 的取值分别为 252 和 255。

（3）完整的主机号部分有两字节，从 0.0 到 255.255。

得出划分细节：64 个子网的全部 IPv4 地址为 10.0.0.0~10.3.255.255,10.4.0.0~10.7.255.255,10.8.0.0~10.11.255.255，…，10.252.0.0~10.255.255.255。可以看出，每个子网的 IPv4 地址数量为 2^{20} 个，包含每个子网的网络地址和广播地址。

3.4.4 无分类编址的 IPv4 地址

无分类编址的 IPv4 地址是 IPv4 地址发展的第三个历史阶段。尽管划分子网在一定程度上缓解了互联网在发展中遇到的困难，但是数量巨大的 C 类网络，因为地址空间太小并没有得到充分的使用，而 IP 地址的需求仍在不断增加，为此，IETF 又提出无分类编址的方法解决 IP 地址紧张的问题，同时专门成立 IPv6 工作组负责研究新版本 IP 以彻底解决 IP 地址耗尽问题。1993 年，IETF 发布了无分类域间路由选择（Classless Inter-Domain Routing，CIDR）。

1. 无分类域间路由选择

无分类域间路由选择（CIDR）主要的特点如下。

（1）CIDR 消除了传统的 A 类、B 类和 C 类地址及划分子网的概念，因而可以更加有效地分配 IPv4 地址，并且可以在新的 IPv6 使用之前允许互联网规模继续增长。CIDR 把 32 位的 IP 地址划分为两部分：网络前缀和主机号。其中，网络前缀或前缀用来指明网络部分，主机号用来指明主机。因此 CIDR 使 IP 地址从三级结构又变回二级结构，但这已经是无分类的两级编址结构。

CIDR 使用"斜线记法"，或者称 CIDR 记法，即在 IPv4 地址后面加上斜线"/"，在斜线后面写上网络前缀所占的位数。

（2）CIDR 实际上把网络前缀都相同的连续的 IP 地址组成一个 CIDR 地址块。我们只要知道 CIDR 地址块中的任何一个地址，就可以指定该地址块的全部细节。

- 地址块的最小地址。
- 地址块的最大地址。
- 地址块中的地址数量。
- 地址块聚合某类网络（A 类、B 类或 C 类）的数量。
- 地址掩码（也可继续称为子网掩码）。

【例 3-6】请给出 CIDR 地址块 129.26.33.8/20 的全部细节（最小地址、最大地址、地址数量、聚合 C 类网络数量、地址掩码）。

【解析】由 129.26.33.8/20 可知该 IPv4 地址的前 20 位为网络前缀，剩余 12 位为主机号。因此只需要把该地址的第三和第四字节（33 和 8）转换成二进制数，这样就很容易看出 20 位的网络前缀和 12 位的主机号。将 20 位的网络前缀保持不变，12 位的主机号全部改成 0，就得到该地址块的最小地址（129.26.32.0）；将 20 位的网络前缀保持不变，12 位的主机号全部改成 1，就得到该地址块的最大地址（129.26.47.255）；该地址块中的地址数量为 $2^{(32-20)}$ 个，因为主机号一共有 32−20＝12 位，所以地址数量是 2^{12} 个；用该地址块的地址数量除以一个 C 类网络的地址数量 2^8，就得到该地址块聚合 C 类网的数量；地址掩码为 20 个连续的比特 1（对应网络前缀）和 12 个连续的比特 0（对应主机号），转换为点分十进制形式就是 255.255.240.0。CIDR 地址块 129.26.33.8/20 的解析过程如图 3-31 所示。

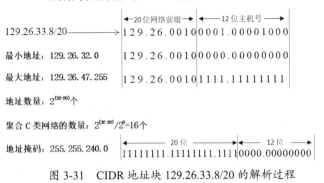

图 3-31　CIDR 地址块 129.26.33.8/20 的解析过程

2. 路由聚合

路由聚合也被称为构造超网。如果不采用路由聚合技术，路由表需要记录到达每个网络的路由条目，会导致路由表查找转发速度缓慢，通过路由聚合可以有效地减少路由条目，提高查表转发速度。

【例 3-7】假设某个大学从 ISP 申请到一个 CIDR 地址块 211.5.68.0/22，它包括 1024 个 IP 地址，这个大学还可继续对本校的 4 个系自由地分配这些地址块，CIDR 地址块划分举例如图 3-32 所示。

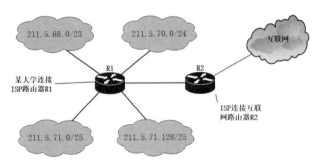

图 3-32　CIDR 地址块划分举例

路由器 R1 与 4 个网络及路由器 R2 直接相连，路由器 R1 和路由器 R2 互为相邻路由器，它们周期性地通告自己所知道的路由信息给对方，如果路由器 R1 将自己直连的 4 个网络信息通告给路由器 R2，则路由器 R2 的路由表会增加 4 条路由记录。为了减少路由记录对路由表的占用，可用路由聚合的方法，将这 4 条路由记录聚合成一条，其方法是找出 4 个目的网络的共同前缀，这 4 个目的网络地址的前 2 字节都是相同的，因此只要将第 3 个关键字节转换成二进制数即可，这样就可以很容易地找出这 4 个目的网络地址的共同前缀，共 22 位。我们将其记为/22，将共同前缀保持不变，剩余的主机号全部取 0，写出对应的点分十进制数，放在/22

前，即 211.5.68.0/22 就是聚合后的地址块，也称为超网。可以看到路由聚合后的网络前缀实际上变短了，找共同前缀构造超网如图 3-33 所示。

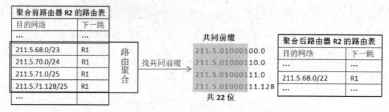

图 3-33　找共同前缀构造超网

通过本例可以看出，网络前缀越长，地址块越小，路由越具体。若路由器查表转发分组时发现有多条路由可选，则选择网络前缀最长的，这称为最长前缀匹配。

3.4.5　IPv4 地址的应用规划

在进行任何子网划分之前，网络管理员都要认真了解公司对网络的需求，并根据需求制定合理的地址规划，规划地址时需要考虑两个因素：一是每个网络需要的主机地址数量，二是所需的子网数量。注意，子网数量与主机地址数量成反比。主机号的位数越多，提供的主机地址数量越多，但是可划分的子网数量越少。相反，主机号的位数越少，提供的主机地址数量越少，但是可划分的子网数量越多。网络管理员必须设计合理的网络编址方案，以满足每个网络的最大主机地址数量和子网数量需求。接下来，我们学习如何对 IPv4 地址进行规划，也就是给定一个 IPv4 地址块，如何将其划分成几个更小的地址块，并将这些地址块分配给互联网中的不同网络，进而可以给各网络中的主机和路由器接口分配 IPv4 地址。可以使用定长子网掩码和变长子网掩码两种方法划分子网。

1．定长子网掩码

使用同一个子网掩码来划分子网的方法，就是定长子网掩码（Fixed Length Subnet Mask，FLSM）划分。使用该方法划分的每个子网所分配的 IP 地址数量相同，容易造成 IP 地址的浪费。

【例 3-8】假设某公司申请到 C 类网络 216.37.159.0，请使用定长子网掩码给如图 3-34 所示的小型互联网中的各设备分配 IP 地址。

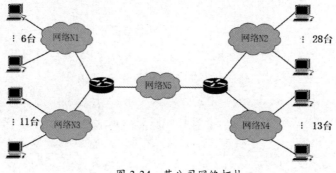

图 3-34　某公司网络拓扑

规划步骤如下。

（1）确定每个子网所需的 IP 地址数量。

首先统计图 3-34 中每个子网所需的 IP 地址数量。注意：所需的 IP 地址数量=主机地址数量+1 个路由器接口地址+1 个网络地址+1 个广播地址。

网络 N1：6+1+1+1=9，N1 需要 9 个 IP 地址。

网络 N2：28+1+1+1=31，N2 需要 31 个 IP 地址。

网络 N3：11+1+1+1=14，N3 需要 14 个 IP 地址。

网络 N4：13+1+1+1=16，N4 需要 16 个 IP 地址。

网络 N5：0+2+1+1=4，N5 需要 4 个 IP 地址。

（2）确定所需子网的数量。

分析网络拓扑中共有多少个子网，从而得出需要从主机号中借几位，子网掩码是多少，每个子网中全部的 IP 地址数量是多少。

在本例中，一共有 5 个子网，因此需要从主机号中借 3 位，作为子网号，可以划分 8 个子网，满足公司 5 个子网的需求，此时可以得出子网掩码为 255.255.255.224。主机号中被借走 3 位，还剩 5 位主机号，因此每个子网的 IP 地址数量都是 2^5=32 个，能够满足每个子网对 IP 地址数量的需求。若从主机号中仅借 2 位，只能划分出 2^2=4 个子网，不能满足子网数量为 5 个的需求。而借 4 位作为子网号，子网数量是 2^4=16 个，每个子网的 IP 地址数量都是 2^4=16 个，子网数量能够满足需求，但是 16 个 IP 地址数量不能满足网络 N2 的需求（31 个），也不合适。因此从主机号中借 3 位，刚好可以满足子网数量和 IP 地址数量的需求。如果某个子网的 IP 地址数量超过 32 个，此时使用定长子网掩码来划分子网就无法满足公司划分子网的需求。

从以上两个步骤，可以得出本例的网络需求为：将 C 类网络 216.37.159.0 划分成 5 个子网，每个子网上可分配的 IP 地址数量不得少于各自的需求。定长子网掩码划分网络分析如图 3-35 所示。

图 3-35　定长子网掩码划分网络分析

我们可以得出如图 3-36 所示的结论：所需子网数量确定后，就可以推算出需要从主机号中借的位数，从而可以得出剩余主机号位数和子网掩码，根据剩余主机号位数得出子网全部 IP 地址数量。

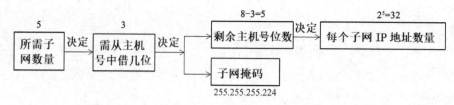

图 3-36　网络需求过程分析

（3）设计编址方案（划分细节）。

将 C 类网络 216.37.159.0 的网络号（前 3 字节）保持不变，将第 4 字节（既包含子网号，又包含主机号）转换成二进制数。子网号有 $2^3=8$ 个，分别是 000、001、010、011、100、101、110、111，当子网号不变，主机号全部位取 0 时，就是对应子网的网络地址，主机号全部位取 1 时，就是对应子网的广播地址，地址在网络地址和广播地址之间的就是该子网可分配给主机或路由器接口的 IP 地址范围。图 3-37 给出定长子网掩码划分网络的细节。从图 3-37 中可以看出，网络地址数量都是子网地址总数量（如本例为 32 个）的整数倍，而广播地址数量是网络地址数量+31。现在就可以从子网 0~子网 7 中任选 5 个分配给图 3-34 中的网络 N1~网络 N5。通过本例可以看出，采用定长子网掩码划分子网，每个子网分配的 IP 地址数量相同，容易造成 IP 地址的浪费。例如，网络 N5 只要 4 个 IP 地址，但是使用定长子网掩码划分，必须分配 32 个 IP 地址，IP 地址严重浪费。

网络号	子网号	主机号
216.37.159.	000	00000
216.37.159.	000	00001
...		
216.37.159.	000	11110
216.37.159.	000	11111
216.37.159.	001	00000
216.37.159.	001	00001
...	...	...
216.37.159.	001	11110
216.37.159.	001	11111
216.37.159.	010	00000
...		...

使用定长子网掩码 255.255.255.224 对网络 216.37.159.0 进行子网划分的细节			
子网	网络地址	广播地址	可分配的地址
0	216.37.159.0	216.37.159.31	216.37.159.1~216.37.159.30
1	216.37.159.32	216.37.159.63	216.37.159.33~216.37.159.62
2	216.37.159.64	2216.37.159.95	216.37.159.65~216.37.159.94
3	216.37.159.96	216.37.159.127	216.37.159.97~216.37.159.126
4	216.37.159.128	216.37.159.159	216.37.159.129~216.37.159.158
5	216.37.159.160	216.37.159.191	216.37.159.161~216.37.159.190
6	216.37.159.192	216.37.159.223	216.37.159.193~216.37.159.222
7	216.37.159.224	216.37.159.255	216.37.159.225~216.37.159.254

图 3-37　定长子网掩码划分网络的细节

2. 变长子网掩码

使用不同的子网掩码来划分子网的方法，就是变长子网掩码（Variable Length Subnet Mask，VLSM）划分。使用该方法划分的每个子网所分配的 IP 地址数量可以不同，尽可能减少对 IP 地址的浪费。

【例 3-9】现在，使用变长子网掩码对 C 类网络 216.37.159.0 进行子网的划分。

规划步骤如下。

（1）确定每个子网的子网掩码、网络前缀等信息。

① 网络 N1 需要 9 个 IP 地址，则至少需要留 4 位主机号，网络前缀位数是 32-4=28，对应的地址掩码为 255.255.255.240，主机号的位数决定 IP 地址数量，4 位主机号可以提供的 IP 地址是 $2^4=16$ 个，16≥9，可以满足子网 N1 的 IP 地址数量的需求。保留 3 位主机号只能提供

8 个地址，不能满足网络 N1 对 IP 地址为 9 个的需求，保留 5 位主机号能提供 32 个地址，虽然满足网络 N1 对 IP 地址为 9 个的需求，但太浪费，因此保留 4 位主机号最合适。

② 网络 N2 需要 31 个 IP 地址，则至少需要保留 5 位主机号，网络前缀位数是 32-5=27 位，地址掩码是 255.255.255.248，主机号的位数决定 IP 地址数量，5 位主机号可以提供的 IP 地址是 2^5=32 个，32≥31，可以满足子网 N2 的 IP 地址数量的需求。

③ 网络 N3 需要 14 个 IP 地址，则至少需要保留 4 位主机号，网络前缀位数是 32-4=28 位，地址掩码是 255.255.255.240，主机号的位数决定 IP 地址的数量，4 位主机号可以提供的 IP 地址是 2^4=16 个，16≥14，可以满足子网 N3 的 IP 地址数量的需求。请思考能否保留 3 位主机号？为什么？

④ 网络 N4 需要 16 个 IP 地址，则至少需要保留 4 位主机号，网络前缀位数是 32-4=28 位，地址掩码是 255.255.255.240，主机号的位数决定 IP 地址的数量，4 位主机号可以提供的 IP 地址是 2^4=16 个，16≥16，可以满足子网 N4 的 IP 地址数量的需求。

⑤ 网络 N5 需要 4 个 IP 地址，则至少需要保留 2 位主机号，网络前缀位数是 32-2=30 位，地址掩码是 255.255.255.252，主机号的位数决定 IP 地址的数量，2 位主机号可以提供的 IP 地址是 2^2=4 个，4≥4，可以满足子网 N5 的 IP 地址数量的需求。

5 个网络的需求信息如表 3-9 所示，现在从地址块 216.37.159.0/24 中取出 5 个小的地址块（1 个/27 地址块，3 个/28 地址块，1 个/30 地址块），按需分配给图 3-34 中的 5 个网络。

表 3-9　5 个网络的需求信息

网络	需要 IP 地址数量/个	分配 IP 地址总数量/个	主机号位数/位	网络前缀位数/位	地址掩码
N1	9	16	4	28	255.255.255.240
N2	31	32	5	27	255.255.255.248
N3	14	16	4	28	255.255.255.240
N4	16	16	4	28	255.255.255.240
N5	4	4	2	30	255.255.255.252

地址块 216.37.159.0/24 一共有 256 个 IP 地址（216.37.159.0~216.37.159.255）。在该 256 个地址中选取合适的 IP 地址块，分配给 5 个网络（子网）。

（2）设计编址方案。

设计的原则：由大到小给子网分配 IP 地址，每个子网的起点位置不能随意选取。

① 每个子网的起点位置不能随意选取，只能选取块大小整数倍的地址作为起点。

因为起点位置就是每个子网的网络地址，网络地址只能是块大小的整数倍。块大小就是分配给每个子网的 IP 地址总数量，如 N1 的块大小就是 16，N2 的块大小就是 32，N3 块大小就是 16，N4 的块大小就是 16，N5 的块大小就是 4。

② 建议由大到小给子网分配 IP 地址。

先给大的子网分配 IP 地址，这样就不会造成 IP 地址的浪费。如果先给小的子网分配 IP

地址，如 N5，分配的 IP 地址是前 4 个（216.37.159.0~216.37.159.3），那么接下来要给 N1 或 N3 或 N4 分配时，最小的起点位置就要从 216.37.159.16 开始，这样 216.37.159.4~216.37.159.15 这几个地址就被浪费了。

遵守分配原则，先给大的子网 N2 分配 IP 地址，接下来是 N1 或 N3 或 N4，最后是 N5。5 个网络的 IP 地址划分细节如表 3-10 所示。

表 3-10　5 个网络的 IP 地址划分细节

网络	主机号位数/位	块大小	网络地址/CIDR	广播地址	地址掩码
N2	5	32	216.37.159.0/27	216.37.159.31	255.255.255.224
N1	4	16	216.37.159.32/28	216.37.159.47	255.255.255.240
N3	4	16	216.37.159.48/28	216.37.159.63	255.255.255.240
N4	4	16	216.37.159.64/28	216.37.159.79	255.255.255.240
N5	2	4	216.37.159.80/30	216.37.159.83	255.255.255.252

剩余的 IP 地址待分配，通过本例可以看出，采用变长子网掩码进行子网划分，可以按需划分出相应数量的子网，如网络 N5 需要 4 个 IP 地址，使用变长子网掩码非常精确地给它分配到 4 个 IP 地址。每个子网所分配到的 IP 地址数量可以不同，尽可能减少了对 IP 地址的浪费。

3.5 项目实验

3.5.1　项目实验一：VLAN 划分与 VLAN 间路由

1. 项目描述一

（1）项目背景一。某贸易公司是一家小型公司。目前，公司仅有十几名员工，公司的所有计算机都连接在一台思科 2960 交换机上，构成一个局域网，为确保数据传输的安全性，现在请你按照部门划分两个 VLAN，部门名称分别是财务部（FD）和市场部（MK）。

（2）公司单交换机 VLAN 划分拓扑结构如图 3-38 所示。

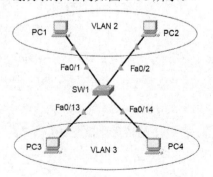

图 3-38　公司单交换机 VLAN 划分拓扑结构

（3）单交换机 VLAN 划分表如表 3-11 所示。

表 3-11　单交换机 VLAN 划分表

VLAN ID	VLAN 名称	端口分配	网络地址	备注
2	FD	Fa0/1~Fa0/12	192.168.2.0/24	财务部
3	MK	Fa0/13~Fa0/24	192.168.3.0/24	市场部

（4）任务内容。

第 1 部分：在交换机 SW1 上创建 VLAN，添加 VLAN 成员。

第 2 部分：配置四台 PC 的 IPv4 地址及默认子网掩码，测试网络连通性。

（5）所需资源。

四台 PC，一台思科 2960 交换机。

2．项目实施一

第 1 部分：在交换机 SW1 上创建 VLAN，添加 VLAN 成员。

步骤 1：创建 VLAN。

单击 SW1，进入全局配置模式，输入如下命令，创建 VLAN 2 和 VLAN 3，并按要求命名。

```
SW1 (config)#vlan 2
SW1(config-vlan)#name FD
SW1 (config-vlan)#vlan 3
SW1(config-vlan)#name MK
```

步骤 2：添加 VLAN 成员。

（1）在 SW1 全局配置模式下，输入如下命令，进入交换机 SW1 的 Fa0/1~Fa0/12。

```
SW1(config)#interface range fa0/1-12
```

（2）将交换机 SW1 的 Fa0/1~Fa0/12 的模式改成 Access。

```
SW1(config-if-range)#switchport mode access
```

（3）将交换机 SW1 的 Fa0/1~Fa0/12 的端口划分到 VLAN 2。

```
SW1(config-if-range)#switchport access vlan 2
```

（4）参照以上三步，将交换机 SW1 的 Fa0/13~Fa0/24 端口划分到 VLAN 3。

步骤 3：查看 VLAN 信息。

```
Switch(config-vlan)#do show vlan brief
```

第 2 部分：配置四台 PC 的 IPv4 地址及默认子网掩码，测试网络连通性。

步骤 1：配置四台 PC 的 IPv4 地址及默认子网掩码。

（1）首先单击 PC1，然后选择"Desktop"（桌面）→"IP Configuration"（IP 配置）选项。

（2）将 IPv4 Address（IPv4 地址）设置为 192.168.2.1。

（3）将 Subnet Mask（子网掩码）设置为 255.255.255.0。

（4）参照 PC1 的配置，将另外三台 PC 的 IPv4 地址分别设置好（PC2：192.168.2.2；PC3：192.168.3.1；PC4：192.168.3.2）。

步骤 2：测试网络连通性。

此时，同一个 VLAN 间的 PC 能够正常通信，不同 VLAN 间不能通信，实现了用 VLAN 技术隔离广播域。

3．项目描述二

（1）项目背景二。现在该公司规模扩大，目前员工发展到 35 名，购买了新的计算机和交换机，办公室分布在两个楼层，每层有一台思科 2960 交换机，两台交换机级联在一起，公司要求把新的计算机按部门划分到相应的 VLAN。

（2）跨交换机 VLAN 拓扑结构如图 3-39 所示。

在原来拓扑基础之上，添加一台思科 2960 交换机和四台 PC，将各设备连接起来。

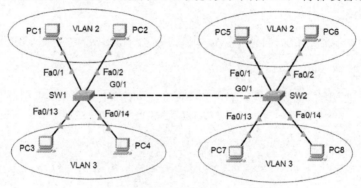

图 3-39　跨交换机 VLAN 拓扑结构

（3）任务内容。

第 1 部分：在交换机 SW2 上创建 VLAN，添加 VLAN 成员。

第 2 部分：配置新增加的四台 PC 的 IPv4 地址及默认子网掩码，测试网络连通性。

第 3 部分：修改两台交换机 SW1、SW2 的 G0/1 接口模式为 Trunk，测试网络连通性。

（4）所需资源。

8 台 PC，2 台思科 2960 交换机。

4．项目实施二

第 1 部分：在交换机 SW2 上创建 VLAN，添加 VLAN 成员。

步骤 1：参照在 SW1 上创建 VLAN 的步骤，在 SW2 上创建相同的 VLAN 2 和 VLAN 3，并按要求命名。

步骤 2：在 SW2 上添加 VLAN 成员。

参照在 SW1 上添加 VLAN 成员的步骤，在 SW2 上将 Fa0/1～Fa0/12 端口模式改成 Access，划分到 VLAN 2，将 Fa0/12～Fa0/24 端口模式改成 Access，划分到 VLAN 3。

步骤 3：查看 VLAN 信息。

```
SW2#show vlan brief
```

第 2 部分：配置新增加的四台 PC 的 IPv4 地址及默认子网掩码，测试网络连通性。

步骤 1：配置四台 PC 的 IPv4 地址及默认子网掩码。

（1）在 PC5 的 IP 配置界面，将 IPv4 地址设置为 192.168.2.3，子网掩码设置为 255.255.255.0。

（2）参照 PC5 的配置，将另外三台 PC 的 IPv4 地址分别设置好（PC6：192.168.2.4；PC7：192.168.3.3；PC8：192.168.3.4），子网掩码均为 255.255.255.0。

步骤 2：测试网络连通性。

此时，PC1 和 PC5、PC6 虽然属于同一个 VLAN，但是用 ping 命令测试，PC1 和 PC5、PC1 和 PC6 是不能够正常通信的。原因是两台交换机之间的接口模式默认是 Access，不能传输属于不同 VLAN 的帧（请参考 VLAN 的实现机制），因此需要将两台交换机之间的接口模式改成 Trunk。

第 3 部分：修改两台交换机 SW1、SW2 的 G0/1 接口模式为 Trunk，测试网络连通性。

步骤 1：修改交换机 SW1 的 G0/1 接口模式为 Trunk。

（1）单击 SW1，输入进入 G0/1 接口所需的全局配置模式命令。

（2）将 G0/1 的接口模式改成 Trunk。

```
SW1(config-if)#switchport mode trunk
```

步骤 2：查看 SW1 的 Trunk 信息。

```
SW1#show interface trunk
```

说明：不能再使用 show vlan brief 命令查看 G0/1 接口的信息，因为它已经不属于任何 VLAN。思科二层交换机接口模式配置为 Trunk 后（执行 switchport mode trunk 命令），会自动封装 802.1Q 协议，可以使用 show inter trunk 命令查看。三层交换机需要手动封装 802.1Q 协议后，才能将交换机的接口模式配置为 Trunk。

步骤 3：用同样的方法，修改交换机 SW2 的 G0/1 接口模式为 Trunk。

步骤 4：测试网络连通性。

此时，同一个 VLAN 间的 PC 能够正常通信，不同 VLAN 间不能通信，实现了跨交换机用 VLAN 技术隔离广播域。

5．项目描述三

（1）项目背景三。现在该公司又有新的需求：不同部门之间实现了安全隔离，在同部门成员能通信的基础上，加强部门间的沟通与协作。该公司现有一台思科 2911 路由器，要求 VLAN 网关采用最大可用 IP 地址。你作为网络管理员，请你使用 VLAN 间路由技术之单臂路由，实现以上需求。

（2）单臂路由的拓扑结构如图 3-40 所示。

在图 3-39 拓扑基础之上，添加一台思科 2911 路由器，将设备连接起来。

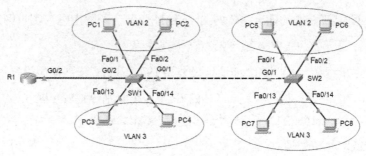

图 3-40　单臂路由的拓扑结构

（3）任务内容。

第 1 部分：修改交换机 SW1 G0/2 接口的模式为 Trunk。

第 2 部分：配置路由器 G0/2 接口的两个子接口（子接口 2 和子接口 3）的 IPv4 地址及默认子网掩码，封装 802.1Q 协议。

第 3 部分：配置 8 台 PC 的默认网关，测试网络连通性。

（4）所需资源。

8 台 PC，2 台思科 2960 交换机，1 台思科 2911 路由器。

6.项目实施三

第 1 部分：修改交换机 SW1 G0/2 接口的模式为 Trunk。

单击 SW1，在全局配置模式下，进入其 G0/1 接口，并启动该接口。

（1）在 R1 的 CLI 选项卡下，输入进入 G0/1 接口的命令，并启动该接口。

```
SW1(config)#interface g0/1
SW1(config-if)#no shutdown
```

（2）将 G0/1 的接口模式改成 Trunk。

```
SW1(config-if)#switchport mode trunk
```

第 2 部分：配置路由器 G0/2 接口的两个子接口（子接口 2 和子接口 3）的 IPv4 地址及默认子网掩码，封装 802.1Q 协议。

步骤 1：配置路由器 G0/2 的子接口 2，IP 地址为 192.168.2.254，子网掩码为 255.255.255.0，作为 VLAN 2 的网关；封装 802.1Q 协议（因为要与交换机 SW1 的 G0/2 接口封装相同协议）。

（1）首先单击 R1，然后单击 CLI 选项卡，输入 no 命令，按回车键。

（2）在全局配置模式下，进入其 G0/2 接口，启动该接口，删除该接口的 IP 地址信息。

```
R1(config)#interface g0/2
R1(config-if)#no shutdown
R1(config-if)#no ip address
```

（3）进入 G0/2 子接口 2，将 IP 地址设置为 192.168.2.254，子网掩码设置为 255.255.255.0，作为 VLAN 2 的默认网关，封装 802.1Q 协议。

```
R1(config)#interface g0/2.2
```

```
R1(config-subif)#encapsulation dot1Q 2
R1(config-subif)#ip address 192.168.2.254 255.255.255.0
```

（4）参照步骤（3），进入 G0/2 子接口 3，将 IP 地址设置为 192.168.3.254，子网掩码设置为 255.255.255.0，作为 VLAN3 的默认网关，封装 802.1Q 协议。

步骤 2：测试网络连通性。

此时，不同 VLAN 间的 PC 仍然不能通信，因为还没有配置各台 PC 的默认网关。

第 3 部分：配置 8 台 PC 的默认网关，测试网络连通性。

（1）修改属于 VLAN2 的四台 PC 的默认网关为 192.168.2.254。

（2）修改属于 VLAN3 的四台 PC 的默认网关为 192.168.3.254。

（3）测试网络连通性。

此时，同一个 VLAN 间的 PC 能够正常通信，不同 VLAN 间的 PC 也能实现通信。

至此，实验完成。通过该实验，我们学习了不同 VLAN 间路由的方法。

3.5.2　项目实验二：划分子网

1. 项目描述

（1）项目背景。本实验指定了一个网络地址为 192.168.100.0，子网掩码为 255.255.255.192，你需要对它划分子网，并为网络中的各设备提供 IP 编址。

（2）划分子网的拓扑结构如图 3-41 所示。

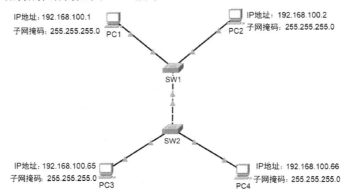

图 3-41　划分子网的拓扑结构

（3）主机地址分配表如表 3-12 所示。

表 3-12　主机地址分配表

设备	IPv4 地址	子网掩码
PC1	192.168.100.1	255.255.255.0
PC2	192.168.100.2	255.255.255.0
PC3	192.168.100.65	255.255.255.0
PC4	192.168.100.66	255.255.255.0

（4）任务内容。

第 1 部分：配置四台 PC 的 IPv4 地址及默认子网掩码，测试网络连通性。

第 2 部分：更改四台 PC 的子网掩码为 255.255.255.192，测试网络连通性。

第 3 部分：添加路由器 R1，把每个子网中的最后一个可分配 IP 地址分配给 R1 的相应接口，配置四台 PC 的默认网关，测试网络连通性。

（5）所需资源。

四台 PC，两台思科 2960 交换机。

2．项目实施

第 1 部分：配置四台 PC 的 IPv4 地址及默认子网掩码，测试网络连通性。

步骤 1：配置四台 PC 的 IPv4 地址及默认子网掩码。

（1）在 PC1 的 IP 配置界面，将 IPv4 地址设置为 192.168.100.1，将子网掩码设置为 255.255.255.0。

（2）参照 PC1 的配置方法，按表 3-12，配置好另外三台 PC 的 IPv4 地址和子网掩码。

步骤 2：测试 PC 间能否通信。

（1）首先单击 PC1，然后选择"Desktop"（桌面）→"Command Prompt"（命令提示符）选项。

（2）输入以下命令测试 PC1 到 PC2 的连通性。

```
PC>ping 192.168.100.2
```

（3）对 PC3 或 PC4 重复 ping 命令，此时 PC1 和 PC3 或 PC4 之间也能连通。

第 2 部分：更改四台 PC 的子网掩码为 255.255.255.192，测试网络连通性。

步骤 1：将子网掩码改成 255.255.255.192，分析划分子网的细节。

（1）根据子网掩码，推算子网数量、子网 IP 地址数量，并将信息填写在表 3-13 中。

表 3-13　子网数量、IP 地址数量推算

192 对应二进制数	主机号被借位数/位	子网数量/个	剩余主机号位数/位	每个子网的地址数量/个
11000000	2	4	6	64

（2）列出所有可用子网的第一个和最后一个可用主机地址、网络地址及广播地址。重复此操作，直到列出所有地址。使用定长子网掩码 255.255.255.192 划分子网细节如表 3-14 所示。

表 3-14　使用定长子网掩码 255.255.255.192 划分子网细节

子网	网络地址	第一个可用主机地址	最后一个可用主机地址	广播地址
0	192.168.100.0	192.168.100.1	192.168.100.62	192.168.100.63
1	192.168.100.64	192.168.100.65	192.168.100.126	192.168.100.127
2	192.168.100.128	192.168.100.129	192.168.100.190	192.168.100.191
3	192.168.100.192	192.168.100.193	192.168.100.254	192.168.100.255

步骤 2：更改四台 PC 的子网掩码。

在四台 PC 的 IP 配置界面，将子网掩码设置为 255.255.255.192。

步骤 3：再次测试 PC 间能否通信。

（1）在 PC1 的命令提示符界面，输入以下命令测试 PC1 到 PC2 的连通性。

```
PC>ping 192.168.100.2
```

此时 PC1 和 PC2 能连通。

（2）对 PC3 或 PC4 重复 ping 命令，此时 PC1 和 PC3 或 PC4 之间不能通信。

想一想：为什么 PC1 和 PC2 之间还能连通，而 PC1 和 PC3 或 PC4 之间现在就不能连通了？原因是子网掩码改成 255.255.255.192 后，PC1 和 PC2 都属于 192.168.100.0 这个网络，而 PC3 和 PC4 都属于 192.168.100.64 这个网络，不同的网络之间要想实现通信，还需要路由器，并要配置每台 PC 的默认网关。

第 3 部分：添加路由器 R1，把每个子网中的最后一个可分配 IP 地址分配给 R1 的相应接口，配置四台 PC 的默认网关，测试网络连通性。

步骤 1：添加路由器 R1。

（1）参照图 3-42，修改逻辑拓扑图，添加一台思科 2911 路由器 R1。

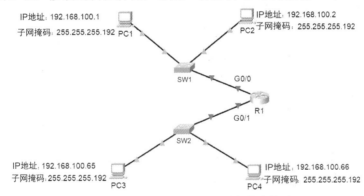

图 3-42　增加路由器后的拓扑结构图

（2）把每个子网中的最后一个可分配 IP 地址分配给 R1 的相应接口，如表 3-15 所示。

表 3-15　主机地址分配表

设备	接口	IP 地址	子网掩码	默认网关
R1	G0/0	192.168.100.62	255.255.255.192	不适用
R1	G0/1	192.168.100.126	255.255.255.192	不适用
PC1	NIC	192.168.100.1	255.255.255.192	192.168.100.62
PC2	NIC	192.168.100.2	255.255.255.192	192.168.100.62
PC3	NIC	192.168.100.65	255.255.255.192	192.168.100.126
PC4	NIC	192.168.100.66	255.255.255.192	192.168.100.126

步骤 2：在 R1 的 G0/0 上配置 IPv4 编址。

（1）首先单击 R1，然后单击 CLI 选项卡，输入路由器主机名的全局配置模式命令。

```
Router(config)#hostname R1
```

（2）输入进入 G0/0 的接口配置模式所需的命令。

```
R1(config)#in g0/0
```

（3）使用下列命令配置 IP 地址，并激活接口。

```
R1(config-if)#ip address 192.168.100.62 255.255.255.192
R1(config-if)#no shutdown
```

步骤 3：参照步骤 2，配置 G0/1 接口的 IP 地址信息，并激活接口。

步骤 4：验证 R1 上的 IP 编址的命令。

```
R1#show ip interface brief 或 show ip interface brief
```

此时 PC1 和 PC3 仍然不能通信，因为还没有为 PC 配置网关，现在 PC1 和 PC3 属于不同的网络，访问不同的网络要配置网关（一般是路由器在本网络中的接口地址）。

步骤 5：更改四台 PC 的默认网关。

（1）单击 PC1、PC2，在其 IP 配置界面，将默认网关设置为 192.168.100.62。

（2）单击 PC3、PC4，在其 IP 配置界面，将默认网关设置为 192.168.100.126。

步骤 6：测试 PC 间能否通信。

如果设置正确，此时 PC1 应该能 ping 通 PC3 或 PC4，反之亦然。

至此，使用定长子网掩码划分子网实验完成。

3.5.3 项目实验三：局域网 IP 地址规划

1. 项目描述

（1）项目背景。在本实验中，你将使用给定的 10.33.1.0/24 网络地址来设计变长子网掩码编址方案。根据要求，你需要规划 5 个子网（包含 4 个局域网和 1 个广域网）的编址、设备配置并验证连通性。

（2）变长子网掩码划分子网的拓扑结构如图 3-43 所示，注意两台路由器之间通过 Serial DCE 线连接，两台路由器要添加 HWIC-2T 模块。

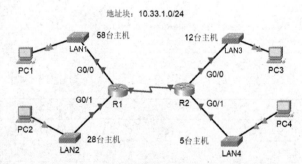

图 3-43 变长子网掩码划分子网的拓扑结构

（3）任务内容。

第 1 部分：检查网络要求。

第 2 部分：设计变长子网掩码编址方案。

第 3 部分：为设备分配 IP 地址并验证连通性。

（4）所需资源。

四台 PC，四台思科 2960 交换机，两台思科 2911 路由器。

2．项目实施

第 1 部分：检查网络要求。

步骤 1：确定每个子网所需的 IP 地址总数量。

这个网络拓扑中有 5 个子网。你需要对网络地址 10.33.1.0/24 进行子网划分。该网络的要求如下。

LAN1 需要使用 58 个主机 IP 地址+1 个路由器接口地址+1 个网络地址+1 个广播地址，共 61 个 IP 地址。

LAN2 需要使用 28 个主机 IP 地址+1 个路由器接口地址+1 个网络地址+1 个广播地址，共 31 个 IP 地址。

LAN3 需要使用 12 个主机 IP 地址+1 个路由器接口地址+1 个网络地址+1 个广播地址，共 15 个 IP 地址。

LAN4 需要使用 5 个主机 IP 地址+1 个路由器接口地址+1 个网络地址+1 个广播地址，共 8 个 IP 地址。

R1—R2 需要使用 0 个主机 IP 地址+2 个路由器接口地址+1 个网络地址+1 个广播地址，共 4 个 IP 地址。

步骤 2：确定每个子网的子网掩码信息。

问题：

（1）哪个子网掩码能够满足 LAN1 所需的 IP 地址数量需求？该子网支持多少个可分配主机地址？

（2）哪个子网掩码能够满足 LAN2 所需的 IP 地址数量需求？该子网支持多少个可分配主机地址？

（3）哪个子网掩码能够满足 LAN3 所需的 IP 地址数量需求？该子网支持多少个可分配主机地址？

（4）哪个子网掩码能够满足 LAN4 所需的 IP 地址数量需求？该子网支持多少个可分配主机地址？

（5）哪个子网掩码能够满足 R1 和 R2 之间的连接所需的 IP 地址数量需求？

第 2 部分：设计变长子网掩码编址方案。

步骤 1：根据每个子网的主机数量划分网络 10.33.1.0/24。

（1）把第一个子网分配给最大的 LAN1。

需要 61 个 IPv4 地址，实际分配 64 个（10.33.1.0~10.33.1.63）。

（2）把第二个子网分配给次大的 LAN2。

需要 31 个 IPv4 地址，实际分配 32 个（10.33.1.64~10.33.1.95）。

（3）把第三个子网分配给第三大的 LAN3。

需要 15 个 IPv4 地址，实际分配 16 个（10.33.1.96~10.33.1.111）。

（4）把第四个子网分配给第四大的 LAN4。

需要 8 个 IPv4 地址，实际分配 8 个（10.33.1.112~10.33.1.119）。

（5）使用第五个子网支持 R1 和 R2 之间的连接。

需要 4 个 IPv4 地址，实际分配 4 个（10.33.1.120~10.33.1.123）。

步骤 2：记录变长子网掩码子网。

变长子网掩码子网划分规划表如表 3-16 所示。

表 3-16　变长子网掩码子网划分规划表

子网说明	所需地址数量/个	实际分配地址数量/个	网络地址/CIDR	第一个可用主机地址	广播地址	子网掩码
LAN1	61	64	10.33.1.0/26	10.33.1.1	10.33.1.63	255.255.255.192
LAN2	31	32	10.33.1.64/27	10.33.1.65	10.33.1.95	255.255.255.224
LAN3	15	16	10.33.1.96/28	10.33.1.97	10.33.1.111	255.255.255.240
LAN4	8	8	10.33.1.112/29	10.33.1.113	10.33.1.119	255.255.255.248
R1—R2	4	4	10.33.1.120/30	10.33.1.121	10.33.1.123	255.255.255.252

步骤 3：记录编址方案。

（1）将第一个可用 IP 地址分配给 R1 连接两个局域网的链路和广域网的链路。

（2）将第一个可用 IP 地址分配给 R2 连接两个局域网的链路。为与 R2 相连的广域网链路分配最后一个可用 IP 地址。

（3）为交换机分配第二个可用 IP 地址。

（4）为主机分配最后的可用 IP 地址。

最后得到如表 3-17 所示的子网各设备编址方案。

表 3-17　子网各设备编址方案

设备	接口	IP 地址	子网掩码	默认网关
R1	G0/0	10.33.1.1	255.255.255.192	不适用
	G0/1	10.33.1.65	255.255.255.224	不适用
	S0/0/0	10.33.1.121	255.255.255.252	不适用
R2	G0/0	10.33.1.97	255.255.255.240	不适用
	G0/1	10.33.1.113	255.255.255.248	不适用
	S0/0/0	10.33.1.122	255.255.255.252	不适用
LAN1	VLAN 1	10.33.1.2	255.255.255.192	10.33.1.1
LAN2	VLAN 1	10.33.1.66	255.255.255.224	10.33.1.65
LAN3	VLAN 1	10.33.1.98	255.255.255.240	10.33.1.97

设备	接口	IP 地址	子网掩码	默认网关
LAN4	VLAN 1	10.33.1.114	255.255.255.248	10.33.1.113
PC1	NIC	10.33.1.62	255.255.255.192	10.33.1.1
PC2	NIC	10.33.1.94	255.255.255.224	10.33.1.65
PC3	NIC	10.33.1.110	255.255.255.240	10.33.1.97
PC4	NIC	10.33.1.118	255.255.255.248	10.33.1.113

第 3 部分：为设备分配 IP 地址并验证连通性。

（1）将第一个可用 IP 地址分配给 R1 连接两个局域网的链路和广域网的链路。

单击 R1，单击 CLI 选项卡，进入全局配置模式，执行如下命令。

```
R1(config)#inter se0/0/0
R1(config-if)#ip addr 10.33.1.121 255.255.255.252
R1(config)no shutdown
R1(config)#inter g0/0
R1(config-if)#ip addr 10.33.1.1 255.255.255.192
R1(config)no shutdown
R1(config)#inter g0/1
R1(config-if)#ip addr 10.33.1.65 255.255.255.224
R1(config)no shutdown
```

（2）将第一个可用 IP 地址分配给 R2 连接两个局域网的链路。为与 R2 相连的广域网链路分配最后一个可用 IP 地址。R2 的所有接口的 IP 地址均已经按照要求配置完成，可通过"查看"按钮查看。

单击 R2，单击 CLI 选项卡，进入全局配置模式，执行如下命令。

```
R2(config)#inter se0/0/0
R2(config-if)#ip addr 10.33.1.122 255.255.255.252
R2(config)no shutdown
R2(config)#inter g0/0
R2(config-if)#ip addr 10.33.1.97 255.255.255.240
R2(config)no shutdown
R2(config)#inter g0/1
R2(config-if)#ip addr 10.33.1.113 255.255.255.248
R2(config)no shutdown
```

（3）为交换机分配第二个可用 IP 地址。

单击交换机 LAN1，单击 CLI 选项卡，进入全局配置模式，执行如下命令。

```
LAN1(config)#interface vlan 1
LAN1(config-if)#ip addr 10.33.1.2 255.255.255.192
LAN1(config-if)#no sh
```

用相同的方法配置交换机 LAN2、交换机 LAN3、交换机 LAN4，相应的命令如下。

```
LAN2(config-if)#ip addr 10.33.1.66 255.255.255.224
LAN3(config-if)#ip addr 10.33.1.98 255.255.255.240
LAN4(config-if)#ip addr 10.33.1.114 255.255.255.248
```

（4）为主机分配最后的可用 IP 地址、配置子网掩码和默认网关。

首先单击 PC1，然后选择"Desktop"（桌面）→"IP Configuration"（IP 配置）选项。

将 IP 地址设置为 10.33.1.62，子网掩码设置为 255.255.255.192，默认网关设置为 10.33.1.1。

按照表 3-17，配置 PC2、PC3、PC4 的 IP 地址、子网掩码、默认网关。

（5）在 R1 的全局配置模式下，使用如下的命令配置 R1 到 LAN3 和 LAN4 的静态路由。

```
R1(config)#ip route 10.33.1.96 255.255.255.240 10.33.1.122
R1(config)#ip route 10.33.1.112 255.255.255.248 10.33.1.122
```

（6）在 R2 的全局配置模式下，使用如下的命令配置 R2 到 LAN1 和 LAN2 的静态路由。

```
R2(config)#ip route 10.33.1.0 255.255.255.192 10.33.1.121
R2(config)#ip route 10.33.1.64 255.255.255.224 10.33.1.121
```

（7）验证连通性。

现在，你能够对表 3-17 中列出的每个 IP 地址执行 ping 操作，验证网络连通性。

习题 3

一、单选题

1. 以太网交换机进行转发决策时使用的 PDU 的地址是（　　）。

A. 目的物理地址　　　　　　　　　　B. 目的 IP 地址

C. 源物理地址　　　　　　　　　　　D. 源 IP 地址

2. 在下列选项中，不属于物理层接口规范定义范畴的是（　　）。

A. 接口形状　　　　　　　　　　　　B. 引脚功能

C. 物理地址　　　　　　　　　　　　D. 信号电平

3. （　　）标准规范了计算机网卡的以太网 MAC 子层的功能。

A. IEEE 802.2　　　　　　　　　　　B. IEEE 802.3

C. IEEE 802.6　　　　　　　　　　　D. IEEE 802.15

4. 以太网第二层的 PDU 的名字是（　　）。

A. 数据包　　　　　　　　　　　　　B. 数据段

C. 比特　　　　　　　　　　　　　　D. 帧

5. 当以太网总线上发生数据冲突时，结果是（　　）。

A. 使用 CRC 值来修复数据帧

B. 所有设备都停止传输，并随机等待一段时间后再试

C. MAC 地址小的设备停止传输，让 MAC 地址大的设备先传输

D．MAC 子层优先传输 MAC 地址大的设备

6．IEEE 802.3 指定的以太网帧的最小和最大长度是（ ）。

A．32 字节、1518 字节 B．46 字节、1500 字节

C．46 字节、1522 字节 D．64 字节、1518 字节

7．以太网（ ）字段用于错误检测。

A．前导码 B．目的 MAC 地址

C．帧校验和 D．类型

8．广播以太网帧用（ ）作为目的 MAC 地址。

A．FF-FF-FF-FF-FF-FF B．255.255.255.255

C．0.0.0.0 D．0C-FF-EE-98-30-AB

9．（ ）地址是多播地址。

A．00.77.44.FA.65.C8 B．10.92.38.FA.65.D48

C．01.00.5E.00.50.5E D．0C-FF-EE-98-30-AB

10．网络中的（ ）会处理 ARP 请求。

A．只有请求的 IPv4 地址所属的设备 B．第二层广播域中的交换机

C．冲突域中的所有设备 D．第二层广播域中的所有设备

11．如果目的 MAC 地址和目的 IPv4 地址属于同一个网络，则目的 MAC 地址将是（ ）的地址。

A．与目的 IPv4 地址相同的设备 B．默认网关

C．与源 IPv4 地址相同的设备 D．以太网交换机

12．如果目的 MAC 地址和目的 IPv4 地址不在同一个网络，则目的 MAC 地址将是（ ）的地址。

A．与目的 IPv4 地址相同的设备 B．默认网关

C．与源 IPv4 地址相同的设备 D．以太网交换机

13．某主机的 IP 地址为 130.30.77.55，子网掩码为 255.255.252.0，如果该主机向其所在的子网发送广播分组，则目的地址可以是（ ）。

A．130.30.76.0 B．130.30.76.255

C．130.30.77.255 D．130.30.79.255

14．某路由表中有转发接口相同的 4 条路由表项，其目的网络地址分别为 35.230.32.0/21、35.230.40.0/21、35.230.48.0/21、35.230.56.0/21，将该 4 条路由聚合后的目的网络地址是（ ）。

A．35.230.0.0/19 B．35.230.0.0/20

C．35.230.32.0/19 D．35.230.32.0/20

15. 网络地址的用途是（　　　）。

A. 标识网络   B. 为网络中的主机提供出入口

C. 支持组播   D. 为网络中的主机提供入口

16. 借用 3 位主机号可以创建（　　　）个子网。

A. 32   B. 5

C. 8   D. 16

17. 第二层交换机需要 IP 地址的原因是（　　　）。

A. 为使交换机发送广播到相连的 PC   B. 为使交换机用作默认网关

C. 为使交换机接收来自相连 PC 的帧   D. 为了能够远程管理交换机

18. 子网掩码为 255.255.252.0 的网络 172.16.128.0 上有（　　　）个可用主机地址。

A. 510   B. 1022

C. 512   D. 1024

19. 十六进制值 3F 对应的十进制数是（　　　）。

A. 453   B. 46

C. 63   D. 36

20. 子网掩码 255.255.255.224 的前缀长度记法是（　　　）。

A. /26   B. /27

C. /28   D. /30

二、判断题

1. 以太网运行在 OSI 模型的数据链路层和物理层。 （　　）

2. 以太网 MAC 子层实现帧定界、编址、错误检测、数据封装功能。 （　　）

3. MAC 地址长 32 位。 （　　）

4. MAC 地址前 6 个十六进制位表示 OUI。 （　　）

5. IEEE 负责分配给厂商唯一的 6 字节编码。 （　　）

6. 厂商负责分配 MAC 地址的最后 24 位。 （　　）

7. MAC 帧中数据载荷部分的长度范围是 46~1500 字节。 （　　）

8. 前导码用于以太网帧定界。 （　　）

9. ARP 将根据 MAC 地址找对应的 IP 地址。 （　　）

10. 交换机的 MAC 地址表存放端口，以及与该端口所连接设备的 MAC 地址的对应关系。

（　　）

11. ARP 请求的目的地址为单播地址，ARP 响应的目的地址为广播地址。

（　　）

12．设备收到其他设备的 IPv4 地址的 ARP 请求后，将使用目的信息来更新 ARP 表。

（　　）

13．设备收到将 IPv4 地址映射为 MAC 地址的 ARP 请求后，首先在其 ARP 表中查找。如果没有找到对应的记录，就向外发送 ARP 请求。（　　）

14．MAC 地址表也被称为帧交换表。（　　）

15．172.32.33.1 是私有 IP 地址。（　　）

三、简答题

1．简述以太网交换机的功能。

2．简述以太网交换机的自学习及转发帧的过程。

3．简述使用变长子网掩码划分子网的过程及遵守的原则。

4．简述定长子网掩码和变长子网掩码的区别。

5．简述 CSMA/CD 协议的要点有哪些。

6．简述 ARP 协议的功能。

四、应用题

1．已知某个网络的地址是 220.232.69.0，使用定长子网掩码 255.255.255.192 进行划分，该网络被划分成几个子网？每个子网 IP 地址总数量是多少？每个子网可分配 IP 地址数量是多少？请给出划分细节，并填写到表 3-18 中。

表 3-18　子网划分规划表及各设备编址方案 1

将子网掩码 255.255.255.192 的第 4 个值 192 转换成二进制数（11000000）				
被借走（　）位主机号		剩余（　）位主机号		
子网数量（　　）		每个子网 IP 地址总数量（　　）		
		每个子网可分配 IP 地址数量（　　）		
4 个子网划分细节				
网络号	子网号	主机号	说明	
220.232.69.	00	0000000	子网 00 网络地址（　　　　）	子网 00 细节
220.232.69.	00	0000001	子网 00 可分配最小地址（　　　　）	
...	...	...	...	
220.232.69.	00	1111110	子网 00 可分配最大地址（　　　　）	
220.232.69.	00	1111111	子网 00g 广播地址（　　　　）	
220.232.69.	01	0000000	子网 01 网络地址（　　　　）	子网 01 细节
220.232.69.	01	0000001	子网 01 可分配最小地址（　　　　）	
...	...	...	...	
220.232.69.	01	1111110	子网 01 可分配最大地址（　　　　）	
220.232.69.	01	1111111	子网 01 广播地址（　　　　）	

续表

220.232.69.	10	0000000	子网 10 网络地址（　　　　　）	子网 10 细节
220.232.69.	10	0000001	子网 10 可分配最小地址（　　　　　）	
…	…	…	…	
220.232.69.	10	1111110	子网 10 可分配最大地址（　　　　　）	
220.232.69.	10	1111111	子网 10 广播地址（　　　　　）	
220.232.69.	11	0000000	子网 11 网络地址（　　　　　）	子网 11 细节
220.232.69.	11	0000001	子网 11 可分配最小地址（　　　　　）	
…	…	…	…	
220.232.69.	11	1111110	子网 11 可分配最大地址（　　　　　）	
220.232.69.	11	1111111	子网 11 广播地址（　　　　　）	

2．已知某个 B 类网络的地址是 180.42.0.0，使用定长子网掩码 255.255.252.0 进行划分，则该网络被划分成几个子网？每个子网 IP 地址总数量是多少？每个子网可分配 IP 地址数量是多少？请给出前 3 个子网的划分细节，并填写到表 3-19 中。

表 3-19　子网划分规划表及各设备编址方案 2

将子网掩码 255.255.252.0 的第 3 个值 252 转换成二进制数（11111100）		
被借走（　　）位主机号	剩余（　　）位主机号	
子网数量（　　　）	每个子网 IP 地址总数量（　　　）	
	每个子网可分配 IP 地址数量（　　　）	
前 3 个子网划分细节		
子网编号	网络地址	广播地址
子网 1		
子网 2		
子网 3		

3．请给出 CIDR 地址块 202.11.84.9/18 的全部细节（最小地址、最大地址、地址数量、聚合 C 类网数量、地址掩码）。

4．假设地址块为 192.168.0.0/24，请分别使用定长和变长子网掩码，为如图 3-44 所示的小型互联网中的各网络分配合理的 IP 地址。

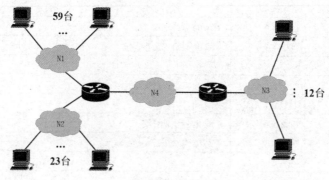

图 3-44　拓扑结构

使用定长子网掩码编址方案，回答以下问题，并将答案填写在对应的表（表 3-20~表 3-23）

中，给出划分细节。

（1）图 3-44 中有几个子网？需要从主机号部分借几位，才能满足子网数量的需求？剩余主机号位数是几位？子网掩码是多少？填写表 3-20。

表 3-20　子网划分规划表及各设备编址方案 3

子网数量/个	需要从主机号部分借几位/位	剩余主机号位数/位	子网掩码

（2）每个子网被分配的 IP 地址总数是多少个？每个子网可分配的 IP 地址有多少个？是否能满足所有子网对 IP 地址数量上的需求？填写表 3-21。

表 3-21　子网划分规划表及各设备编址方案 4

每个子网被分配的 IP 地址总数/个	每个子网可分配的 IP 地址/个	是否能满足所有子网需求

（3）将子网按由大到小的顺序规划地址，填写表 3-22。

表 3-22　子网表

子网	网络地址	广播地址
N1		
N2		
N3		
N4		

（4）使用变长子网掩码编址方案，填写表 3-23 给出划分细节。

表 3-23　子网划分规划表及各设备编址方案 5

子网	所需地址数量/个	主机号位数/位	块大小	网络地址/CIDR	广播地址	地址掩码
N1						
N2						
N3						
N4						

第4章

无线与移动网络

无线网络是指无须布线便可进行与多个通信设施互联的网络。无线网络技术所涉及的领域范围较广，既包含允许使用者进行远程无线连接的全球话音与数据网络技术，又包含专门为近距离无线连接进行设计的无线电与射频通信技术。按照网络覆盖区域的不同，人们一般把无线网络分为无线广域网（Wireless Wide Area Network，WWAN）、无线局域网（Wireless Local Area Network，WLAN）、无线城域网（Wireless Metropolitan Area Network，WMAN）和无线个人局域网（Wireless Personal Area Network，WPAN）。无线网络能够更高效地了解外部环境正在发生的转变，从而更深层次地加以认识和掌握，有效地调动和合理配置通信网络系统内的有关资源，并以此来适应外部环境正在发生的转变。全面借鉴无线认知网络技术，既可缓解频率日益扩大的需要与有限频率资源之间的矛盾，又可将频率资源短缺的问题进行合理的处理，促进频率运用效益的合理提升。

4.1 无线网络

由于手机、平板电脑等无线设施的应用与普及，人类对无线通信和移动通信的要求显得更加紧迫。无线通信可以摆脱有线通信的线缆束缚，节省线缆布线和安装的时间和成本开销。移动通信可以使移动终端不受时间、地点的约束，随时随地接入通信网络，并且确保移动过程的持续通信。目前无线网络在家庭、办公室及公共场所的应用越来越广泛。

4.1.1 无线网络的基本结构

无线网络的基本结构如图 4-1 所示，主要包括无线主机、无线链路、基站和网络基础设施主机等几部分。

（1）无线主机。

与有线网络中一样，无线主机就是运行 App 的终端设备。从分类来看，无线主机（Wireless Host）有平板电脑、笔记本电脑、智能手机或桌面计算机等类型。

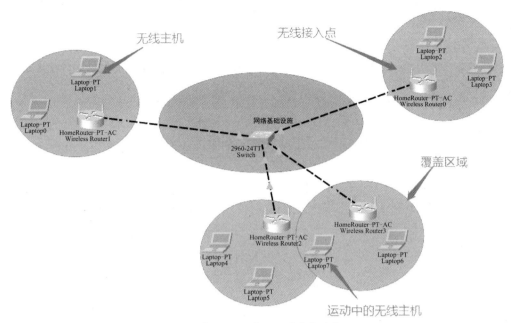

图 4-1　无线网络的基本结构

（2）无线链路。

无线主机通过无线链路与另一个基站或另一台无线主机互联并进行通信。根据不同的无线链路技术所组成的无线链路具有不同的传输速率和传输距离。

（3）基站。

基站（Base Station）负责发送或接收与其关联的无线主机的数据或负责与其相关的多个无线主机之间的数据传输，因此它是无线基础设施的一个组成部分。基站具备一定有效距离的覆盖范围。例如，无线局域网中的接入点（Access Point，AP）就是典型的基站。基站先利用无线链路将位于网络边缘的主机连接起来，再通过无线或有线传输链路连接到更大的网络基础设施，从而形成更大的网络，因此基站起着数据链路层的中继作用，负责在无线主机和网络基础设施之间通信。

（4）网络基础设施。

网络基础设施是指连接计算机网络及 Interent，使之实现网络通信、资源共享的信息传输系统和网络资源。例如，骨干网中的光缆、路由器、交换机及边缘网中的服务器等都属于网络基础设施。所有传统的网络服务（地址分配和路由选择）都由网络通过基站向关联的主机提供。无线主机和基站联系，并利用基站进行通信中继的无线网络，通常也叫作基础设施网络。另外一种情况是 Ad Hoc 网络，这种无线网络模式也叫作自组织网络。这种模式不依靠基站与无线主机之间的联系，主要是它自己完成路由、位置分配等业务的，而没有基站的参与。Ad Hoc 无线自组织网络的基本结构如图 4-2 所示。

图 4-2　Ad Hoc 无线自组织网络的基本结构

在一个无线网络环境中，当移动终端的移动过程从一个基站的覆盖范围移动到另一个基站的覆盖范围之后，该移动终端将根据规则，自动改变其原先接入的网络基站为现在的网络基站，从而实现无缝切换，这个过程并不影响用户体验。这部分内容将在后面章节中详细介绍。

4.1.2　无线链路与无线网络特征

无线网络使用了无线链路，这一点是区别于有线网络的最重要特征之一。正因为这样，无线链路的独有特性决定了无线网络的基本特征。采用不同的无线链路技术建设起来的无线网络，具有不同的传输速率和不同的传输距离。因此，无线网络存在两个特征，分别是覆盖区域和链路速率，从物理结构来看，则集中于数据链路层和物理层。无线链路与有线链路所搭建的网络的主要区别有以下方面。

（1）信号衰减速度。无线网络中的电磁波在穿过物体时，信号的强度将减弱。即使在自由空间中进行信号发送，信号也会随着传输距离的增加而快速衰减，衰减的速度远快于有线网络。

（2）容易受到干扰。其表现在同一个空间中存在的信号将互相干扰；就算是同一个电波源所发送的信号，在同一个空间中也存在互相干扰。而且，电磁波在传输过程中，容易受到环境中的电磁噪声干扰。

（3）存在多径传播隐患。多径传播使得接收方多次接收到信号，从而影响信号的清晰度。同理，位于发送方和接收方之间的移动物体也会导致随时间而改变的多径效应。

通过上述比较可以得出，无线链路比有线链路中更容易出现比特差错。因此，无线链路不但需要采用有效的 CRC 错误检测码来监测错误信号，而且需要采用 ARQ 协议来重传受损的帧，从而保证信息传输的可靠性。

（4）隐藏终端问题。无线信号的衰减也可能导致碰撞。如图 4-3 所示，由于终端 A 和终端 C 所处的位置相对来说比较远，因此它们各自的传输信号强度使得它们彼此之间难以检测到对方的信号。但它们的信号能够在终端 B 处互相干扰，这就是隐藏终端问题。

综上所述，无线网络的多路访问控制协议远比有线网络复杂。

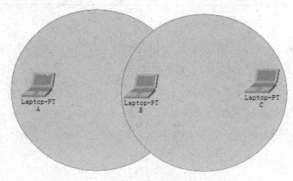

图 4-3　隐藏终端问题

4.2　移动网络

移动网络指的是将移动终端通过 ISP 提供的接口连接到公共互联网络，从而实现移动终端访问互联网的方式。例如，采用移动智能手机，通过中国移动、中国电信或中国联通等电信运营商的 4G/5G 网络，直接接入互联网中，实现网络的访问。因此，移动网络提供的主要服务指的是基于浏览器的 Web 服务，如网站浏览服务、App 移动应用等。在一般情况下，移动网络不等同于移动互联网。移动网络指的是基于浏览器的服务，如智能手机、平板电脑或其他便携式终端连接到公共网络，因此它没有固定的终端，也没有固定的连接。然而，移动网络接入目前仍然存在着互操作性和可用性问题。这是因为移动设备的物理尺寸的小屏幕的独特特性使得很多应用有别于固定终端设备。

4.2.1　移动网络基本原理

要注意的是，无线网络不一定是移动网络，但移动网络一定是无线网络。接入移动网络中的终端会随时改变与其互联的基站，传输链路采用的是无线链路技术，而网络层地址保持不变。

例如，当手机开机时，会开始检索一个列表，列表里有基站的注册信息，这个列表是白名单，一般记录着之前登录过的所有基站信息，优先从列表中选择基站，如果没有白名单信息才会从初始化状态开始检索基站信号。基站信号检索过程并非按次序一个个遍历，而是同时检索多个并从中选择一个从电波意义上而言速率最高的（一般是距离最短且中间没有很多的障碍物）。然后试图向该基站登录注册，注册过程需要基站逆访问手机并传输识别信息，完成后登录基站。对于基站而言，可能会有多个终端同时注册登录基站，此阶段结束后从物理连接角度而言已经做好了通信的准备。虽然终端经历上面的过程后已经可以通信了，但是对于基站而言并不确定是否要与终端通信，只是准备好了连接。因为终端需要通过与通信公司的服务基准决定终端的通信质量，即用户缴费后获得对应的服务质量，这一阶段是基站需要检查的。

蜂窝被称为无线接入网。基站到移动交换中心（MSC）的这个网络则被称为核心网。在我国，核心网由专门的建设单位进行建设，其采用有线专线（如光纤）连接各个基站，为各个基站提供高带宽、可靠的链路通信。由于基站传输到 MSC 的信号携带重要的用户信息，因此要求 MSC 有一个中央数据库存储这些信息，但由于中央数据库的存储容量有限，并且性能要求高，同时处理所有信息是困难的，因此还需要一个 Cache 服务器来过滤用户信息。从 MSC 转出信号到 PSTN（公共交换电话网）是一个从企业私网转公网的过程，需要有一个网关来将私网信号转发到公网，这个网关被称为 NSC。整体过程如下。

终端接入基站并不是通信准备的结束，在上网之前还需要经过两个阶段：接入事业单位及接入公网。

我们称运营商所在的网络为 CN（Core Network）。在注册到通信运营商时，需要检索对应公司的数据库，从而确认对应用户的数据信息，进而决定提供怎样的服务。但是检索数据库和访问数据库的物理距离相对较远，会导致效率低的问题，所以一般会将服务器的数据通过缓存或闪存给 MME（Mobility Management Entity）。同时，当用户的数据需要更新时则需要访问服务器，更新的很重要的一项数据是位置数据，包括漫游费用及其他多种服务。运营商完成确认后，利用网关通过 DHCP 服务器获得 IP 地址，从而获得访问公网的能力。

基站切换：当终端因移动而使信道传输质量下降时，低于某个阈值后会切换到另一个基站的网络中。这不是说，只要终端从原来的基站接收信号的强度低于另一个基站发送信号的强度，就会切换所连接的基站，而是即便低于也暂且维持直到低于某个阈值。水平切换的概念很好理解，即从一个基站的覆盖范围到另一个基站的覆盖范围。垂直切换一般是指在上下楼层移动时，离开原来的基站覆盖范围或中间介质的反射和阻挡物作用导致原来的基站不足以满足终端的无线接入需求而进行的基站切换。

4.2.2　寻址

为了提高用户在移动过程中使用终端设备的体验感，保证移动设备在无线网络移动过程中不终止服务，这就需要移动终端在从一个网络移动到另一个网络时保持其分配的服务地址不变，同时，当某移动终端位于一个外部网络时，所有发送给该终端的永久地址的流量需要导向外部网络。下面分别介绍两种解决寻址问题的方案。

（1）外部网络可以向所有其他网络发通告，通告中定义该移动终端正在它的网络覆盖范围中。这往往可以通过更改域内与域间路由选择信息来实现，因为实现该功能只需要在现有路由基础设施上进行很少的优化。外部网络只需要在通告中包含路由能到达该移动终端的永久地址的信息即可，也就是说，通告信息中包括了它有一条正确的路径可将数据报导向该移动终端的永久地址。而其他邻居设备将在全网传播该路由选择信息，从而实现全网路由信息同步。当移动终端离开一个外部网络后加入另一个外部网络时，新加入的外部网络会向邻居路由通告一条新的通往该移动终端的特别路由。而已离开的外部网络将撤销其与该移动终端有关的路由选择信息。

（2）从网络核心向网络边缘转移移动性功能，采用该移动终端的归属网络来实现。在移动终端的归属网络中，可以用归属代理来跟踪该移动终端的外部网络。这就需要一个移动终端与归属代理之间的协议来更新移动终端的位置，这也是目前多数移动网络采取的方式。

4.2.3　移动终端的路由选择

在 4.2.2 节的寻址中，介绍了一个移动终端如何得到一个 COA（Care-Of Address，转交地址）、归属代理如何被通告该地址等信息。那么接下来将讨论数据报如何选址并转发给移动终端。目前存在两种不同的解决方法，即间接路由选择和直接路由选择。

（1）移动终端的间接路由选择。

当一个通信者向移动终端发送数据报时，在间接路由选择方法中，通信者只需要将数据报寻址到该移动终端的永久地址并将数据报发送到网络中即可，他可以完全不知道移动终端是在归属网，还是在外部某个网络中。因此，对于通信者来说完全没有移动性这个概念，而且发送的数据报都会被先路由到移动终端的归属网络，再由归属代理负责与外部代理交互并负责监视到达的数据报。这些数据报选址的终端的现在漫游网络与其归属网络相同，但这些终端当前在某个外部网络中。归属代理接收到这些数据报信息后，再由代理来转发给这个外部网络。通过使用移动终端的 COA，数据报被先转发给外部代理，再由外部代理转发给移动终端。

（2）移动终端的直接路由选择。

采用间接路由选择方法比较低效，即存在三角路由选择问题，该问题是指即使在通信者与移动终端之间存在一条更有效、便捷的路由，在信息发送过程中，信息也会先发送给归属代理，再由其代为转发给外部网络。

直接路由选择方法则克服了三角路由选择的低效问题，但是也增加了复杂性。在直接路由选择方法中，通信者所在的网络中的一个通信者代理先获取该移动终端的 COA。这可以通过让通信者代理向归属代理询问得知。这里假设与间接路由选择情况类似。该移动终端具有一个在归属代理处注册过的最新的 COA。与移动终端可以执行外部代理的功能类似，通信者本身也可以执行通信者代理的功能。通信者代理将数据报直接通过隧道技术发往移动终端的 COA，这与归属代理使用的封装/解封装技术类似。

4.3 无线局域网 IEEE 802.11

IEEE 802 协议族是由一系列局域网技术规范或标准构成的。IEEE 802.11 于 1997 年发表。

表 4-1 总结了 4 个比较流行的无线局域网 IEEE 802.11 标准的主要特征，包括 IEEE 802.11b、IEEE 802.11a、IEEE 802.11g 和 IEEE 802.11n。

表 4-1　IEEE 802.11 标准的主要特征

标准	频率范围/GHz	数据传输速率/（Mbit/s）	物理层
IEEE 802.11b	2.4	最高为 11	扩频
IEEE 802.11a	5	最高为 54	OFDM
IEEE 802.11g	2.4	最高为 54	OFDM
IEEE 802.11n	2.4/5	最高为 600	MIMO/OFDM

4.3.1　IEEE 802.11 体系结构

IEEE 802.11 体系结构的基本构件由基站和基本服务组构成，基本服务组即 BSS。一个 BSS 包含一个或多个无线站点和一个中央基站。每个 IEEE 802.11 无线站点都具有一个 6 字节的 MAC 地址，该地址存储在该站网卡的固件中。配置基站的无线局域网经常被称作基础设施无线局域网，其中的"基础设施"是指基站连同互联基站和一台路由器的有线以太网。在 IEEE 802.11 标准中，每个无线站点在能够提供接收和发送数据服务之前，需要关联到一个基站中去。无线站点发现基站的过程分为被动扫描和主动扫描两种方式。其中，被动扫描是指无线主机通过扫描信道和监听信标帧来发现基站；主动扫描则是指无线主机通过向位于其信号覆盖范围内的所有基站发送广播探测帧来发现基站。

实际上，IEEE 802.11 标准主要针对网络的物理层和介质访问控制子层进行了规定。刚推出的时候，因为 IEEE 802.11 标准在传输速率、传输距离上都不能满足人们通信的需要，因此 IEEE 工作小组在后来相继推出了 IEEE 802.11x 等系列标准。下面分别对这些内容进行简要的介绍。

- IEEE 802.11a 在 1999 年推出，是对物理层的补充，它工作在 5GHz 频段，数据传输速率为 54Mbit/s。

- IEEE 802.11b 在 1999 年推出，是对物理层的补充，它工作在 2.4GHz 频段，数据传输速率为 11Mbit/s。

- IEEE 802.11c 符合 IEEE 802.1d 的介质访问控制子层桥接（MAC Layer Bridging）需求。

- IEEE 802.11d 是根据各国无线电规定而做的调整。

- IEEE 802.11e 提供对服务质量（Quality of Service，QoS）的支持。

- IEEE 802.11g 在 2003 年推出，是对物理层的补充，工作在 2.4GHz 频段，数据传输速率为 54Mbit/s。

- IEEE 802.11i 在 2004 年推出，是对无线网络安全方面做出的补充。

IEEE 802.11 体系结构由站点（Station，STA）、接入点（Access Point，AP）、独立基本服务组（Independent Basic Service Set，IBSS）、基本服务组（Basic Service Set，BSS）、分布式系统（Distributed System，DS）和扩展服务组（Expand Service Set，ESS）六大部分组成。

4.3.2　IEEE 802.11 的 MAC 协议

IEEE 802.11 是 IEEE（美国电气和电子工程师协会）发布于 1997 年的无线局域网标准。它包括 MAC 层协议和物理层协议，适用于有线站点与无线用户的连接通信及无线用户之间的连接通信。到目前为止，IEEE 802.11 已衍生出多个改进版本，其中较为常用的是 IEEE 802.11a、IEEE 802.11b、IEEE 802.11g 和 IEEE 802.11n。由于 IEEE 802.11 系列协议的成功应用，不少科研工作者都希望对其进行适当的改进，并推广到无线传感器网络。后面要介绍的 S-MAC 协议就是其中的一种改进。

IEEE 802.11 标准定义了两种介质访问方式：点协调（Point Coordination Function，PCF）和分布式协调（Distributed Coordination Function，DCF）。本文主要介绍 DCF 方式。DCF 方式的基础是载波监听多路访问/冲突避免（Carrier Sense Multiple Access / Collision Avoidance，CSMA/CA）协议。在 DCF 方式下，IEEE 802.11 标准的终端通过竞争的方式来获取无线信道的使用权。在发送无线帧的时候，不允许其他终端进行通信。当其他终端有传输数据需求的时候，必须等到信道空闲以后才可以开始传输数据。

4.3.3 IEEE 802.11 帧

IEEE 802.11 系列标准定义了无线局域网数据帧的帧结构和基本的物理层、MAC 层通信标准。与 IEEE 802.3 定义的以太网数据帧格式及通信方式不同，IEEE 802.11 定义的无线局域网由于通信介质和通信质量的问题，不能直接采用 IEEE 802.3 的通信方式。在 IEEE 802.11 无线局域网中，数据链路层上的通信模式要比 IEEE 802.3 以太网中的通信模式复杂得多，因此 IEEE 802.11 的帧格式也要相对复杂。

IEEE 802.11 帧共分为 3 类：管理帧、数据帧和控制帧。在帧结构中，MAC 首部共 30 字节，尾部是帧校验和，共 4 字节。IEEE 802.11 帧最特殊的地方就是有 4 个地址字段。在 IEEE 802.11 网络中，无论何时一个站点正确接收到一个来自其他站点的帧，都会发送一个确认帧。因为确认帧可能会丢失，发送站点可能会发送一个给定帧的多个副本。使用序号可以使接收方区分新传输的帧和以前传输的帧。IEEE 802.11 无线数据帧最大长度为 2346 字节，其基本格式如图 4-4 所示。

Frame Control	Duration ID	Address1 receiver	Address2 sender	Address3 filtering	Seq-ctl	Address4 Optional	Frame Body	FCS
2Byte	2Byte	6Byte	6Byte	6Byte	2Byte	6Byte	0-2312Byte	4Byte

图 4-4　IEEE 802.11 无线数据帧基本格式

各个字段含义如下。

（1）Frame Control（帧控制字段）：含有许多标识位，表示本帧的一些类型等信息。

（2）Duration ID（持续时间和 ID 字段）：本字段一共有 16bit，根据第 14bit 和第 15bit 的取值，本字段有以下 3 种类型的含义。

● 当第 15bit 被设置为 0 时，该字段表示该数据帧传输所要使用的时间，单位为 μs。（这与无线局域网传输介质有关。）

● 当第 15bit 被设置为 1，第 14bit 为 0 时，该字段用于让没有收到 Beacon 新标帧（管理帧的一种）公告免竞争时间。

● 当第 15bit 被设置为 1，第 14bit 也为 1 时，该字段主要用于站点告知接入点其关闭天线，将要处于休眠状态，并委托接入点暂时存储发往该站点的数据帧。此时该字段为一种标识符，以便在站点解除休眠后从接入点中获得为其暂存的帧。

（3）Address（地址字段）：与 IEEE 802.3 以太网传输机制不同，IEEE 802.11 无线局域网数据帧一共可以有 4 个 MAC 地址，这些地址根据帧的不同而有不同的含义，但是基本上第一个地址表示接收端 MAC 地址，第二个地址表示发送端 MAC 地址，第三个地址表示过滤地址。

（4）Seq-ctl（顺序控制字段）：该字段用于数据帧分片时重组数据帧片段及丢弃重复帧。

（5）Frame Body（帧主体字段）：帧所包含的数据包。

（6）FCS（帧校验和字段）：主要用于检查帧的完整性。

4.4 蜂窝网络

蜂窝网络（Cellular Network）又称移动网络（Mobile Network），是一种移动通信硬件架构。蜂窝网络从通信技术上可分为模拟蜂窝网络和数字蜂窝网络。蜂窝网络的各通信基地台的信号覆盖范围呈现六边形结构，因此整个网络像一个蜂窝一样，从而得名为蜂窝网络。

近年来，我国采用过的蜂窝网络类型有 GSM 网络、CDMA 网络、5G 网络、FDMA 网络、TDMA 网络、PDC 网络、TACS 网络、AMPS 网络等。随着通信技术的发展，目前运营商主推 5G 网络技术。

4.4.1 蜂窝网络体系结构

蜂窝网络主要由三部分组成：移动站、基站子系统、网络子系统。蜂窝网络结构如图 4-5 所示。

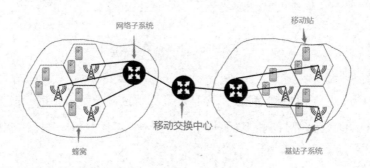

图 4-5　蜂窝网络结构

移动站就是网络终端设备，如手机、蜂窝工控设备等。基站子系统包括移动基站（大铁塔）、无线收发设备、专用网络（一般是光纤网络）、无线的数字设备等。基站子系统可以看作无线网络与有线网络之间的转换器。

（1）蜂窝和频率复用。

蜂窝：蜂窝网络如图 4-6 所示，将一块大的区域划分为多个小的蜂窝，使用多个小功率发射器代替一个大功率发射机。一般使用正六边形来描述蜂窝形状。

频率复用：每个蜂窝使用一组频道。如果两个蜂窝相隔足够远，则可以使用同一组频道。

簇（Cluster）：由 N 个蜂窝组成的蜂窝组，使用了全部的频率资源。

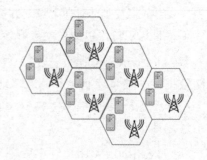

图 4-6　蜂窝网络

频率复用因子（Reusefactor）：1/N。对于正六边形的蜂窝，$N = i^2 + i \times j + j^2$，$i \geq 1$，$j \geq 1$，当 $i > 1$ 时，$j \geq 0$ 或当 $j > 1$ 时，$i \geq 0$，因此，N

= 3, 4, 7, 9, 12 …。

（2）蜂窝的几何表示。

蜂窝通常使用正六边形来表示。为什么是正六边形而不是圆？在顶点到几何中心等距的多边形中，能够完整（无重叠）地覆盖某一区域的几何形状有正方形、等边三角形和正六边形3 种。在正方形、等边三角形和正六边形中，正六边形的面积最大。

（3）蜂窝坐标系。

使用(i, j)表示某一蜂窝的坐标，如蜂窝 A 的坐标为$(2, 1)$。

（4）蜂窝信道分配。

FDMA 系统：利用信号衰减原理。关键：将频谱划分为若干个信道（用户信道载波），在距离足够远时可以复用信道。

静态信道分配：每个蜂窝预先分配一组固定的信道，实现简单。

动态信道分配：基站从 MSC 处动态分配一个信道，蜂窝可以使用所有的信道，降低了阻塞概率，但是实现复杂，需要实时流量检测和基站间的协调处理。

4.4.2　蜂窝网络中的移动性管理

GSM（全球移动通信系统）标准采用了一种间接路由选择方法管理移动性。移动用户向某个蜂窝网络供应商订购了服务，该蜂窝网络就成了这些用户的归属网络。移动用户当前所在网络称为被访网络。

GSM 的归属网络维护一个称为归属位置注册器（Home Location Register，HLR）的数据库，HLR 中包括每个用户的永久蜂窝电话号码、个人信息及这些用户当前的位置信息。如果一个移动用户漫游到另一个提供商的蜂窝网络中，HLR 中将包含足够多的信息，来获取被访网络中对移动用户的呼叫应该选择路由的地址。当一个呼叫定位到一个移动用户后，通信者将与归属网络中的归属 MSC（Home MSC）联系。

GSM 的被访网络维护一个称作访问者位置注册器（Visitor Location Register，VLR）的数据库。VLR 为每一个当前在其服务网络中的移动用户包含一个表项，VLR 表项随着移动用户进入和离开网络而出现或消失。VLR 常与 MSC（移动交换中心）在一起，MSC 协调进入或离开被访网络的呼叫建立。

一个供应商的蜂窝网络将为其用户提供归属网络服务，同时为在其他蜂窝网络供应商订购服务的移动用户提供被访网络服务。当一个通信者对一个手机移动用户进行呼叫时，呼叫过程中的一些关键步骤介绍如下。

（1）通信者拨打移动用户的电话号码。通过号码中的前几位数字可以全局判别移动用户的归属网络。呼叫通过公共交换电话网到达移动用户归属网络的归属 MSC。

（2）归属 MSC 收到该呼叫，查询 HLR 来确定移动。在最简单的情况下，HLR 反馈移动站点漫游号码（Mobile Station Roaming Number，MSRN），这个号码与移动用户的永久电话号码不同。永久电话号码是与移动用户的归属网络相关联的。而 MSRN 是临时的，当移动用户进入一个被访网络后，会给移动用户临时分配一个 MSRN。如果 HLR 不具有该 MSRN，则返回被访网络的 VLR 地址，归属 MSC 通过查询 VLR 地址以获取 MSRN。

（3）MSRN 确定后，归属 MSC 通过网络呼叫被访网络的 MSC，最后被访网络的 MSC 呼叫移动用户。从通信者到归属 MSC，从归属 MSC 到被访 MSC，再从被访 MSC 到为移动用户提供服务的基站，最后到移动用户，呼叫链接建立完成。

当移动用户进入地理上相邻的另一个小区时，将与该小区的基站相关联，这样就出现了切换（Hand-off）。移动用户的呼叫初始时通过一个基站（旧基站）路由选择到移动用户，而在切换后经过另一个基站（新基站）路由选择到移动用户。基站之间切换不仅导致移动用户从一个新的基站传输/接收信号，还导致正在进行的呼叫重新进行路由选择。实际的蜂窝网络切换会涉及非常复杂的信令交换，在此不再详细解析。

4.4.3　移动通信 5G 网络

第五代移动通信技术（5th Generation Mobile Communication Technology，简称 5G）是具有高速率、低时延和大连接特点的新一代宽带移动通信技术，5G 通信设施是实现人机物互联的网络基础设施。目前该技术已经在我国全面铺开使用。

国际电信联盟（ITU）定义了 5G 的三类应用场景，即增强移动宽带（eMBB）、超高可靠低时延通信（uRLLC）和海量机器类通信（mMTC）。eMBB 主要面向移动互联网流量爆炸式增长，为移动互联网用户提供更加极致的应用体验；uRLLC 主要面向工业控制、远程医疗、自动驾驶等对时延和可靠性具有极高要求的垂直行业应用需求；mMTC 主要面向智慧城市、智能家居、环境监测等以传感和数据采集为目标的应用需求。

为满足 5G 多样化的应用场景需求，5G 的关键性能指标更加多元化。ITU 定义了 5G 八大关键性能指标，其中高速率、低时延、大连接成为 5G 最突出的特征，用户体验速率达 1Gbit/s，时延低至 1ms，用户连接能力达 100 万条连接/平方千米。与此同时，5G 技术增强了人与物、物与物及人与人之间的连接性。

4.5　移动 IP 网络

移动 IP（Mobile IP，MIP）是国际互联网工程任务组（Internet Engineering Task Force，IETF）制定的标准通信协议，允许移动终端（不限于手机）在不改变 IP 地址的情况下从某个子网移动到其他子网。MIP 是 IP 协议的增强，增加了当移动设备连通时把 Internet 转接进移动设备的机制。

移动 IP 标准由三部分组成：代理发现、向归属代理注册及数据报的间接路由选择。

4.5.1　代理发现

移动 IP 定义了一个归属代理或外部代理来向移动终端通告其服务的协议，以及移动终端请求一个外部代理或归属代理的服务所使用的协议。

代理发现（Agent Discovery）指的是当移动 IP 终端到达一个新网络时，无论是连接到一个外部网络还是从外部网络返回其归属网络，它都应该知道与外部网络相对应的外部代理或代理的身份。这就是新外部代理的发现，即通过一个新的网络地址，才能够使移动终端中的网络层知道它自己已进入一个新的外部网络。代理发现可以通过两种方式实现：代理通告和代理请求。

（1）代理通告。外部代理或归属代理使用一种现有的路由器发现协议的扩展协议来通告其服务。外部代理或归属代理周期性地在所有连接的链路上广播一个类型值为 9（路由器发现）的 ICMP 报文。路由器发现报文中包括路由器（该代理）的 IP 地址，因此允许一个移动终端知道该代理的 IP 地址。路由器发现报文中还包括一个移动通信代理通告扩展，其中包含该移动终端所需的附加信息。

（2）代理请求。

当移动终端想要获取一个代理时，不需要被动等待接收代理通告，而是自己主动广播一个代理请求报文。该报文是一个类型值为 10 的 ICMP 报文。收到该报文的代理将会直接向该移动终端单拨一个代理通告，于是该移动终端继续处理，就好像刚收到一个未经请求的通告一样。

4.5.2　向归属代理注册

移动 IP 定义了移动终端或外部代理向移动终端的归属代理注册或注销 COA 所使用的协议。一旦某个移动 IP 终端收到一个 COA，则该 COA 必须要向归属代理注册。这可以通过外部代理（由外部代理向归属代理注册该 COA）或直接通过移动 IP 终端自己来完成。

4.5.3　数据报的间接路由选择

无论移动终端在哪里，通信者都将数据报先发给归属代理，归属代理再去转发给当前移动终端所在的外部代理，最终外部代理转发至移动终端。也就是说，所谓的"间接"体现在始终有一个归属代理去负责转发数据报。这么做存在一个问题：如果通信者和移动终端实际上很近，但是通信者与归属代理非常远，那么把数据报先发给归属代理，经过一系列流程后再发回来，就会显得非常低效。

4.6　其他典型无线网络介绍

4.6.1　WiMAX 网络

WiMAX（World Interoperability for Microwave Access）服务是全球的微波网络接口互操作

性服务，是采用 IEEE 802.16 规范的一个无线城域网接入方式，其信号传输半径超过 50km，几乎能够涵盖城市整个城郊。正因为这样远距离传输的特点，WiMAX 技术成为一个无线接入的新方法，通过该技术还能够接入有线网络（Cable、DSL），提供更便捷的与边远地区的网络进行连接的新途径。同时因为成本相对较低，将该技术与需要经过认证或免认证的微波技术相结合后，将有利于拓展宽带无线应用领域。

WiMAX 标准又称为广带无线接入（Broadband Wireless Access，BWA）国际标准。这是一种无线城域网（WMAN）的技术标准，是面向微波与毫米波频率所提出的全新的空间接入标准。它可以把 IEEE 802.11a 无线接入热点连接至网络上，并能连通企业和家居等环境至有线的骨干线路；也可以用作线缆和 DSL 的无线扩充技术，以便进行无线宽带接入。

WiMAX 的最大优点是具备更远的传输距离：WiMAX 所达到的超过 50km 的无线网络的传输距离，是无线局域网无法相比的。采用 WiMAX 技术后，仅仅通过少数几个基地台建设就可以做到全城范围覆盖，这使无线网络业务的覆盖面大为拓宽。最大速率的宽带接入：WiMAX 所能供给的最大接入速率约为 70Mbit/s，这种速率是很高的。先进的"最后一公里"互联网连接方法：这是一项无线城域网方法，它能够直接把 Wi-Fi 热点连接至计算机网络上，还能够用于与 DSL 等有线连接手段的无线连接，从而完成了"最后一公里"的宽带接入。

WiMAX 可为超过 50km 的线性范围供应业务，使用者不需要线缆即可直接与基站构建宽带互联。可以预见，实现 WiMAX 后，人们将在极大程度上解除对无线局域网"热点"的限制，进而进行更加开放的移动网络服务。WiMAX 网络结构的核心概念是采用 IEEE 802.16 标准的 IETF 技术，以形成一个全 IP 的 WiMAX 端到端的网络结构，并提供参考类型、参考点和模型式的结构分析，以适应固定/游牧/便携/可移动/全移动方式的各类宽带使用场合的需求、适应各个层次 QoS 的各类现有服务市场的需要，并且与现在的有线或无线网络互联互通。其缺点是不能支持无缝切换。

4.6.2　蓝牙网络

蓝牙是一种针对无线数据传输和话音数据传输的公开国际标准，是通过低成本的近距无线网络接入固定和移动计算机的通信环境的一个新型方式。

蓝牙技术使得当前的一些便携式移动装置和计算机设备能够不需要线缆就可以连接到网络，或者能够通过无线连接网络。蓝牙技术的特点有如下几个方面。

（1）网络范围小，低功率和低成本，自组织。

蓝牙技术是一项使用机械设备进行短距离通信（一般为 10m 内）的无线广播科技，能够在移动通话、PDA、无线音频耳机、笔记本电脑及相应外设等多个机械设备间，实现无线数据交流。通过蓝牙功能，即可高效地缩短移动通信终端设备间的通信距离，还能够有效地缩短设备和 Internet 间的通信距离，使数据传输变得更为快捷，为无线通信发展拓宽了渠道。

蓝牙技术能够成为一种小区域内的无线联网信息技术，是因为可以在设备内部进行简单方便、敏捷安全、廉价、低功率的各种数据通信和话音交流，所以也是实现无线个域网通信的首选技术手段之一。蓝牙设备和其他网络设施相连接，可以提供更广阔的应用领域范围。蓝牙是一种尖端的开放式无线通信方式，可以让各种数码设备通过无线网络沟通，是现代无线网络传输技术的一部分。

（2）蓝牙具有自组织系统，不要求网络基础设施来互联网络设备。

蓝牙是由全球知名的 5 家大企业——爱立信（Ericsson）、诺基亚（Nokia）、东芝（Toshiba）、全球商业计算机有限公司（IBM）和英特尔（Intel）等，在 1998 年 5 月共同发布的一项无线通信领域新技术标准。蓝牙设备是蓝牙无线通信科技应用的主要载体，普通蓝牙设备包括个人计算机、手机等。蓝牙无线通信产品可以容纳无线的蓝牙模块，支持蓝牙芯片组无线电连接和软件应用。蓝牙无线通信产品连接成功需要在特定区域内完成配对。这种配对搜索方式被称为近距离临时网络模式，也被称为微微网，能够容纳的设备数量最大不超过 8 个。如果蓝牙无线通信产品连接成功，则主设备只能有一个，从设备可能有多个。因此，蓝牙技术具备射频特点。蓝牙技术利用了传统 TDMA 架构和网络的多层次架构特点，在技术上大量运用了跳频技术、无线技术等，具备数据传输成本低、稳定性较高等优点，从而被行业内广泛应用。

蓝牙是一种无线信息和数据交流的开放式国际标准，它以廉价的近距离无线连接技术为核心，并在固定和移动的通信场合中提供了一种特别的通信方式。其实质是在固定设施或移动装置内部的通信场所中构建普通的无线电电子计量学空间连接（Radio Air Interface），把通信技术和计算机技术进一步地融合起来，从而使所有的 3C 设备在无导线或光缆相互连接的前提下，可在近距离范围内进行相互通信。更具体地讲，蓝牙技术就是一门通过低频率的无线电电子计量学空间在不同 3C 系统之间相互传输数据的科学技术。

（3）蓝牙网络采用 IEEE 802.15.1 标准。

蓝牙是一种无线标准，主要用来进行固定设施、移动设施与楼宇个域网间的中短时间信息交互（采用 2.4GHz~2.485GHz 的 ISM 波段的 UHF 无线电波）。蓝牙可以应用多种外设，解决了信息共享的问题。

蓝牙技术支持在全球通用的 2.4GHz 及 ISM（工业、科学、医学）频率，它们均采用了 IEEE 802.15.1 协议。蓝牙网络作为一种新型的中短距离无线个人通信网络，有力地促进了中低频率无线个人区域互联网的普及。

4.6.3　ZigBee 网络

ZigBee 技术实质上是一种传输速率较低的双向无线信息技术，它从 IEEE 802.15.4 无线标准中发展而来，具有较低复杂度、短间距、廉价和低功率等优势。它采用了 2.4GHz 频率，而这界定了 ZigBee 技术在 IEEE 802.15.4 标准媒体上支持的应用服务。

（1）ZigBee 是第二个个人区域的标准，它的特点有效率低下、数据传输速率低、运行周期短。

ZigBee 是一个全新的无线通信方法，其底层是使用了 IEEE 802.15.4 标准的多媒体接入层和物理层，主要优点是低速、低功耗、支撑大规模的网络节点、支持各种网络拓扑、低复杂度、高速、可靠和安全。ZigBee 主要应用在信息传输范围较小的各种电子元器件设备之间。下面详细介绍其功能特点。

① 低功耗。

在低功率的待机模式下，两节五号干电池能够支撑单个节点工作 6~24 小时，或者更长久。这是 ZigBee 技术最为突出的优点。

② 低成本。

通过大幅降低协议的复杂度（不到蓝牙的 1/10），ZigBee 大大降低了对通信控制器的技术要求，且 ZigBee 不需要支付技术专利费用。

③ 低速率。

ZigBee 可以工作于 20kbit/s~250kbit/s 的信息传输速率，分别提供 3 种原始资料吞吐率：250kbit/s（2.4GHz）、40kbit/s（915 MHz）和 20kbit/s（868 MHz），以适应较低速率传输数据的使用要求。

④ 近距离。

ZigBee 的传输范围通常介于 10~100m，当加大辐射输出功率之后，范围亦可扩大至 1km~3km。这指的是邻近节点之间的一段距离。一旦采用路由和节点间通信的接力，能够获得更长的传输距离。

⑤ 短时延。

ZigBee 的系统响应较快，一般从休眠进入正常工作状态仅需要 15ms，从节点连接进入网络状态仅需要 30ms，进一步提高了工作效率。

⑥ 高容量。

ZigBee 可实现星形、片状和网状网络结构，由一个主节点控制若干个子节点，每个主节点最多可以控制 254 个子节点；同时主节点可以被上一级的节点控制，这样一来，最多可形成 65000 个节点的大网络。

⑦ 高安全性。

ZigBee 采用安全性设置、应用访问控制列表（Access Control List，ACL）以防非法获取用户数据信息，同时采用高等级密码标准（AES-128）的对称密码系统，并灵活设置了信息安全属性。

⑧ 免执照频段。

ZigBee 采用了工业科学医疗标准（ISM）频段、915MHz 频段（美洲）、868MHz 频段（欧盟）、2.4GHz 频段（国际）。

（2）ZigBee 网络采用 IEEE 802 15.4 标准。

ZigBee 译为"紫蜂"，它和蓝牙无线通信技术类似，是一种新型的中短距离无线通信网络技术，一般广泛应用于传感控制器（Sensor and Control）行业。ZigBee 在 IEEE 802.15 工作组上首先被提出，并为 TG4 工作组提供应用标准。ZigBee 无线通信技术可在成千上万的微小传感器间，借助特定的无线电标准进行相互通信，所以这个方法常被叫作 Home RF Lite 无线网络技术或 FireFly 无线网络技术。ZigBee 无线通信网络可以广泛应用在小范围的采用无线通信的监控和智能化等领域，可以减少计算机系统装置、各种数据装置彼此之间的有线电缆，还可以进行各种数字设备彼此之间的无线组网，让它们进行互相通信，甚至连接互联网。相比于常规通信方式，ZigBee 无线通信方式展现出更加快速、简单的特点。作为一种近距离、低成本、低功耗的无线网络方式，ZigBee 无线通信网络所有关于组网、安全和应用等领域的研究工作已经通过了 IEEE 认可的 802 15.4 无线网络规范。这项高新技术特别适合于数据流量偏小的行业，可以非常方便地在各种定位式、便携式的手机终端中实现装载。此外，ZigBee 无线通信技术还可以为实现 GPS 服务提供网络支持。

（3）ZigBee 技术在物联网中的应用。

ZigBee 产业联盟的重点是构建一个研究框架，这种框架基于互操作系统和配置文件，并具有低功耗和可伸缩嵌入式的特性。通过建立物联网研究平台，促进技术成果的转移与产学研结合，是目前实现物联网的基本方法。而 ZigBee 技术是一种新兴的无线通信技术，它有着常规通信方式所无法获得的优点，即可以进行近距离互联，也可以显著减少能量的消耗。例如，相比于蓝牙传统无线组网通信方式，ZigBee 无线通信技术可以显著减少应用成本，即便信息处理的速度并不快，但是，可以确定的是，ZigBee 无线通信技术组网更加便捷，因此其将成为许多用户的理想选择。ZigBee 无线通信产品的特点如下。

① ZigBee 产品能量消耗明显小于其他的无线通信产品。

一般来说，ZigBee 产品在数据传输过程中需要的功率是 1mW。假如 ZigBee 产品进入了休眠状态，那么它所需要的电能会变少。简单而言，给安装了 ZigBee 产品的装置装两节五号电池，该装置就能连续工作多达六个月的时间。

② ZigBee 产品开发和应用所要投资的成本偏低。

目前，应用 ZigBee 技术的所有产品都无须缴纳专利费。在一般情况下，在使用 ZigBee 产品的过程中只需要支付最初的 6 美元，而之后的实际操作中不会出现更多的费用。由此说明，ZigBee 网络的发展和应用技术已被许多使用者认可。

③ ZigBee 产品具有较高的安全可靠性。

ZigBee 产品可以提供十分全面的检验能力，而且在应用 ZigBee 产品之前必须进行反复的测试，这真正保证了 ZigBee 技术的安全稳定性。此外，由于 ZigBee 技术在传输数据过程中可以保持数据流的相对平行性，因此 ZigBee 技术可以为信息带来更为广阔的传输空间。

4.7　项目实验：搭建 WLAN

1. 项目描述

（1）项目背景。某公司部署无线网络后，陆续因无线接入出现网络故障，影响了网络的稳定。经过分析研究，决定把公司办公无线接入和来宾接入隔离，使用两个 SSID 标识，均衡负载，提高网络安全性。

（2）拓扑结构。WLAN 实验部署环境的拓扑结构如图 4-7 所示。

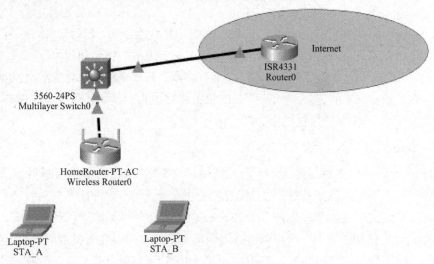

图 4-7　WLAN 实验部署环境的拓扑结构

（3）任务内容。

第 1 部分：安装思科 Packet Tracer 模拟软件。

- 安装思科 Packet Tracer 的准备工作。
- 安装思科 Packet Tracer 组件。

第 2 部分：搭建拓扑网络和设备配置。

- 搭建拓扑网络。
- 设备配置。

（4）所需资源。

- 1 台思科 3560 三层交换机，能与互联网通信，也可以采用虚拟机实现。
- 1 台无线路由器。
- 1 台互联网路由器。
- 2 台笔记本电脑（模拟公司内部接入和来宾接入两种模式等）。

2. 项目实施

步骤 1：在 AP 网关设备上配置图 4-7 中的三层交换机实现与 AP 的通信。

```
SW (config-if-ethernet0/0/1) #switchport mode trunk
//AP 上联口需要承载多个 VLAN 数据，需要将此链路模式更改为 Trunk
SW (config-if-ethernet0/0/1) # switchport trunk native vlan 1
//使 VLAN1 通过 Trunk 链路时不打 VLAN 标签，如果 AP 处于 VLAN1 中，则其他 VLAN 就需要把本征 VLAN
更改成该 VLAN
```

步骤 2：创建 VLAN。创建 AP VLAN 和用户 VLAN，代码如下。

```
switch (config) #vlan 1    //AP VLAN, STA_A 也属于这个 VLAN
switch (config-vlan) #name Den_ap_ac   //VLAN1 名称是 Den_ap_ac
switch (config-vlan) #vlan 10         //无线用户 STA_B 所在 VLAN
switch (config-vlan) #name DCN_A      //VLAN10 名称是 DCN_A
```

步骤 3：配置 AP VLAN 和用户 VLAN 的网关地址，代码如下。

```
switch (config) #interface vlan 1     //配置 AP VLAN 的网关地址
switch (config-if-vlan1) #ip address 192.168.1.254 255.255.255.0
switch (config) #interface vlan 10   //配置 STA_A VLAN 的网关地址
switch (config-if-vlan1) # ip address 192.168.10.254 255.255.255.0
```

步骤 4：配置 AP(STA_A)的 DHCP 服务器，代码如下。

```
switch (config) #service dhcp          //开启 DHCP 服务
switch (config) #ip dhcp pool Den_ap
//创建 DHCP 地址池，名称是 Den_ap
switch (dhcp-wireless_ap-config) #network 192.168.1.0 255.255.255.0
//分配给 STA_A 的地址网段
switch (dhcp-wireless_sta-config) #dns-server 114.114.114.114
//分配给 STA_A 的 DNS 地址
switch (dhcp-wireless_ap-config) #default-router 192.168.1.254
//分配给 STA_A 的网关地址
switch#show ip dhcp binding
//查看 AP 获取的地址的相关信息
Total dhcp binding items:1, the matehed:1
IP address          Hardware address    Lease expiration         Type
192.168.1.1         00-03-0F-19-99-80   Sun Jun 15 12:55:00 2022 Dynamic
```

步骤 5：配置 STA_B 的 DHCP 服务器，代码如下。

```
switch (config) #ip dhcp pool Den_sta
//创建 DHCP 地址池，名称是 Den_sta
switch (dhcp-wireless_sta-config) #network 192.168.10.0 255.255.255.0
//分配给用户 STA_B 的地址网段
switch (dhcp-wireless_sta-config) #dns-server 114.114.114.114
//分配给 STA_B 的 DNS 地址
switch (dhcp-wireless_sta-config) #default-router 192.168.10.254
//分配给 STA_B 的网关地址
```

步骤 6：配置 AP 有线接口。

在模拟器"GUI"页面配置 IP 地址、网关地址、DNS 地址来修改 AP 的 Ethernet 接口的状态参数，配置信息如图 4-8 所示。

步骤 7：配置 SSID 和虚拟 AP。

在"Wireless"页面根据需要配置 SSID，勾选"SSID Broadcast"单选按钮，并设置对应虚拟 AP 所有的特性信息。最后单击"Save Settings"按钮，即完成配置，如图 4-9 所示。

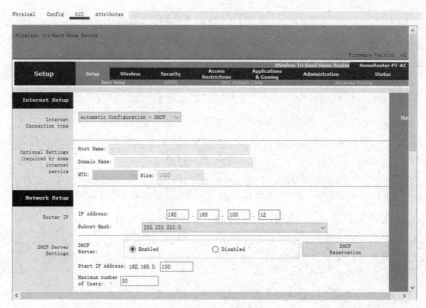

图 4-8　配置信息

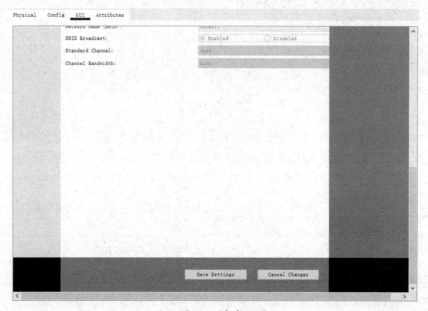

图 4-9　完成配置

习题 4

一、单选题

1. 无线局域网的传输介质是（　　）。

A. 无线电波

B. 红外线

C. 载波电流　　　　　　　　　　　　　D. 卫星

2. IEEE 802.11b 射频调制使用（　　）调制技术，最高数据传输速率达（　　）。

A. 跳频扩频，5Mbit/s　　　　　　　　B. 跳频扩频，11Mbit/s

C. 直接序列扩频，5Mbit/s　　　　　　D. 直接序列扩频，11Mbit/s

3. 无线局域网的最初协议是（　　）。

A. IEEE 802.11　　　　　　　　　　　B. IEEE 802.5

C. IEEE 802.3　　　　　　　　　　　　D. IEEE 802.1

4. IEEE 802.11 协议定义了无线的（　　）。

A. 物理层和数据链路层　　　　　　　　B. 网络层和 MAC 层

C. 物理层和介质访问控制层　　　　　　D. 网络层和数据链路层

5. IEEE 802.11b 和 IEEE 802.11a 的工作频段、最高传输速率分别为（　　）。

A. 2.4GHz、11Mbit/s；2.4GHz、54Mbit/s

B. 5GHz、54Mbit/s；5GHz、11Mbit/s

C. 5GHz、54Mbit/s；2.4GHz、11Mbit/s

D. 2.4GHz、11Mbit/s；5GHz、54Mbit/s

6. 无线局域网技术相对于有线局域网技术的优势有（　　）。

A. 可移动性　　　　　　　　　　　　　B. 临时性

C. 降低成本　　　　　　　　　　　　　D. 传输速率高

7. 中国的 2.4GHz 标准共有（　　）个频点。

A. 11 个　　　　　　B. 13 个　　　　　C. 3 个　　　　　D. 5 个

8. IEEE 802.11g 标准使用的 RF 频谱为（　　）。

A. 5.2GHz　　　　　B. 5.4GHz　　　　C. 2.4GHz　　　　D. 800MHz

9. IEEE 802.11 标准在 OSI 模型中的（　　）提供进程间的逻辑通信。

A. 数据链路层　　　　　　　　　　　　B. 网络层

C. 传输层　　　　　　　　　　　　　　D. 应用层

10. IEEE 802.11b 标准采用（　　）调制方式。

A. FHSS　　　　　　B. DSSS　　　　　C. OFDM　　　　　D. MIMO

11. 与 IEEE 802.11b 相比较，IEEE 802.11g（　　）。

A. 信号覆盖范围大、数据传输速率高　　B. 信号覆盖范围小、数据传输速率高

C. 信号覆盖范围大、数据传输速率低　　D. 信号覆盖范围小、数据传输速率低

12. 以下关于无线城域网（WMAN）的描述中不正确的是（　　）。

A. WMAN 是一种无线宽带接入技术，用于解决"最后一公里"接入问题

B. Wi-Fi 常用来表示 WMAN

C. WMAN 标准由 IEEE 802.16 工作组制定

D. WMAN 能有效解决有线方式无法覆盖地区的宽带接入问题

13. 在未加管制的 2.4GHz 频段上，美国联邦通信委员会（FCC）允许在点到多点的无线局域网中最大可发射（　　）瓦的功率。

A. 1 　　　　　　　　　B. 2 　　　　　　　　　C. 3 　　　　　　　　　D. 4

14. （　　）与其他不属于相同的网络分类标准。

A. 无线 Mesh 网 　　　　　　　　　　B. 无线传感器网络

C. 无线穿戴网 　　　　　　　　　　　D. 无线局域网

15. （　　）标准定义了 WMAN 的 PHY 层及 MAC 层。

A. IEEE 802.11 　　　　　　　　　　B. IEEE 802.15

C. IEEE 802.16 　　　　　　　　　　D. IEEE 802.20

16. 一般认为物联网包含三个层次，分别是（　　）、网络构建层和管理服务层。

A. 感知识别层 　　　　　　　　　　　B. 位置定位层

C. 数据链路层 　　　　　　　　　　　D. 安全认证层

17. 以下不属于 WPAN 技术的是（　　）。

A. 蓝牙 　　　　　　B. ZigBee 　　　　　　C. Wi-Fi 　　　　　　D. IrDA

18. 蓝牙用不足 8 个蓝牙设备构成（　　）自组织逻辑结构。

A. 微网 　　　　　　B. 微微网 　　　　　　C. 集中式 　　　　　　D. 分布式

19. 用于无线局域网的 IEEE 标准是（　　）。

A. 802.3 　　　　　　B. 802.5 　　　　　　C. 802.7 　　　　　　D. 802.11

20. RFID 属于物联网的（　　）。

A. 感知层 　　　　　　　　　　　　　B. 网络传输层

C. 管理应用层 　　　　　　　　　　　D. 安全认证层

21. 与无线局域网相比，无线广域网（WWAN）的主要优势在于（　　）。

A. 支持快速移动性 　　　　　　　　　B. 传输速率更高

C. 支持 L2 漫游 　　　　　　　　　　D. 支持更多无线终端类型

22. 蓝牙耳机是（　　）的一个典型应用。

A. WPAN 　　　　　　B. WLAN 　　　　　　C. WWAN 　　　　　　D. MANET

23．下列不属于无线网卡的接口类型的是（　　）。

A．PCI B．PCMCIA C．IEEE1394 D．USB

24．IEEE 802.11b 使用了（　　）无线传输类型。

A．FHSS B．DSSS C．IrDA D．OFDM

25．在以下关于无线广域网（WWAN）的描述中，不正确的是（　　）。

A．WWAN 可实现全球覆盖 B．WWAN 支持无缝漫游

C．WWAN 工作在 ISM 频段 D．WWAN 标准为 IEEE 802.20

26．无线传感器网络的基本要素不包括（　　）。

A．传感器 B．感知对象 C．无线 AP D．观察者

27．在设计一个要求具有 NAT 功能的小型无线局域网时，应选用的无线局域网设备是（　　）。

A．无线网卡 B．无线接入点

C．无线网桥 D．无线路由器

二、填空题

1．＿＿＿＿＿＿＿＿＿负责向与之关联的无线主机发送或接收数据，并且协调与之相关的多个无线主机的传输。

2．在一个网络环境中，一个移动节点的＿＿＿＿＿＿＿＿被称为归属网络。

3．无线链路将位于网络边缘的主机连接到基站，基站与更大的网络基础设施相连接，因此基站在主机和网络基础设施之间起着＿＿＿＿＿＿＿作用。

4．无线主机与基站关联，并通过基站实现通信中继的无线网络通常被称为＿＿＿＿＿＿＿。

5．网络基础设施通常是指＿＿＿＿＿＿＿＿＿。

6．无线网络的基本组成有以下几部分：＿＿＿＿＿、＿＿＿＿＿和＿＿＿＿＿等。

7．GSM 的被访网络维护一个称作＿＿＿＿＿＿＿的数据库。

8．＿＿＿＿＿＿＿＿指的是运行应用程序的端系统设备。

9．IEEE 802.11a 是对物理层的补充，它工作在＿＿＿＿＿＿＿频段，数据传输速率为＿＿＿＿＿。

10．＿＿＿＿＿＿＿＿是指主机通过无线通信链路连接到一个基站或另一台无线主机，不同技术具有不同的传输速率和传输距离。

三、简答题

1．什么是无线局域网？

2．无线局域网技术的优势是什么？（至少写出 5 点）

3．有哪 3 种无线网络？

4．无线局域网有哪些优点？

5．无线局域网存取技术有哪几种？

6．IEEE 标准支持哪几种类型的无线网络拓扑？

7．无线网卡遵循的常见标准有哪些？

8．设置与 ADSL 拨号上网相联的无线路由器通常要设置哪几项？

9．如果某公司的办公场地分别位于一条宽阔道路的两边的两栋商务楼中，两栋楼里的办公室都连成了小型局域网。现在两个局域网要进行连接，道路上空不允许架空飞线，采用何种互联方式比较合适？需要些什么样的连接设备？

第 5 章

广域网

随着经济全球化与数字化变革加速，企业规模不断扩大，越来越多的大企业开设有分支机构，这些分支机构出现在不同的地域。每个分支机构的网络被认为是一个局域网（Local Area Network，LAN），总部和分支机构之间通信需要跨越地理位置，这时候企业需要通过广域网（Wide Area Network，WAN）将这些分散在不同地理位置的分支机构连接起来，以便更好地开展业务。广域网链路有很多协议，有高级数据链路控制（High-Level Data Link Control，HDLC）、点到点协议（Point-to-Point Protocol，PPP）、X.25、帧中继等。随着云计算技术和软件定义网络的发展，广域网也在不断变革，现在的广域网更加关注网络业务的多样性和业务处理能力快速化，软件定义广域网（SD-WAN）技术正在成为一种重要的网络技术。

本章主要介绍广域网的组成、广域网协议、广域网所提供的各种通信服务类型、PPP、PPPoE 的基本概念和配置。

5.1 广域网概述

当计算机之间的距离较远时，如相距几千千米或更远时，局域网已经无法实现通信任务了，就需要一种覆盖面积够大、能够实现长距离通信的网络，这就是广域网。

5.1.1 广域网的基本概念

广域网是指跨越很大地域范围的数据通信网络。广域网通常覆盖很大的地理范围，从几十千米到几千千米不等，它能提供远距离通信，连接多个城市或国家。广域网通常使用互联网服务提供商（ISP）提供的设备作为信息传输平台，对网络通信的要求较高。

广域网并不等同于互联网，互联网是一个由多个互联的电信运营商组成的大型公共广域网。互联网能够在不同位置之间提供可靠的高性能连接，但无法为这些连接提供明确的保证。广域网可使用互联网提供 VPN 站点间连接，来作为备用广域网传输方案（如 MPLS VPN）。例如，现在某高校拥有东、西、北三个校区，这些校区连接在一起就是一个广域网；又如，有些公司在全国多个城市设有分公司，把这些分公司以专线方式连接起来，就成为广域网。

广域网是互联网的核心部分，其任务是长距离（如跨越不同的城市或跨越不同的国家）运送主机所发送的数据。连接广域网各节点交换机的链路都是高速链路，其距离可以是几千千米的光缆线路，也可以是几万千米的点对点卫星链路。因此，广域网首先要考虑的问题是它的通信容量必须足够大，以便支持日益增长的通信量。

广域网建立在电信网络的基础上。广域网的成本较高，通常由政府或大型企业投资，由电信部门或公司负责组建、管理和维护，属于公用网络。我国的广域网主要由三大运营商（移动、电信、联通）、大型企业或组织建设，还有广电网等独立建设的系统。

广域网数据传输速率比局域网低，误码率较高，信号的传播时延也比局域网要大得多。以前广域网的速率是 56kbit/s~155Mbit/s，目前已有 622Mbit/s、2.4Gbit/s，甚至更高速率的广域网，传播时延为几毫秒到几百毫秒。

广域网覆盖范围广，通信距离远，链路跨度大，需要考虑的因素很多，传输介质类型也很多（双绞线、同轴电缆、光纤、激光、微波和卫星等），因此，广域网在组网时，面对的情况比较复杂，维护起来也比较困难。主干网的数据传输速率高，而用户接入速率较低，且接入方式多样，涉及技术较多，因此广域网的建网成本高，技术难度大。

5.1.2 广域网结构与参考模型

1. 广域网结构

由于需要大面积覆盖，并且需要向不同需求的用户提供多种业务，因此广域网的网络结构比较复杂，一般都是混合组网。常见的广域网是由点对点连接构成的，是一种不规则的网状结构。广域网结构图如图 5-1 所示。

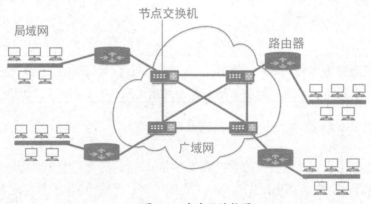

图 5-1　广域网结构图

广域网由一些节点交换机及连接这些交换机的链路组成。节点交换机都采用存储-转发方式进行数据交换。节点之间都是点到点连接的，但为了提高网络的可靠性，通常一个节点交换机与多个节点交换机相连。

广域网和局域网之间既有区别，又有联系。在应用上，局域网强调的是资源共享；而广域网强调数据传输。受经济条件的限制，广域网不使用局域网普遍采用的多点接入技术。

广域网中的一个重要问题就是路由选择和分组转发。广域网采用存储-转发的方式，通过报文交换技术或分组交换技术实现数据的转发。在网络层，首先通过路由选择找出一条输出线路，然后在数据链路层将数据包逐段转发，直到目的节点。广域网可以提供面向连接的服务和无连接的服务。

2. 广域网参考模型

广域网技术主要位于 OSI 参考模型的物理层、数据链路层和网络层。广域网参考模型如图 5-2 所示。

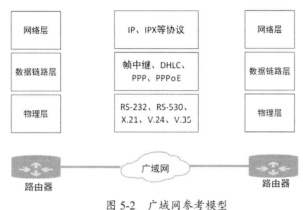

图 5-2　广域网参考模型

5.2　广域网协议

广域网协议通常是指在互联网上负责路由器之间连接的数据链路层协议。广域网数据封装协议包括点到点型的 PPP、PPPoE 和 HDLC 协议，也包括逐渐被淘汰的电路交换型的 ISDN 协议和分组交换型的 ATM、帧中继协议。

5.2.1　HDLC 协议

HDLC（High-level Data Link Control）协议即高级数据链路控制协议，它是一种用于专线和 ISDN 拨号连接的点到点协议，由 SDLC（同步数据链路控制）协议发展而来，用以实现远程用户间资源共享及信息交互。HDLC 协议应用于链路两端均为思科设备的场景，是思科设备的点对点连接、专用链路和交换电路连接上的默认封装协议。该协议具有差错控制和流量控制功能，但没有提供身份验证功能。

在 HDLC 协议中，数据被组成一个个的单元（称为帧）通过网络发送，并由接收方确认收到。HDLC 协议也管理数据流和数据发送的间隔时间。不同类型的 HDLC 协议被用于使用 X.25 协议的网络和帧中继网络，这种协议可以在局域网或广域网中使用，无论此网是公共的还是私人的。

HDLC 协议的特点如下。

- 透明传输。HDLC 协议对任意比特组合的数据均能透明传输，即对所传输的数据信息来说，这个电路并没有对其产生什么影响。

- 可靠性高。在 HDLC 协议中，差错控制的范围是除了 F 标志的整个帧。

- 传输效率高。在 HDLC 协议中，额外的开销比较少，允许高效的差错控制和流量控制。

- 适应性强。HDLC 协议能适应各种比特类型的工作站和链路。

- 结构灵活。在 HDLC 协议中，传输控制功能和处理功能分离，层次清楚，应用非常灵活。

5.2.2　PPP 协议

PPP 是 Point-to-Point Protocol 的简称，也叫作 P2P，目前是 TCP/IP 网络中最重要的点到点数据链路层协议。点对点连接用于将局域网连接到运营商广域网，以及将企业网络内部的各个局域网网段互联在一起。点对点链路可以连接两个地理位置相距遥远的站点，如位于广州的总部办公室和位于上海的分部办公室。PPP 设备连接图如图 5-3 所示。

图 5-3　PPP 设备连接图

PPP 协议是一种可以用于异步（拨号）或同步串行（ISDN）的数据链路层协议，是目前广域网中应用最广泛的协议之一。用户使用电话线拨号接入 Internet 时，一般都采用 PPP 协议。此外，PPP 协议在路由器到路由器之间的专线上也得到了广泛应用。

1. PPP 协议的组成

PPP 协议包括链路控制协议（LCP）和网络控制协议（NCP）。

LCP 协议主要用于数据链路连接的建立、拆除和监控；LCP 主要完成 MTU（最大传输单元）、质量协议、验证协议、协议域压缩、地址和控制域压缩等参数的协商。

NCP 协议主要用于协商在该链路上所传输的数据包的格式与类型，建立和配置不同网络层协议。PPP 协议允许多个网络层协议在同一通信链路上运行，对于所使用的每个网络层协议，PPP 协议都分别使用独立的 NCP 协议，每个 NCP 协议负责满足各自网络层协议的特定需求。

2. PPP 协议的认证方式

PPP 协议包含通信双方身份认证的安全性协议，在网络层协商 IP 地址之前，必须通过身份认证。PPP 协议中常用的认证协议有 PAP（密码认证协议）和 CHAP（挑战握手认证协议）。它们都只支持单向认证，并且需要在认证服务器上进行相应的配置。

PAP（Password Authentication Protocol）：PAP 协议是两次握手协议，通过用户名及密码来进行用户的认证，其过程如下。

- 在开始认证阶段，被认证方首先将自己的用户名及密码发送到认证方，认证方根据本端的用户数据库（或 RADIUS 服务器）察看是否有此用户，密码是否正确。
- 如果正确，则发送 Ack 报文通知对端进入下一阶段协商，否则发送 Nak 报文通知对端认证失败。PAP 认证过程如图 5-4 所示。

在进行 PAP 身份认证时，用户名和密码在链路上以明文形式发送，并且认证重试的频率和次数由远程节点来控制，因此不能防止回放攻击和重复的尝试攻击，安全性不高。

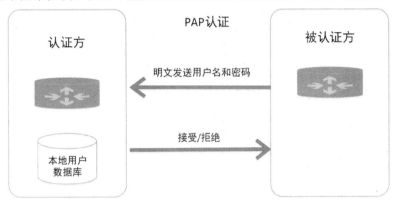

图 5-4　PAP 认证过程

CHAP（Challenge-Handshake Authentication Protocol）：CHAP 协议为三次握手协议，只在网络上传用户名而不传密码，因此安全性比 PAP 高。其认证过程如下。

- 首先认证方向被认证方发送一些随机报文，并加上自己的主机名。
- 被认证方接收到认证方的认证请求，通过收到的主机名和本端的用户数据库查找用户密钥，如果找到用户数据库中和认证方主机名相同的用户，便利用接收到的此用户的密钥、随机报文和报文 ID 用 MD5 加密算法生成应答，随后将应答和自己的主机名送回。
- 认证方接收到此应答后，利用对端的用户名在本端的用户数据库中查找本端保留的密钥，利用本端保留的用户密钥、随机报文和报文 ID 用 MD5 加密算法生成结果，与被认证方的应答比较，相同则返回 Ack 报文，否则返回 Nak 报文。CHAP 认证过程如图 5-5 所示。

CHAP 认证不仅在连接建立阶段进行，在以后的数据传输阶段也可以按随机间隔继续进行，但每次认证方和被认证方的随机数据都应不同，以防被第三方猜出密钥。如果认证方发现结果不一致，将立即切断线路。CHAP 协议的特点是只在网络上传输用户名，而不传输用户密码，因此它的安全性要比 PAP 协议高。

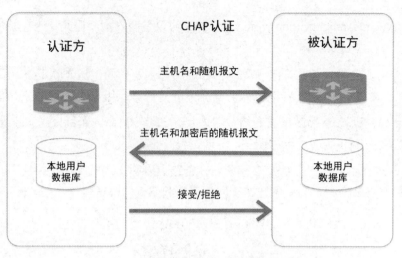

图 5-5　CHAP 认证过程

3. PPP 链路的建立过程

PPP 链路的建立过程分为三个阶段：创建阶段、认证阶段和网络协商阶段。

（1）创建阶段。

在创建阶段，PPP 链路两端的设备通过 LCP 向对方发送配置信息报文。一旦配置成功报文被成功发送，就完成了 PPP 链路的建立。

（2）认证阶段。

在认证阶段，双方都可以将表明自己身份的信息发送给对方进行认证，如果认证失败，则直接进入链路终止阶段。在认证完成之前，禁止从认证阶段进入网络协商阶段。

（3）网络协商阶段。

在网络协商阶段，PPP 协议调用在创建阶段选定的网络控制协议（NCP）来配置不同的网络层协议。

4. PPP 协议常用配置命令

（1）配置时钟频率。

```
Router(config-if)#clock rate 128000
```

时钟频率需要在 DCE 设备上配置。

（2）配置封装类型。

```
Router(config-if)#encapsulation PPP
```

（3）验证接口配置。

```
Router# show interface serial
```

（4）配置 PAP 认证。

```
RA(config)# username user1 password 0 password
RA(config-if)# encapsulation PPP
RA(config-if)# ppp authentication PAP
```

```
RB(config-if)# encapsulation PPP
RB(config-if)# ppp pap sent-username user1 password 0 password
```

（5）配置 CHAP 认证。

```
RA(config)# username user1 password 0 password
RA(config-if)# encapsulation PPP
RA(config-if)# ppp authentication CHAP
RB(config)# username user1 password 0 password
RB(config-if)# encapsulation PPP
```

5.2.3 PPPoE 协议

PPPoE（Point-to-Point Protocol over Ethernet，以太网点对点协议）是将点对点协议（PPP）封装在以太网（Ethernet）框架中的一种网络隧道协议，也可以理解为是一种允许在以太广播域中的两个以太网接口之间创建点对点隧道的协议。PPPoE 协议是一种在以太网上运行 PPP 协议来进行用户认证接入的方式，它既保护了用户的以太网资源，又完成了 ADSL 的接入要求，是目前 ADSL 接入方式中应用最广泛的技术标准。

PPPoE 协议利用以太网提供远程的多个用户主机接入功能，并且能够提供数据传输的计费数据，解决用户上网收费等实际应用问题，因而被广泛应用于接入运营商网络。

1．PPPoE 协议的工作过程

PPPoE 协议的工作过程分为两个不同的阶段，即 Discovery 阶段（发现阶段）和 PPP Session 阶段（PPP 会话阶段）。

发现阶段主要选择 PPPoE 服务器，并确定索要建立的会话标识符 Session ID。传统的 PPP 连接是创建在串行链路或拨号时创建的 ATM 虚电路连接上的，确保所有的 PPP 帧都可以通过电缆到达对端。但是以太网是多路访问的，每一个节点都可以相互访问。以太帧包含目的节点的物理地址（MAC 地址），这使得该帧可以到达预期的目的节点。因此，为了在以太网上创建连接，在交换 PPP 控制报文之前，两个端点都必须知道对端的 MAC 地址，这样才可以在控制报文中包含 MAC 地址。发现阶段做的就是这件事。除此之外，在此阶段还将创建一个 Session ID，以供后面交换报文使用。

PPP 会话阶段执行标准的 PPP 过程，包括 LCP 协商、PAP/CHAP 认证、NCP 协商等阶段。一旦 PPPoE 协议进入 PPP 会话阶段，则 PPP 协议的数据报文就会被填充在 PPPoE 的净载荷中被传送，这时两者所发送的所有以太网数据包中均只有一个目的地址。PPP 会话阶段以太网帧的协议域填充 0x8864，代码域填充 0x00，整个会话的过程就是 PPP 协议的会话过程，它可分为两部分：PPP 协商阶段和 PPP 报文传输阶段。

2．PPPoE 协议的特点

PPPoE 协议的特点如下。

- PPPoE 协议集成了 PPP 协议，实现了传统以太网不能提供的身份认证、加密及压缩等功能。

- PPPoE 协议通过唯一的 Session ID 可以很好地保障用户的安全性。
- PPPoE 拨号上网作为一种常见的方式，让终端设备能够连接 ISP 从而实现宽带接入。
- PPPoE 协议可用于缆线调制解调器（Cable Modem）和数字用户线路（DSL）等以太网线，通过以太网协议向用户提供接入服务的协议体系。

3．PPPoE 协议的组网结构

PPPoE 协议采用 Client/Server 模式，其组网结构如图 5-6 所示，基本的 PPPoE 组网中的角色包含 PPPoE Client、PPPoE Server，以及 RADIUS 设备。

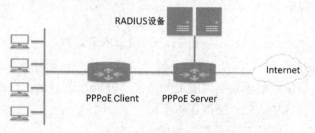

图 5-6　PPPoE 组网结构

5.3　广域网接入

5.3.1　广域网的连接类型

广域网的连接类型可以分为专线连接、电路交换连接和分组交换连接三种。

专线连接是预先布置好的通信线路，用户租用电信部门的专线来组建自己的网络系统。该线路从客户端通过电信公司的网络连接到远程网络，在线路两端，用户以点对点的方式自由连接，可以传输语音、数据、传真等信息。由于通信双方独占线路，因此传输费用高（100Mbit/s 专线一般每个月几万元）。专线连接适合大数据传输，数据流量恒定的环境。专线连接主要用于长时间的、全天候服务、较短的距离连接，相对其他技术更为昂贵。专线连接图如图 5-7 所示。

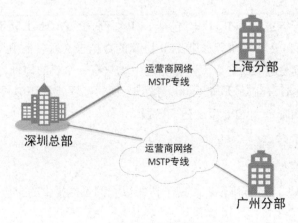

图 5-7　专线连接图

电路交换是通信网中最早出现的一种交换方式，也是应用普遍的一种交换方式，主要应用于电话通信网中。电路交换的基本过程可分为连接建立、信息传输和连接拆除三个阶段。使用电路交换连接，要求通信双方在进行数据传输之前必须建立一条将双方直接相连的临时的专用线路。在建立端到端连接之前不能传输数据，只在有数据需要传输的时候才进行连接，通信完成后终止连接。数据独享连接带宽，不论有无数据传输，连接都被独占。传输结束后，要释放连接。电路交换连接主要用于小规模连接，短时间访问，临时把远程用户连接到网中。电路交换连接最大的优势是成本低，只需为真正占用的时间付费。电路交换连接模型如图 5-8 所示。

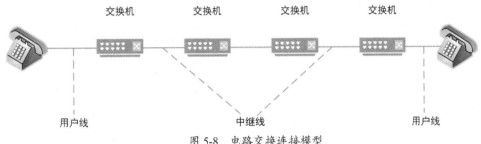

图 5-8　电路交换连接模型

分组交换又叫包交换，它将用户通信的数据划分成多个更小的等长数据段，在每个数据段的前面加上必要的控制信息作为数据段的首部，每个带有首部的数据段就构成了一个分组。传输的数据分组中包含目的地址，在发往目标网络时，不需要建立专门的连接，根据分组地址，一级级地转发到目的地。使用分组交换连接，多个网络设备共享一条从源点到目的点的链路，进行数据传输，节省了传输成本。

分组交换的本质就是存储转发，它将所接收的分组暂时存储下来，在目的方向路由上排队，当它可以发送信息时，将信息发送到相应的路由上，完成转发。其存储转发的过程就是分组交换的过程。分组交换的特点如下。

- 信息传输的最小单位是分组。
- 面向连接（逻辑连接）和无连接两种工作方式。
- 统计时分复用。
- 信息传输进行差错控制。
- 信息传输不具有透明性。
- 基于呼叫时延制的流量控制。

在分组交换网中，网络连接电信公司网络，许多客户共享电信公司网络，电信公司在客户站点之间建立虚拟线路，分组通过网络进行传输。分组交换主要用于长时间连接和跨地域连接。分组交换技术主要有 X.25 技术、帧中继技术、ATM 技术、IP 交换技术等。

根据是否使用固定路由，分组交换可分为数据报分组交换和虚电路分组交换两种。

在数据报分组交换中，每个分组称为一个数据报，每个数据报都携带着完整的地址信息和编号。因此，每个数据报可以独立选择路由进行传输（过程与报文交换一样）。这种方式提供的服务是不可靠的，不能保证服务质量。

在虚电路分组交换中，为了进行数据传输，网络的源节点和目的节点之间要建立一条逻辑通路，这条逻辑通路就叫虚电路。每个分组除包含数据外，还包含一个虚电路标识符。在预先建好的路径上的每个节点会根据虚电路标识符将这些分组引导到相同的方向，每个分组不再需要进行路由选择（因此，每个分组也不需要自带源地址和目的地址）。分组交换连接模型如图 5-9 所示。

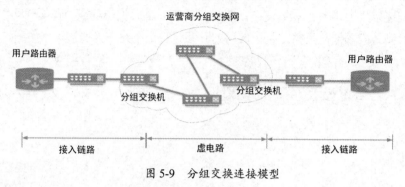

图 5-9　分组交换连接模型

5.3.2　广域网接入实例

1. 数字数据网

数字数据网（Digital Data Network，DNN）是一种利用数字信道（光纤、数字微波、卫星信道）和数字交叉技术，以传输数字信号为主的数字数据传输网络。DDN 实际上是人们常说的数据租用专线，简称专线，它既可用于计算机之间的通信，又可用于传输数字化传真、数字语音和数字图像等信号。

DDN 的传输介质主要有光纤、数字微波、卫星信道等。DDN 采用数字交叉连接（Data CrossConnection，DXC）技术，为用户提供半永久性连接电路，即 DDN 提供的信道是非交换、用户独占的永久虚电路（PVC）。

DDN 可以支持任何类型的用户设备入网，如 PC、终端，也可以是图像设备、语音设备或LAN 等，支持数据、图像、声音等多种业务。

DDN 价格昂贵，主要被安全可靠性要求高的企业使用，目前已经被 MSTP（多业务传送平台）同步数字系统取代。

DDN 的组成包括用户设备、网络接入单元、DDN 节点和网管中心。

用户设备包含数据终端设备、计算机、网桥、路由器等。

网络接入单元包含调制解调器（Modem）、基带传输设备（DSU/CSU）、时分复用设备、语音数字复用设备等。

DDN 节点主要是复用及数字交叉连接系统（DCS）。

网管中心（NMC）对网络结构和业务进行配置，实时监视网络运行状态，进行网络信息、网络节点告警、线路利用情况的收集、统计和报告。

DDN 具有传输速率高、网络时延小、传输质量较高、协议简单、灵活的连接方式、网络运行管理简便和电路可靠性高等优点。但是 DDN 需要从用户端铺设专用线路进入主干网络，相同网络带宽的费用是其他上网方式的数十倍，所以 DDN 不适合普通的互联网用户。随着 ADSL、MSTP 等技术的普及，DDN 的应用已趋于衰减。DDN 结构图如图 5-10 所示。

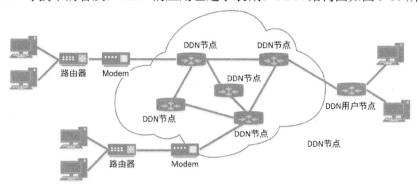

图 5-10　DDN 结构图

2. 公共电话交换网

公共电话交换网（Public Switched Telephone Network，PSTN）是以电路交换技术为基础的广域网类型，主要用于传输模拟话音。PSTN 是一种电路交换的网络，可看作物理层的一个延伸，在 PSTN 内部并没有上层协议进行差错控制。通信双方建立连接后，电路交换方式独占一条信道，当通信双方无信息时，该信道也不能被其他用户利用。PSTN 的优点是覆盖区域广、易于使用、价格较低，缺点是网络线路质量较差，传输速率较低。

3. 综合业务数字网

综合业务数字网（ISDN）是一种基于电话网络实现广域网连接的接入技术，是一个数字电话网络国际标准。ISDN 标准要求所有业务遵从相同的数字化标准，各种业务分别使用相应的设备接入网络中，从而实现电话线同时承载多种业务（包括话音、文字、图像、数据等）。ISDN 除可以用来打电话外，还可以提供可视电话、数据通信、会议电视等多种业务，从而将电话、传真、数据、图像等多种业务综合在一个统一的数字网络中进行传输和处理。ISDN 设备连接图如图 5-11 所示。

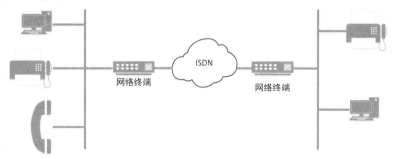

图 5-11　ISDN 设备连接图

ISDN 的设备组成包括终端设备（TE）、终端网卡（TA）、网络终端设备（NT）和线路终端设备（LT）。

ISDN 有窄带 ISDN 和宽带 ISDN 两种。窄带 ISDN 有基本速率（2B+D，144kbit/s）和一次群速率（30B+D，2Mbit/s）两种接口。基本速率接口包括两个能独立工作的 B 信道（64kbit/s）和一个 D 信道（16kbit/s），其中 B 信道一般用来传输话音、数据和图像，D 信道用来传输信令或分组信息。B 代表承载，D 代表控制。宽带 ISDN 可以向用户提供 1.55Mbit/s 以上的通信能力。

由于利用 ISDN 接入互联网的速率极其有限，只有 128kbit/s，而且数字化标准设备成本较高、对电话网络的数字化改造较大，因此 ISDN 在我国并没有推广使用，在全球也逐步被 xDSL技术取代。

4. 帧中继

帧中继（Frame Relay，FR）技术是于 1992 年兴起的一种新的公用数据网通信协议，由X.25 分组交换技术演变而来，1994 年开始获得迅速发展。帧中继是一种有效的数据传输技术，它可以在一对一或一对多的应用中快速而低廉地传输数字信息。帧中继可以用于语音、数据通信，既可用于局域网（LAN），又可用于广域网（WAN）。每个帧中继用户将得到一个接到帧中继节点的专线。帧中继网络对于用户来说，通过一条经常改变且对用户不可见的信道来处理和其他用户间的数据传输。

帧中继是在 OSI 参考模型的数据链路层上用简化的方法传送和交换数据单元的一种快速分组交换技术，适合于吞吐量高、时延低、突发性强的数据传输业务。

帧中继可以应用于局域网的互联。帧中继支持不同的数据传输速率，非常适合于处理局域网之间的突发数据流量。以前，帧中继多应用于银行、证券等金融机构及大型企业、政府部门的总部与各地分支机构的局域网之间的互联。

帧中继可以组建虚拟专用网（VPN）。帧中继能够将网络上的部分节点划分为一个分区，对分区内的数据流量及各种资源进行统一管理。这种结构就是虚拟专用网，它比组建一个实际的专用网要经济划算。

5. 异步传输模式

异步传输模式（Asynchronous Transfer Mode，ATM）是以信元为基础的一种分组交换和复用技术。ATM 技术的基本思想是让网络中传输的所有信息，都以一种长度较小且大小固定的信元进行传输。信元的长度为 53 字节，其中信元头占 5 字节，有效载荷部分占 48 字节。

ATM 网络是面向连接的通信网络。ATM 将数据分割成固定长度的信元，通过虚连接进行交换。ATM 集交换、复用、传输为一体，在复用上采用的是异步时分复用方式，通过信息的首部或报头来区分不同信道。

通过 ATM 技术可完成企业总部与各办事处及公司分部的局域网互联，从而实现公司内部数据传输、企业邮件服务、话音服务等，并通过上联 Internet 实现电子商务等应用。同时由于ATM 采用统计复用技术，且接入带宽突破原有的 2Mbit/s，达到 2Mbit/s~155Mbit/s，因此适合高带宽、低时延或高数据突发等应用。

6. 多业务传送平台

多业务传送平台（Multi- Service Transport Platform，MSTP）技术是指基于 SDH 平台，同

时实现 TDM、ATM、以太网等业务的接入、处理和传送，提供统一网管的技术。

MSTP 的完整概念首次出现于 1999 年 10 月的国际通信展。2002 年底，华为公司主笔起草了 MSTP 的国家标准，成为我国 MSTP 的行业标准。中国通信标准协会于 2002 年发布了关于 SDH 的行业标准《基于 SDH 的多业务传送节点的技术要求》。中国通信标准协会还制订了《基于 SDH 的多业务传送平台的测试方法》，以便对厂家设备进行入网验证，为多厂家互通性测试提供一个行业标准。国际电信联盟（ITU）正式发布的相关标准有 ITU-T G.707 2000（VCAT）、ITU-T G.7041 GFP、ITU-T G.7042 LCAS 等。

MSTP 融合了 IP 技术的灵活性、SDH 技术的自愈性及 ATM 的 QoS 技术，不但能够接入传统的 TDM 2Mbit/s 语音业务，而且能够接入 ATM/FR 业务、10/100Mbit/s 以太网业务和 V.35（包括 $n\times64$kbit/s）业务，使数据网和传输网在接入层面融为一体，实现了数据业务的收敛、汇聚和二层处理，灵活可靠，资源共享，可以让运营商以更低的设备成本、更低的运营成本、更简化的网络结构和更高的网络扩展性构筑新一代基础传送网络。

MSTP 将传统的 SDH 复用器、数字交叉链接器（DXC）、WDM 终端、网络二层交换机和 IP 边缘路由器等多个独立的设备集成为一个网络设备，即基于 SDH 技术的多业务传送平台，进行统一控制和管理。MSTP 最适合作为网络边缘的融合节点，支持混合型业务，特别是以 TDM 业务为主的混合型业务。MSTP 可以更有效地支持分组数据业务，有助于实现从电路交换网向分组网的过渡。

从 MSTP 的体系结构来看，关键的技术有映射方式、级联方式、链路容量调整机制和智能适配层。

映射方式（Generic Framing Procedure，GFP）是在 ITU-T G.7041 中定义的一种数据链路层标准。GFP 是一种将高层用户信息流适配到传送网络（如 SDH/SONET）的通用机制，也是 802.17 标准 RPR 规定的唯一封装标准。作为一个数据链路层标准，GFP 既可以在字节同步的链路中传送长度可变的数据包，又可以传送固定长度的数据块，是一种简单又灵活的数据适配方法。

级联概念是在 ITU-T G.7070 中定义的，分为相邻级联和虚级联（Visual Concatenation，VC）两种，在 MSTP 技术中占有重要的地位。SDH 中用来承载以太网业务的各个虚级联在 SDH 的帧结构中是连续的，共用相同的通道开销（POH），此种情况称为相邻级联。相邻级联在同一个 STM-N 中，利用相邻的 VC-nc 构成一个整体进行传输。虚级联则将分布在不同的 STM-N 中的虚级联按级联的方法形成一个虚拟的大结构 VC-nv 进行传输，各个虚级联在 SDH 的帧结构中是独立的，其位置可以灵活处理。

链路容量调整机制（Link Capacity Adjustment Scheme，LCAS）是在 ITU-T G.7042 中定义的一种可以在不中断数据流的情况下动态调整虚级联个数的技术，它所提供的是平滑地改变传送网中虚级联的信号带宽，以自动适应业务带宽需求。LCAS 相对于前两种技术，可以被看作一种在虚级联技术基础上的较为简单的调节机制。虚级联技术只规定了可以把不同的虚级联级联起来，但是在现实中数据流的带宽是实时变化的，如何在不中断数据流的情况下动态地调整虚级联的个数就是 LCAS 所覆盖的内容。

为了能够在以太网业务中引入 QoS，第三代 MSTP 在以太网和 SDH/SONET 之间引入了一个智能适配层，并通过该智能适配层来处理以太网业务的 QoS 要求。智能适配层的实现技术主要有多协议标签交换（MPLS）和弹性分组环（RPR）两种。

MSTP 技术的优势为现阶段大量用户的需求仍是固定带宽专线，主要是 2Mbit/s、10/100Mbit/s、34Mbit/s、155Mbit/s。这些专线业务大致可以划分为固定带宽业务和可变带宽业务。对于固定带宽业务，MSTP 设备从 SDH 那里集成了优秀的承载、调度能力；对于可变带宽业务，可以直接在 MSTP 设备上提供端到端透明传输通道，充分保证服务质量，可以充分利用 MSTP 的二层交换和统计复用功能共享带宽，节约成本，同时使用其中的 VLAN 划分功能隔离数据，用不同的业务质量等级（CoS）来保障重点用户的服务质量。在城域网汇聚层，MSTP 设备可以实现企业网络边缘节点到中心节点的业务汇聚，具有节点多、端口种类多、用户连接分散和端口数量较多等特点。采用 MSTP 组网，可以实现 IP 路由设备 10Mbit/s/100Mbit/s/1000Mbit/s POS 和 2M/FR 业务的汇聚或直接接入，支持业务汇聚调度，综合承载，具有良好的生存性。根据不同的网络容量需求，可以选择不同速率等级的 MSTP 设备。

MSTP 技术的引入丰富了光传输网络的接口方式，能够迅速快捷地接入语音、数据和多媒体等业务，并在数据链路层提供了汇聚和交换功能，使得光传送网的使用更为便捷和高效。但是，MSTP 技术终究是基于 SDH 技术的，IP 化的程度不够彻底，其所做的改善也主要在用户接口一侧，而内核一侧仍然是电路结构的。随着宽带 IP 业务所需的电路带宽的不断增大，MSTP 技术在扩展性和效率方面都表现出了明显不足。

7. 分组传送网

分组传送网（Packet Transport Network，PTN）是一种以分组为传送单位，以承载电信级以太网业务为主，兼容 TDM、ATM 和 FC 等业务的综合传送技术。PTN 在 IP 业务和底层光传输介质之间设置了一个层面，它针对分组业务流量的突发性和统计复用传送的要求而设计，以分组业务为核心并支持多业务，具有更低的总体使用成本（TCO），同时秉承光传输的传统优势，包括高可用性和可靠性、高效的带宽管理机制和流量工程、便捷的 OAM 和网管、可扩展、较高的安全性等。PTN 结构图如图 5-12 所示。

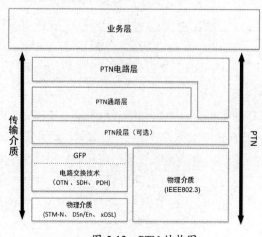

图 5-12 PTN 结构图

现在传统电信业务向 IP 转型，IPTV 等视频业务不断发展，IP 存储类业务越来越多，因此非常有必要统一网络协议，简化网络层次，以便于运营商提供各种类型的新业务，实现综合业务运营。

PTN 是基于分组交换、面向连接的多业务统一传送技术，它继承了 MSTP 的理念，融合了 Ethernet 和 MPLS 的优点，是下一代分组承载的技术。PTN 不仅能较好地承载以太网业务，还兼顾了传统的 TDM 和 ATM 业务，满足高可靠、可灵活扩展、严格 QoS 和完善的 OAM 等基本属性要求。

PTN 设备的功能由传送平面、管理平面和控制平面共同完成，如图 5-13 所示。

传送平面实现各种业务的传送处理功能，如对 UNI 接口的业务适配、业务报文的标签转发和交换、业务的服务质量处理、操作管理维护、报文的转发和处理、网络保护、同步信息的处理和传送，以及接口的线路适配等功能。

管理平面实现设备拓扑管理、配置管理、故障管理、性能管理和安全管理等功能，并提供必要的管理和辅助接口。

控制平面的相关标准还没有完成，一般认为它是 ASON 向 PTN 领域的扩展，用 IETF 的 GMPLS 协议实现，支持信令、路由和资源管理等功能，并提供必要的控制接口。

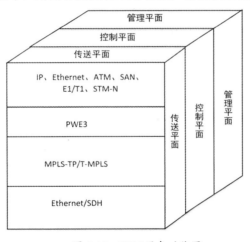

图 5-13　PTN 设备功能图

PTN 是以分组交换为核心，面向分组数据业务的传送网，是电信级以太网业务的最佳实现方式，是以太网承载技术和传送技术相结合的产物。PTN 支持电信级以太网、时分复用和 IP 业务承载。PTN 实现的两大核心技术是多协议标签交换-传送子集（Multi-Protocol Label Switch-Transport Profile，MPLS-TP）和运营商骨干网桥流量工程（Provider Backbone Bridges-Traffic Engineering，PBB-TE）。MPLS-TP 是 MPLS 的一个子集，去除了与 IP 无连接业务相关的功能特性，具有良好的统计复用功能和完善的 QoS 机制，它使用传送网的 OAM 机制，保留了强大的网络安全特性。PBB-TE 来源于以太网技术。

在 5G 网络业务发展态势迅猛到来的趋势之下，运营商需要提供全业务，包括无线和有线，包括语音、视频、图像、电子邮件、搜索、Web、移动、IPTV，提供无论何时何地的服务。

PTN 作为传输和分组技术的融合性产物，已经受到了各大运营商的持续和高度关注。在 PTN 的组网结构中，骨干层、汇聚层采用 10GE 设备组网，接入层采用 GE 设备组网，采用环形、链形等结构。PTN 有适合各种粗细颗粒的业务，具有端到端的组网能力，它能够提供"柔性"传输管道，更加适合于 IP 业务特性；同时它可以支持多种基于分组交换业务的双向点对点连接通道；它还可以在 50ms 内完成点对点连接通道的保护切换，可实现传输级别的业务保护和恢复。

随着云计算、大数据和移动业务急剧增长带来的带宽需求，网络业务的 IP 化，支持 SDN 和 NFV 的下一代 PTN 网络正在大规模应用。

5.3.3 软件定义广域网

随着企业不断将应用迁移到云端，大量的数据和设备不断挑战着传统广域网架构的极限，具备强大弹性且高度安全的软件定义广域网（SD-WAN ）架构可以用一种更简单的方式，将用户和设备连接到云应用。借助基于广域网的软件定义网络的强大功能，企业可以提高网络性能、降低成本，并获得强大的保护。SD-WAN 采用由软件推动的云架构来路由流量并规避问题，可确保应用性能并适应不断变化的情况。

SD-WAN（Software Defined-Wide Area Network）是将 SDN 技术应用到广域网场景中所形成的一种服务，这种服务用于连接广阔地理范围的企业网络、数据中心、互联网应用及云服务。SD-WAN 是一种革命性的方法，可通过使用集中控制和管理的广域网虚拟化来简化分支机构网络并确保最佳应用程序性能。

与传统的广域网不同，SD-WAN 可提供更高的网络敏捷性并降低成本。SD-WAN 起源于软件定义的网络（SDN），其基本原理是从使用网络的应用程序中提取网络硬件和传输特性。SD-WAN 不仅可以简化网络管理、部署，还能使设备投资和人员投入成本有效降低，具有不需要专网专线、不需要公网 IP 地址等优势，解决传统网络技术存在的多数痛点。

广域网虚拟化是逻辑广域网连接（到 Internet 或分支机构之间），可以使用多种底层连接技术（如 xDSL、MPLS、蜂窝和光纤），同时显示给用户和应用程序的连接性，如直接连接到 Internet 或安全的站点到站点连接。

SD-WAN 是智能的，启用 SD-WAN 的网络能够监视广域网的运行状况和质量，并使用这些测量值对应用程序流量进行智能决策。

SD-WAN 是集中管理和监控的，可以使用 SD-WAN 控制器对分支机构进行集中配置、监控和管理，SD-WAN 控制器让网络管理员可以使用单个界面完全控制其广域网和远程设备。SD-WAN 可以自动创建和部署复杂的 VPN 配置（使用每个位置可用的任何连接性）将数千个分支机构安全地连接在一起，并通过集中式广域网监视和通知提供广域网运行状况和全球分支机构可用性的实时视图。

SD-WAN 是安全 VPN，通过使用加密的 VPN，分支机构可以获得对云资源的安全本地网络访问。通过将多个连接的带宽合并到一个逻辑广域网连接中，SD-WAN 使这些分支机构的

VPN 更快、更实惠。

SD-WAN 的架构图如图 5-14 所示。

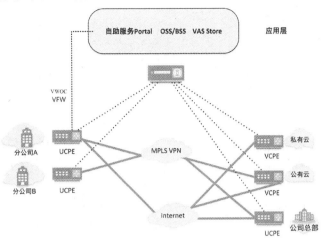

图 5-14　SD-WAN 的架构图

整个 SD-WAN 网络架构的核心部分是 Internet 和 MPLS VPN。SD-WAN 控制器是 SD-WAN 的管理控制核心。客户端设备（Customer Premise Equipment，CPE）是连入网络的一个接口盒子（可以理解为一个小路由器）。UCPE 是 Universal CPE，即通用客户端设备。VCPE 是 Virtual CPE，即虚拟客户端设备。管理员可以通过应用层接口对 SD-WAN 控制器进行配置，也可以下发 VFW（虚拟防火墙）、VWOC（虚拟广域网优化控制器）功能到 CPE，实现相应的功能，无须专门购买硬件。

SD-WAN 可以将软件可编程和商业化硬件结合起来，提供自动化、低成本、高效率的广域网布局服务。SD-WAN 基于软件定义的技术弹性构建网络连接，让网络变得更敏捷，可以更快地响应业务需求和更好地集成安全性，同时大幅降低部署和运维成本。

5.4　项目实验

5.4.1　项目实验一：PPP 协议认证配置

1．项目描述

（1）项目背景。

某手机配件生产公司有广州总部和佛山分公司两个办公场所，广州总部和佛山分公司都组建了局域网用于办公。该公司在广州总部局域网的出口处安装一台路由器设备作为企业网的出口设备，使用该路由器设备实现公司总部网络接入 Internet；同时利用 Internet 和公司在佛山的分公司网络中心路由器连接，实现公司总部和分公司的互联互通。

假设你作为该公司的网络工程师，为了保护总部网络和分公司网络安全，要对公司网络中的路由器进行 PPP 协议中的 CHAP 安全认证，客户端路由器与 ISP 进行链路协商时要认证身份，实现全公司网络的安全通信，怎样完成该项任务？

（2）PPP 实验拓扑结构图如图 5-15 所示。

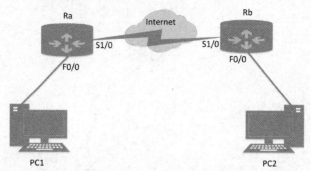

图 5-15　PPP 实验拓扑结构图

（3）IP 地址分配表如表 5-1 所示。

表 5-1　IP 地址分配表

设备	接口	IP 地址	子网掩码
Ra	F0/0	172.16.1.1	255.255.255.0
	S1/0	222.102.192.1	255.255.255.0
Rb	S1/0	222.102.192.2	255.255.255.0
	F0/0	172.16.3.1	255.255.255.0

（4）任务内容。

第 1 部分：路由器基本配置。

- 配置总部路由器名和路由器接口 IP 地址。
- 配置分公司路由器名和路由器接口 IP 地址。

第 2 部分：配置 PPP CHAP 认证。

- 配置总部路由器 PPP CHAP 认证。
- 配置分公司路由器 PPP CHAP 认证。

第 3 部分：实验结果验证。

使用 debug ppp authentication 命令验证实验结果，观察 CHAP 认证过程。

（5）所需资源。

路由器（2 台），V35DCE（2 根），V35DTE（2 根），网线（若干），PC（若干）。

2. 项目实施

第 1 部分：路由器基本配置。

步骤 1：配置总部路由器名和路由器接口 IP 地址。

```
Router > enable
Router # configure terminal
Router (config)#hostname Ra
Ra(config)# interface F0/0
Ra(config-if)# ip address 172.16.1.1 255.255.255.0
Ra(config-if)#no shutdown
Ra(config)# interface serial 1/0
Ra(config-if)# ip address 222.102.192.1 255.255.255.0
Ra(config-if)#no shutdown
Ra(config-if)#exit
```

步骤 2：配置分公司路由器名和路由器接口 IP 地址。

```
Router > enable
Router # configure terminal
Router (config)#hostname Rb
Rb(config)# interface F0/0
Rb(config-if)# ip address 172.16.3.1 255.255.255.0
Rb(config-if)#no shutdown
Rb(config)# interface serial 1/0
Rb(config-if)# ip address 222.102.192.2 255.255.255.0
Rb(config-if)# clock rate 64000
Rb(config-if)#no shutdown
Rb(config-if)#exit
```

第 2 部分：配置 PPP CHAP 认证。

步骤 1：配置总部路由器 PPP CHAP 认证。

```
Ra(config)# username Ra password 0 Cisco123
Ra(config)# interface serial 1/0
Ra(config-if)# encapsulation PPP
```

步骤 2：配置分公司路由器 PPP CHAP 认证。

```
Rb(config)#username Rb password 0 Cisco123
Rb(config)# interface serial 1/0
Rb(config-if)# encapsulation PPP
Rb(config-if) # ppp authentication chap
```

第 3 部分：实验结果验证。

使用 debug ppp authentication 命令验证实验结果，观察 CHAP 认证过程。

5.4.2　项目实验二：PPPoE 协议认证配置

1. 项目描述

（1）项目背景。

某公司是一家小型手机配件电子商务销售公司，公司建设了内部局域网，为了把公司局域网接入 Internet，公司向中国电信申请到 1 个公有 IP 地址，需要利用该公有 IP 地址，把公司的私有网络接入 Internet。

假设你作为公司的网络工程师,需要在公司的边界路由设备上配置利用 PPPoE 和 NAT(网络地址转换)技术,实现企业私有网络进行 DDR 按需拨号访问 Internet,如何完成该项任务?

(2)PPPoE 实验拓扑结构如图 5-16 所示。

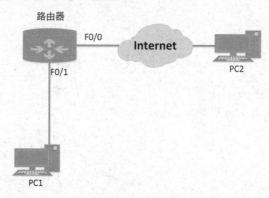

图 5-16　PPPoE 实验拓扑结构

(3)主机地址分配表如表 5-2 所示。

表 5-2　主机地址分配表

设备	接口	IP 地址	子网掩码
路由器	F0/1	192.168.1.1	255.255.255.0
	F0/0	222.168.1.1	255.255.255.0

(4)任务内容。

第 1 部分:路由器基本配置。

配置路由器名和路由器接口 IP 地址。

第 2 部分:配置路由器 PPPoE 协议。

● 在物理接口下开启 PPPoE。

● 配置路由器拨号逻辑接口。

● 配置路由器 NAT 技术。

● 配置默认路由。

第 3 部分:验证实验结果。

● 检查拨号是否成功。

● 检查公司内部主机能否上网。

(5)所需资源。

路由器(2 台),V35DCE(2 根),V35DTE(2 根),网线(若干),PC(若干)。

2. 项目实施

第 1 部分:路由器基本配置。

配置路由器名和路由器接口 IP 地址。

```
Router > enable
Router # configure terminal
Router (config)#hostname Ra
Ra(config)# interface fastEthernet 0/1
Ra(config-if)# ip address 192.168.1.1 255.255.255.0 //配置 F0/1 接口地址
Ra(config-if)#no shutdown
Ra(config-if)#exit
Ra(config)# interface fastEthernet 0/0
Ra(config-if)# ip address 222.168.1.1 255.255.255.0 //配置 F0/0 接口地址
Ra(config-if)#no shutdown
Ra(config-if)#exit
```

第 2 部分：配置路由器 PPPoE 协议。

步骤 1：在物理接口下开启 PPPoE。

```
Ra(config)# interface fastEthernet 0/0                    //进入 F0/0 接口
Ra(config-if)#pppoe enable                                //使用 PPPoE
Ra(config-if)#pppoe-client dial-pool-number 1 no-ddr      //把该物理接口加入拨号池 1 中
Ra(config-if)#exit
```

步骤 2：配置路由器拨号逻辑接口。

```
Ra(config)#interface dialer 1    //建立一个虚拟拨号接口
Ra(config-if- dialer 1)#encapsulation PPP  //使用 PPP 的帧格式
Ra(config-if- dialer 1)#PPP chap hostname pope
Ra(config-if- dialer 1)#PPP chap password pope
Ra(config-if- dialer 1)#PPP PaP sent-username pope password pope
Ra(config-if- dialer 1)#ip address negotiated
Ra(config-if- dialer 1)# dialer pool 5
Ra(config-if- dialer 1)# dialer-group 1
Ra(config-if- dialer 1)# dialer idle-timeout 300
Ra(config-if- dialer 1)# exit
Ra(config)#access-list 1 permit any
Ra(config)#access-list 1 protocol ip permit
```

步骤 3：配置路由器 NAT 技术。

```
Ra(config)# interface dialer 1
Ra(config-if)#ip nat outside
Ra(config-if)#exit
Ra(config)# interface fastEthernet 0/1
Ra(config-if)# ip nat inside
Ra(config-if) #exit
Ra(config) # access-list 100 permit any any
Ra(config) # ip nat bianjie prefix-length 24
Ra(config-nat-pool) # address interface dialer 1 match interface dialer 1
Ra(config-nat-pool) #exit
Ra(config) #
```

步骤 4：配置默认路由。

```
Ra(config) #ip route 0.0.0.0 0.0.0.0 dialer 1
```

第 3 部分：验证实验结果。

步骤 1：检查拨号是否成功。

```
Ra #show ip interface brief
```

步骤 2：检查公司内部主机能否上网。

在 PC1 上测试能否 ping 通 PC2。

习题 5

一、单选题

1. 在下列关于广域网和局域网的叙述中，正确的是（　　）。

A. 广域网和互联网类似，可以连接不同类型的网络

B. 在 OSI 层次结构中，广域网和局域网均涉及物理层、数据链路层和网络层

C. 从互联网的角度看，广域网和局域网是平等的

D. 局域网即以太网，其逻辑拓扑是总线型结构

2. 在 PPP 验证中，（　　）方式采用明文形式传送用户名和密码。

A. PAP　　　　　　　B. CHAP　　　　　　C. HASH　　　　　D. MD5

3. 帧中继是一种（　　）技术。

A. 广域网　　　　　　B. 局域网　　　　　　C. 以太网　　　　　D. ATM 网

4. 下面关于 ADSL 描述正确的是（　　）。

A. 上下行传输速率不对称的 DSL 技术

B. 上下行传输速率对称的 DSL 技术

C. 上行可用速率比下行速率大

D. 下行可用速率比上行速率大

5. PPP 链路的建立过程不包括（　　）。

A. 创建阶段　　　　　　　　　　　　B. 邻居发现阶段

C. 认证阶段　　　　　　　　　　　　D. 网络协商阶段

6. 下面关于 HDLC 和 PPP 说法正确的是（　　）。

A. HDLC 是一种面向字符的数据链路层协议，它从 SDLC 发展而来

B. PPP 协议与 HDLC 既支持同步链路，也支持异步链路

C. PPP 协议是一种面向比特的数据链路层协议，它是在 SLIP 的基础上发展起来的

D．PPP 协议提供验证功能，易扩充

7．以下关于 PAP 和 CHAP 认证，不正确的说法是（　　　）。

A．CHAP 不以明文形式发送密码，所以 CHAP 比 PAP 更安全

B．PAP 采用了三次握手，CHAP 采用了两次握手

C．PAP 和 CHAP 都是 PPP 的认证方式

D．配置 PAP 或 CHAP 的目的是区分呼叫点和出于安全方面的考虑

8．下列不属于广域网协议的是（　　　）。

A．PPP   B．HDLC

C．FR   D．OSPF

9．下列属于分组交换广域网接入技术协议的是（　　　）。

A．FR   B．DDN   C．ADSL   D．ISDN

10．HDLC 协议工作在 OSI 七层模型中的哪一层（　　　）。

A．数据链路层   B．传输层   C．物理层   D．应用层

11．PPP 认证协议中的 CHAP（挑战握手认证协议）是（　　　）次握手协议。

A．1   B．2   C．3   D．4

12．CHAP 是三次握手的认证协议，其中第一次握手是（　　　）。

A．被认证方直接将用户名和密码传递给认证方

B．认证方将一段随机报文和用户名传递到被认证方

C．如果正确，则发送 Ack 报文通知对端进入下一阶段协商，否则发送 Nak 报文通知对端认证失败

D．被认证方生成一段随机报文，首先用自己的密码对这段随机报文进行加密，然后与自己的用户名一起传递给认证方

13．以下封装协议使用 CHAP 或 PAP 认证方式的是（　　　）。

A．HDLC   B．PPP

C．SDLC   D．SLIP

14．（　　　）为两次握手协议，它通过在网络上以明文形式传递用户名及密码来对用户进行认证。

A．PAP   B．IPCP   C．CHAP   D．RADIUS

15．下面对 DDN 网络描述不正确的是（　　　）。

A．DDN 线路使用简便，覆盖面广

B．DDN 专线是点到点的链路，它给予用户访问整个链路带宽的可能性

C．DDN 线路相对于分组交换网来说，线路费用较高

D．DDN 专线被广泛用于企业网互联，专线 Internet 接入

16．下面对 PPP 协议的描述正确的是（　　　）。

A．具有各种 NCP 协议，可以承载多种网络层协议

B．具有认证协议，更好地保证了网络的安全性

C．PPP 具有错误检测能力，但不具备纠错能力，所以 PPP 是不可靠传输协议

D．PPP 协议的 LCP 用于建立、配置、测试和管理物理层连接

二、填空题

1．广域网的数据链路层协议包括_____、_____、_____等。

2．帧中继技术是一种快速_____交换技术，它把可靠性的实现交给高层协议去处理。

3．PAP 在连接中以_____形式传输用户名和密码。

4．PPP（Point-to-Point Protocol，点到点协议）是一种在_____线路上对数据包进行封装的数据链路层协议。

5．PTN 设备的功能由_____、_____和_____等三个平面共同完成。

6．_____只在网络上传输用户名，并不明文传输用户密码。

7．分组交换使用_____技术，实现资源共享，可在一条物理线路上提供多条逻辑信道，极大地提高线路的利用率。

8．PPPoE 的工作过程分为_____和_____两个不同的阶段。

9．电路交换的基本过程可分为_____、_____和_____三个阶段。

10．_____是一个允许在以太网广播域中的两个以太网接口之间创建点对点隧道的协议。

三、简答题

1．广域网的连接类型可以分哪三种？

2．广域网和局域网相比，有什么不同的地方？

3．简述 CHAP 认证的过程。

4．在广域网的协议中，PPP 和 HDLC 的区别是什么？

5．软件定义广域网（SD-WAN）的优势是什么？

6．PAP 认证和 CHAP 认证有什么不同的地方？

7．专线连接与其他连接方式相比，优点和缺点分别是什么？

8．与传统的 WAN 相比，SD-WAN 有什么优势？

第6章

路由技术

在计算机网络通信中，路由技术可以将分布在各个不同地方的网络互联起来，并进行信息数据路径选择和数据包的实时传送。使用路由器可以将多个 IP 子网连接在一起，路由器通过执行路由协议，为 IP 数据包寻找一条到达目的主机或网络的最佳路径，按照选定的路径，将该数据包转发到目的主机或网络。路由选择协议是路由技术的核心内容，常见的路由选择协议有 RIP、OSPF、IS-IS 和 BGP 等。

本章主要介绍路由的基本概念、常用的路由选择协议、网络互联设备的组成和工作原理、静态路由和默认路由的工作原理与配置、动态路由的工作原理与配置。

6.1 路由的基本原理

6.1.1 路由和路由器

1. 路由

在网络通信中，路由（Route）是指数据包从某一网络设备出发去往某个目的地的路径，也可以理解为通过互联网络把数据包从源地址传送到目的地址的过程。

在网络系统中，两点之间要进行数据通信，就需要发送数据包，数据包需要选择一条最佳的路径到达数据接收方。路由就是指导数据包发送的路径信息，也是在所连网络之间转发数据包的过程，数据包出发的地方称为"源地址"，数据包想要到达的地方称为"目的地址"。IP 数据包路由的过程类似于"开车去往某个地方"，需要经过多个关口，到达每个关口可能有几条路径可以选择；为了节省"开销"，需要选择最佳的路径到达关口；出了关口之后，需要再次选择哪条路径到达下一个关口，直到到达最终的目的地。

2. 路由器

路由器（Router）是执行路由动作的一种网络设备，它能够将数据包转发到正确的目的地，并在转发过程中选择最佳的路径。路由器工作在网络层。由于路由器可以在网络之间路由数据包，因此位于不同网络中的设备能够实现通信。

以太网交换机在 OSI 参考模型的数据链路层（第 2 层）运行，用于在同一网络中的设备之间转发以太网帧。但是，当源 IP 地址和目的 IP 地址位于不同网络时，必须先将以太网帧发送到路由器，再由路由器发送过去。路由器的作用就是将各个网络彼此连接起来，路由器负责不同网络之间的数据包传送，IP 数据包的目的地可以是国外的 Web 服务器，也可以是局域网中的电子邮件服务器。当主机向不同 IP 网络中的设备发送数据包时，数据包将会被转发到默认网关，因为主机设备不能直接与本地网络之外的设备通信。默认网关会将流量从本地网络路由到远程网络设备的目的地。它通常用于将本地网络连接到 Internet。路由器使用路由表来确定转发数据包的最佳路径。路由器工作层次如图 6-1 所示。

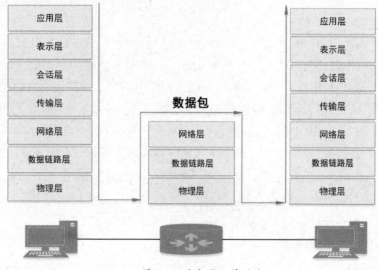

图 6-1　路由器工作层次

6.1.2　路由表

路由表（Routing Table，也称路径表）是一个存储在路由器或联网计算机中的电子表格（文件）或类数据库。路由器会创建一个路由表，来帮助自己判断该向哪里转发数据包。路由表存储着指向特定网络地址的路径（在有些情况下，还记录有路径的路由度量值）。路由表中含有网络周边的拓扑信息。建立路由表的主要目标是实现路由协议和静态路由选择。

路由器的路由表存储下列信息。

- 直连路由：这些路由来自活动的路由器接口。当接口配置了 IP 地址并激活时，路由器会添加直连路由。

- 远程路由：这些路由来自连接到其他路由器的远程网络。通向这些网络的路由可以静态配置，也可以使用动态路由协议进行动态配置。

具体而言，路由表是保存在 RAM 中的数据文件，其中存储了与直连网络及远程网络相关的信息。路由表包含网络或下一跳的关联信息。这些关联信息告知路由器：要以最佳方式到达某一目的地，可以将数据包发送到特定路由器（在到达最终目的地的途中的下一跳）。下一跳也可以关联到通向下一目的地的传出或送出接口。

每个路由器中都有一个路由表和 FIB（Forward Information Base）表，路由表用来决策路由，FIB 表用来转发分组。路由表中保存着子网的标志信息、网上路由器的个数和下一个路由器的名字等内容。不同公司的路由器产品，其路由表格式会有所不同，但差异不大。

以思科路由器为例，在路由器 IOS 特权模式下使用 show ip route 命令可显示路由器 IPv4 路由表。路由器将提供其路由信息，包括如何获取路由、路由在路由表中存在的时间，以及到达预定目的地要使用的具体接口等信息。下面显示的是 IPv4 路由表。

```
Router#show ip route
Codes: L-local, C-connected, S-static, R-RIP, M-mobile, B-BGPD-EIGRP, EX-EIGRP
external, O-OSPF, IA-SPF inter area,N1-OSPF NSSA external type 1, N2-OSPF NSSA
external type 2 E1-OSPF external type 1, E2-OSPF external type 2, E-EGP,i-IS-
IS, L1-IS-IS level-1, L2-IS-IS level-2, ia-IS-IS inter area,* - candidate default,
U-per-user static route, o-ODR,P-periodic downloaded static route
Gateway of last resort is 222.128.100.2 to network 0.0.0.0
10.0.0.0/8 is variably subnetted, 9 subnets, 3 masks
S 10.0.0.0/8 [1/0] via 10.0.0.18
C 10.0.0.0/16 is directly connected, FastEthernet0/0
L 10.0.0.17/32 is directly connected, FastEthernet0/0
O 10.4.0.0/16 [110/2] via 10.0.0.18, 00:00:05, FastEthernet0/0
O 10.6.0.0/16 [110/2] via 10.0.0.18, 00:00:15, FastEthernet0/0
O 10.51.0.0/16 [110/3] via 10.0.0.18, 00:00:05, FastEthernet0/0
O 10.52.0.0/16 [110/3] via 10.0.0.18, 00:00:05, FastEthernet0/0
S 10.70.0.0/16 [1/0] via 10.0.0.18
O 10.99.0.0/16 [110/2] via 10.0.0.18, 00:00:15, FastEthernet0/0
C 222.128.100.0/24 is directly connected, FastEthernet0/1
L 222.128.100.1/32 is directly connected, FastEthernet0/1
S* 0.0.0.0/0 [1/0] via 222.128.100.2
```

以上面的"O 10.4.0.0/16 [110/2] via 10.0.0.18, 00:00:05, FastEthernet0/0"这一路由条目为例，说明路由表条目的组成。第一列字母是路由来源，"O"代表 OSPF，"R"代表 RIP，"C"代表直连路由等；第二列 10.4.0.0/16 是目的网络及掩码，目的网络及掩码一起标识目的主机或路由器所在的网段的地址；第三列[110/2]中的"100"是路由协议的管理距离，它标识了路由加入 IP 路由表的优先级。可能到达一个目的地有多条路由，路由器会先选择优先级高的路由进行利用。[110/2] 中的"2"是度量值，每一种路由算法在产生路由表时，会为每一条通过网络的路径产生一个数值（度量值），最小的值表示最佳路径；"via"后面的 IP 地址"10.0.0.18"为下一跳地址，后面的时间"00:00:05"表示路由时间戳，是该条路由信息的更新时间；最后的端口号表示到达目的网络应该从自己的哪个接口将数据包发出，即送出接口。路由表条目的组成结构如图 6-2 所示。

图 6-2　路由表条目的组成结构

以思科路由器为例，使用 show ipv6 route 命令可显示路由器 IPv6 路由表。下面显示的是 IPv6 路由表。

```
Router # show ipv6 route
Ipv6 Routing Table - 6 entries
Codes: C - Connected, L - Local, S - Static, R - RIP, B - BGP
     U - Per-user Static route, M - MIPv6
     I1 - ISIS L1, I2 - ISIS L2, IA - ISIS interarea, IS - ISIS summary
     O - OSPF intra, OI - OSPF inter, OE1 - OSPF ext 1, OE2 - OSPF ext 2
     ON1 - OSPF NSSA ext 1, ON2 - OSPF NSSA ext 2
     D - EIGRP, EX - EIGRP external
C   2000::/64 [0/0]
   via ::, Serial0/0/0
L   2000::2/128 [0/0]
   via ::, Serial0/0/0
2001::/64 [110/65]
   via FE80::201:96FF:FE04:C01, Serial0/0/0
C   2002::/64 [0/0]
   via ::, FastEthernet0/0
L   2002::1/128 [0/0]
   via ::, FastEthernet0/0
L   FF00::/8 [0/0]
   via ::, Null0
```

6.1.3 路由的来源

根据路由信息产生的方式和特点，路由表中的条目可按以下方式添加。

1. 直连路由

直连路由是与路由器直连的网段的路由表条目。直连路由不需要特别配置，只需要首先在路由接口上设置 IP 地址，然后由数据链路层发现。因为直连路由是去往路由器的接口地址所在网段的路径，所以该路径信息不需要网络管理员维护，也不需要路由器通过某种算法进行计算获得，只要相应接口已配置并处于活动状态，路由器就会把通向该网段的路由信息填写到路由表中去。

新部署的路由器不含任何配置接口，使用空的路由表。在路由表中生成直连路由，接口必须满足下面的条件。

- 分配有效的 IPv4 或 IPv6 地址。
- 使用 no shutdown 命令激活。
- 接收来自另一设备（路由器、交换机、主机等）的信号。

网络设备启动之后，当接口已启用时，路由器就能够自动发现去往自己接口直接相连的网络的路由，该接口所在的网络就会作为直连网络而加入路由表。路由器连接图如图 6-3 所示。

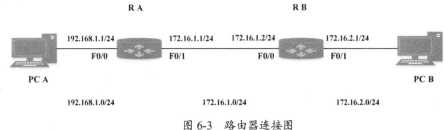

图6-3 路由器连接图

按照图6-3，给路由器接口配置 IP 地址后，查看 RA 的路由表，显示如下。

```
Router#show ip route
Codes: L - local, C - connected, S - static, R - RIP, M - mobile, B - BGP
       D - EIGRP, EX - EIGRP external, O - OSPF, IA - OSPF inter area
       N1 - OSPF NSSA external type 1, N2 - OSPF NSSA external type 2
       E1 - OSPF external type 1, E2 - OSPF external type 2, E - EGP
       I - IS-IS, L1 - IS-IS level-1, L2 - IS-IS level-2, ia - IS-IS inter area
       * - candidate default, U - per-user static route, o - ODR
       P - periodic downloaded static route
Gateway of last resort is not set
     172.16.0.0/16 is variably subnetted, 2 subnets, 2 masks
C       172.16.1.0/24 is directly connected, FastEthernet0/1
L       172.16.1.1/32 is directly connected, FastEthernet0/1
     192.168.1.0/24 is variably subnetted, 2 subnets, 2 masks
C       192.168.1.0/24 is directly connected, FastEthernet0/0
L       192.168.1.1/32 is directly connected, FastEthernet0/0
```

直连网络在路由表中是通过状态代码 C 进行标记的。路由表条目中包含了一个网络前缀和前缀长度。一个处于活动状态并已配置正确的直连接口实际上会创建两个路由表条目。直连接口的路由表条目比远程网络的路由表条目简单，包含以下信息。

- 路由来源：确定路由的获取方式。直连接口有两个路由来源代码："C"用于标识直连网络；"L"用于标识为路由器接口分配的 IPv4 地址。

- 目的网络：远程网络的地址。

- 送出接口：将数据包转发至目的网络时要使用的送出去接口。

对于 IPv4 本地路由，前缀长度为/32；对于 IPv6 本地路由，前缀长度为 /128。这表示数据包的目的 IP 地址必须与本地路由中的所有位匹配，才能匹配这条路由。本地路由的目的是能够有效确定何时接收到的数据包是以这个接口为目的地的，因此不必进行转发。

2. 静态路由

静态路由是由网络管理员根据网络拓扑，使用命令在路由器上配置的路由信息。静态路由指导报文发送，静态路由方式不需要路由器进行计算，也不会产生更新流量，因此静态路由不额外占用路由器 CPU、内存和网络带宽，也更安全。但是，当网络的拓扑结构或链路状态发生改变时，需要网络管理员手工修改静态路由信息。

静态路由比较适用于小型、简单的网络环境。它完全依赖于网络规划者，当网络规模较大或网络拓扑经常发生改变时，网络管理员需要做的工作将会非常复杂，无法自动发现错误，排除故障很难。

可以将静态路由配置为到达某个特定远程网络。使用 Router(config)# ip route network-address subnet-mask { ip-address | exit-intf [ip-address]} [distance]全局配置命令来配置 IPv4 静态路由。使用 Router(config)# ipv6 route ipv6-prefix/prefix-length {ipv6-address | exit-intf [ipv6-address]} [distance]全局配置命令来配置 IPv4 静态路由。静态路由在路由表中以代码"S"标识。配置静态路由分两步。

第一步：为网络中的每个接口配置 IP 地址。

第二步：为每个路由器的非直连链路配置静态路由。

配置完静态路由后，可以用 show ip route static 命令查看静态路由条目。例如：

```
R1# show ip route static
Codes: L - local, C - connected, S - static, R - RIP, M - mobile, B - BGP
(output omitted)
     10.0.0.0/8 is variably subnetted, 8 subnets, 2 masks
S    10.0.1.0/24 [1/0] via 10.0.3.2
```

默认路由指的是路由表中未直接列出目的网络的路由选择项，用于在不明确的情况下，指示数据帧下一跳的转发方向。默认路由是一种特殊的静态路由。路由器收到一个待发送或转发的 IP 报文后，如果路由表中不包含其通往目的网络的路径，那么默认路由将指定使用哪个出口点。如果网络设备的 IP 路由表中不存在默认路由，那么当一个待发送或转发的 IP 报文不能匹配 IP 路由表中的任何路由时，该 IP 报文就会被直接丢弃。

当路由器只有一个通往另一路由器的出口点时（例如，当路由器连接中心路由器或服务提供商时），默认路由非常有用。默认路由可以简化路由器配置，减轻网络管理员的工作负担。默认路由应用场景如图 6-4 所示。

要配置 IPv4 默认路由，需要使用 ip route 0.0.0.0 0.0.0.0 {exit-intf | next-hop-ip} 全局配置命令。路由中的 0.0.0.0 0.0.0.0 可以匹配任何网络地址。默认路由在路由表中以代码"S*"标识。IPv6 默认路由的基本命令语法为：Router(config)# ipv6 route ::/0 {ipv6-address | exit-intf}。

大多数企业路由器的路由表中都有默认路由，这是为了减少路由表中的路由条目数量。默认路由通常应用于末节网络的边缘路由器上，如图 6-4 所示，末节网络里的主机需要访问 Internet，需要在边缘路由器上配置一条通往网络运营商路由器的默认路由，边缘路由器会把任何目的 IP 地址不能精确匹配路由表中网络的数据包，全都转发给网络运营商路由器，这就会包括所有发往 Internet 的数据包。

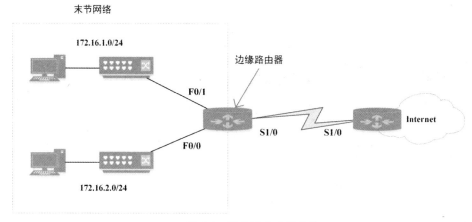

图 6-4　默认路由应用场景

3．动态路由

动态路由是指路由器能够自动地建立自己的路由表，并且能够根据实际情况的变化适时地进行调整。

当网络规模非常大，网络拓扑十分复杂时，手工配置静态路由工作量大且容易出错，这时就要使用动态路由协议，让路由器自动发现和修改路由。在路由器上运行动态路由协议，无须人工维护，路由器可以自动根据网络拓扑结构的变化调整路由条目。但是动态路由也有缺点，因为路由器之间定期交换路由信息，所以它在安全性方面比静态路由要低，同时，路由算法会占用额外的 CPU、内存和链路带宽资源。

路由器可以同时运行多个动态路由协议，每个动态路由协议学到的路由项都会加载到路由表，如果多个动态路由协议都学到了到某个网段的路由，则优先级高的入选。常见的动态路由协议有 RIP、OSPF、IS-IS、BGP 等。

动态路由机制的运作依赖路由器的两个基本功能：路由器之间适时的路由信息交换和路由器对路由表的维护。

（1）路由器之间适时的路由信息交换。

动态路由之所以能根据网络的情况自动计算路由、选择转发路径，是因为当网络发生变化时，路由器之间彼此交换的路由信息会告知对方网络的这种变化，通过信息扩散使所有路由器都能得知网络变化。

（2）路由器对路由表的维护。

路由器根据某种路由算法（不同的动态路由协议，路由算法不同）把收集到的路由信息加工成路由表，供路由器在转发 IP 报文时查阅。在网络发生变化时，收集到最新的路由信息后，路由算法重新计算，从而可以得到最新的路由表。

6.1.4　路由优先级

路由的优先级是判断路由条目是否能被优先选择的重要条件，对于相同的目的地址，不同的路由协议可能会发现不同的路由，在某一时刻，到某一目的地址的路由只能使用一种路由协议，为了区分哪条路由最佳，不同的路由协议具有不同的优先级（也称为管理距离）。当一条路由从不同路由协议学习到的时候，优先级高（数值小）的路由协议将被优先使用。设备上的路由优先级一般都有默认值，同一路由协议，不同厂家设备对于优先级的默认值可能不同，但大体上会保持一致。常见路由协议的优先级如表 6-1 所示。

表 6-1　常见路由协议的优先级

路由类型	默认优先级（华为）	默认优先级（思科）
直连路由	0	0
OSPF	10	110
静态路由	60	1
RIP	100	120
IS-IS	15	115
BGP	255	200

其中"0"代表直连路由，数值越小，代表优先级越高。除直连路由外，各种路由协议的优先级都可以由网络管理员手工进行配置。

6.1.5　路由开销

路由开销是指从源到目的地经过所有链路的开销的总和。路由开销是判断路由条目能否被选用的重要条件，当同一种路由协议发现有多条路由可以到达同一目的地/掩码时，将优先选择开销最小的路由，即只把开销最小的路由加入本协议的路由表中。

各种路由协议定义开销的方法不同，开销值大小的比较只在同一种路由协议内才有意义，不同路由协议之间的路由开销值没有可比性，也不存在换算关系。开销的计算通常包含跳数、链路带宽、链路时延、链路负载、链路可信度、链路、代价等因素。例如，RIP 使用跳数来计算开销，跳数指的是经过路由器的数量。对于 RIP，最大的开销为 15 跳。对于 OSPF 的开销，使用 COST 来计算，COST 指的是到达某条路由所指的目的地址的代价，可手动或自动设置。在默认情况下，路由器根据接口的配置带宽来计算 OSPF 开销，带宽越高，开销越低。OSPF 开销有默认的参考值，默认当接口带宽为 100Mbit/s 时，COST=1。如果一个接口的带宽为 10Mbit/s，那么该接口的 COST=100/10=10。如果修改了链路带宽，OSPF 开销也将相应地变化。对于每个接口，只能指定一种开销。在路由器链路通告中，以链路开销的方式通告它。对于每条路由，OSPF 都通过相加各个接口（目的网络路由的送出接口）的开销，来计算到达目的地址的开销。路由路径选择图如图 6-5 所示。

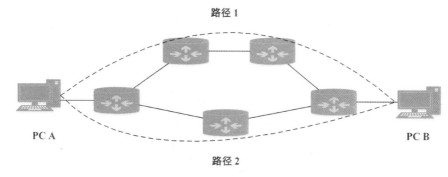

图 6-5 路由路径选择图

如图 6-5 所示，PC A 访问 PC B 有两条路径，如果使用了 RIP 协议，则一条路径的开销为 4 跳，另一条路径的开销为 3 跳，结果是选择路径 2。

6.2 路由协议

Internet 网络的主要节点设备是路由器，路由器通过路由表来转发接收到的数据。转发策略可以是人工指定的（通过静态路由、策略路由等方法）。在较小规模的网络中，人工指定转发策略没有任何问题。但是在较大规模的网络中（如跨国企业网络、ISP 网络），如果人工指定转发策略，将会给网络管理员带来巨大的工作量，并且在管理、维护路由表上也变得十分困难，而且容易配置错误。为了解决这个问题，动态路由协议应运而生。动态路由协议可以让路由器自动学习到其他路由器的网络，并在网络拓扑发生改变后自动更新路由表。网络管理员只需要配置动态路由协议即可，相比人工指定转发策略，工作量大大减少。

路由协议（Routing Protocol）是一种指定数据包转送方式的网上协议。路由协议主要运行于路由器上，可以把路由协议理解为路由器之间沟通的一种语言，路由协议定义了路由器之间通信时使用的规则。路由协议是用来确定到达路径的，就像一个地图导航，起到找路的作用。常见的路由协议有 RIP、IGRP（思科私有协议）、EIGRP（思科私有协议），OSPF、IS-IS、BGP 等。

按应用范围的不同，路由协议可分为两类：内部网关协议和外部网关协议。内部网关协议（IGP）适用于单个 ISP 的统一路由协议的运行。一般由一个 ISP 运营的网络位于一个 AS（自治系统）内，有统一的 AS Number（自治系统号）。外部网关协议多用于不同 ISP 之间交换路由信息，以及大型企业、政府等具有较大规模的私有网络。

按工作机制及算法，路由协议也可以分为两类：距离矢量路由协议和链路状态路由协议。采用距离矢量路由协议的路由器需要周期性与相邻的路由器交换更新通告，动态建立路由表，以决定最佳路径。距离矢量路由协议关心的是到目的网段的距离（Metric）和矢量（方向，从哪个接口转发数据）。运行距离矢量路由协议的每个路由器都不了解整个网络拓扑，它们只知道与自己直接相连的网络的情况，并根据从邻居得到的路由信息更新自己的路由表。链路状态路由协议使用"代价"确定最佳路径，代价可以是数据包必须经过的跳数、链路带宽、链路上的当前负载,或者由管理员手工配置。运行链路状态路由协议的每个路由器都了解整个网络环境中的路由信息,便于计算最佳路径。动态路由协议分类如图6-6所示。

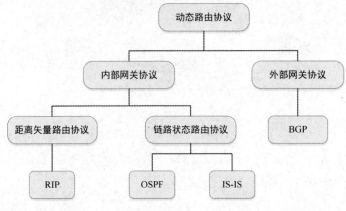

图6-6 动态路由协议分类

对于小型网络,距离矢量路由协议易于配置和管理,且应用较为广泛,但在面对大型网络时,不但其固有的环路问题变得更难解决,而且所占用的带宽迅速增长,以至于网络无法承受。因此,对于大型网络,采用基于链路状态算法的 OSPF 较为有效,并且得到了广泛的应用,OSPF 适用于企业内部网络和 Internet。

6.2.1 RIP 协议

RIP(Routing Information Protocol,路由信息协议)是为 TCP/IP 环境开发的第一个路由选择协议标准,是一个典型的距离矢量路由协议,基于 V-D 算法,使用跳数来决定最佳路径,RIPv1 的最大跳数是 15 跳,RIPv2 的最大跳数是 128 跳,大于 15 跳/128 跳,则认为不可到达。RIP 适用于小型同类网络。RIP 有 RIPv1、RIPv2 和 RIPng 3 个版本,前两者用于 IPv4,RIPng 用于 IPv6。

1. RIP 工作原理

(1)路由建立:路由器启动 RIP 后,向周围路由器发送请求报文,周围的 RIP 路由器收到请求报文后,响应该请求,回送包含本地路由表信息的响应报文,网络稳定后,路由器会周期性发送路由更新信息。

(2)距离矢量的计算:RIP 度量的单位是跳数,其单位值是 1,也就是规定每一条链路的成本为 1 跳,而不考虑链路的实际带宽、时延等因素,RIP 最多允许 15 跳。当一个 RIP 更新报文到达时,接收方路由器和自己的 RIP 路由表中的每一项进行比较,并按照距离矢量路由算法对自己的 RIP 路由表进行修正。

(3)计时器:RIP 使用计时器来调节它的性能,包含以下的计时器。

更新计时器:路由器每隔 30s 从每个启动 RIP 的接口发送出路由更新信息。

无效计时器:如果一条路由在 180s 内没有收到更新,这条路由的跳数将记为 16 跳。

刷新计时器：如果这条路由在被记为 16 跳后，60s 内还没有收到更新，则将这条路由从路由表中删除。

时延计时器：为避免触发更新引起广播风暴而设置的一个随机的时延计时器，时延为 1~5s。

（4）环路：当网络发生故障时，RIP 网络有可能产生路由环路。可以通过水平分割、毒性反转、触发更新、抑制时间等技术来避免环路的产生。

RIP 计时器如图 6-7 所示。

图 6-7　RIP 计时器

2. RIP 路由协议的配置

尽管在现代网络中，很少会使用到 RIP，但是作为基本网络路由的基础，RIP 是非常有用的。

（1）RIPv1 路由协议的配置。

```
Router(config)# router rip
Router(config-router)# network 192.168.1.0
Router(config-router)# network 172.16.1.0
```

router rip 用于启动 RIP 进程，network 命令用于宣告路由器直连的网络。使用 show ip protocols 命令可以显示路由器当前配置的 IPv4 路由协议。

（2）RIPv2 路由协议的配置。

```
Router(config)# router rip
Router(config-router)# version 2
Router(config-router)# no auto-summary
Router(config-router)# network 192.168.1.0
Router(config-router)# network 172.16.2.0
```

version 2 命令用于设定 RIP 版本 RIPv2，no auto-summary 命令用于关闭自动路由汇总功能。使用 show ip route 命令可以显示路由表，可以发现两条 RIP 路由条目。

```
Router#show ip route
Codes: L - local, C - connected, S - static, R - RIP, M - mobile, B - BGP
       D - EIGRP, EX - EIGRP external, O - OSPF, IA - OSPF inter area
       N1 - OSPF NSSA external type 1, N2 - OSPF NSSA external type 2
       E1 - OSPF external type 1, E2 - OSPF external type 2, E - EGP
       i - IS-IS, L1 - IS-IS level-1, L2 - IS-IS level-2, ia - IS-IS inter area
       * - candidate default, U - per-user static route, o - ODR
       P - periodic downloaded static route
Gateway of last resort is not set
```

```
     172.16.0.0/16 is variably subnetted, 3 subnets, 2 masks
C       172.16.1.0/24 is directly connected, FastEthernet0/1
L       172.16.1.1/32 is directly connected, FastEthernet0/1
R       172.16.2.0/24 [120/1] via 172.16.1.2, 00:00:16, FastEthernet0/1
     192.168.1.0/24 is variably subnetted, 2 subnets, 2 masks
C       192.168.1.0/24 is directly connected, FastEthernet0/0
L       192.168.1.1/32 is directly connected, FastEthernet0/0
```

3. RIP 禁止自动路由汇总

RIPv2 的基本配置格式与 RIPv1 类似，不同的是，RIPv2 支持关闭自动路由汇总功能；RIPv2 在默认情况下开启自动路由汇总功能（自动路由汇总会导致子网只能宣告主类网络号，从而无法区分各个子网），如果需要支持可变长子网，需要配置为不进行自动路由汇总，no auto-summary 命令用于关闭自动路由汇总功能。

```
Router#show ip protocols
Routing Protocol is "rip"
Sending updates every 30 seconds, next due in 7 seconds
Invalid after 180 seconds, hold down 180, flushed after 240
Outgoing update filter list for all interfaces is not set
Incoming update filter list for all interfaces is not set
Redistributing: rip
Default version control: send version 2, receive 2
  Interface         Send  Recv  Triggered RIP  Key-chain
  FastEthernet0/0    22
  FastEthernet0/1    22
Automatic network summarization is in effect
Maximum path: 4
Routing for Networks:
    172.16.0.0
    192.168.1.0
Passive Interface(s):
Routing Information Sources:
    Gateway        Distance      Last Update
    172.16.1.2       120         00:00:11
Distance: (default is 120)
```

在特权模式下输入"show ip protocols"命令，查询路由协议的情况，若显示结果出现"Automatic network summarization is in effect"，则表明自动路由汇总是生效的。

如果要关闭自动路由汇总功能，可以输入下面的命令。

```
Router(config)#router rip
Router(config-router)#no auto-summary
Router(config-router)#end
```

在大型网络中，如果路由器把所有的网段都添加到路由表中，那将是一张非常庞大的路由表。路由器每转发一个数据包，都要检查路由表为该数据包选择转发出口，庞大的路由表势必会增加处理时延。如果为物理位置连续的网络分配地址连续的网段，就可以在路由边界将远程的网段合并成一条路由，这就是路由汇总。路由汇总能大大减少路由器上的路由表中的条目。

6.2.2 OSPF 协议

OSPF（Open Shortest Path First，开放式最短路径优先）是一种典型的链路状态路由协议。运行 OSPF 协议的路由器（OSPF 路由器）之间交互的是链路状态（Link State，LS）信息，而不直接交互路由信息。适用于 IPv4 的 OSPFv2 协议定义于 RFC 2328，RFC 5340 定义了适用于 IPv6 的 OSPFv3。

OSPF 路由器将网络中的链路状态信息收集起来，存储在 LSDB（链路状态数据库）中。链路是路由器接口的另一种说法，链路状态是指路由器接口的状态，如 UP、DOWN、IP 及网络类型等。网络中的路由器都有相同的 LSDB，也就是相同的网络拓扑结构。

每个 OSPF 路由器都采用 SPF（最短路径优先）算法计算到达各个网段的最短路径，并将这些最短路径形成的路由加载到路由表中。

1．OSPF 协议的优点

OSPF 协议是现在网络应用最多的路由协议，其优点如下。

（1）OSPF 协议支持可变长子网掩码（Variable Length Subnet Mask，VLSM）和手工路由汇总。

（2）OSPF 协议能够避免路由环路。每个路由器通过 LSDB 使用最短路径的算法，这样不会产生环路。

（3）OSPF 协议收敛速度度快，能够在最短的时间内将路由变化传递到整个自治系统。

（4）OSPF 协议适合大范围的网络。OSPF 协议对于路由的跳数是没有限制的，它提出区域划分的概念，多区域的设计使得 OSPF 协议能够支持更大规模的网络。

（5）OSPF 协议以开销为度量值。OSPF 协议在设计时，就考虑到了链路带宽对路由度量值的影响。OSPF 协议以开销为度量标准，而链路开销和链路带宽正好形成了反比的关系，带宽越高，开销就越小，这样一来，OSPF 路由选择主要基于带宽因素。

2．OSPF 协议工作过程

（1）邻居发现阶段：通过 Hello 报文发现并形成邻居关系，从而建立邻居表。

（2）路由通告阶段：邻接路由器之间通过 LSU 泛洪 LSA，通告拓扑信息，最终同一个区域内所有路由器的 LSDB 完全相同（同步）；通过 DBD、LSR、LSACK 辅助 LSA 的同步，从而形成 LSDB。

（3）路由选择阶段：LSDB 同步后，每个路由器独立进行 SPF 运算，把最佳路由信息放进路由表，形成各自的路由表。

邻居表、LSDB 和路由表是 OSPF 路由协议能够正常工作的核心数据表。

3．OSPF 协议报文类型

在 OSPF 协议的工作过程中，共有 5 种报文类型。

问候（Hello）报文：用于发现与维持邻居，在一个路由器能够给其他路由器分发它的邻居信息前，必须先问候它的邻居们。

数据库描述（Data Base Description，DBD）报文：用于向邻居给出自己的 LSDB 中所有链路状态项目的摘要信息。它包含发送路由器的 LSDB 的简略列表，用于让接收路由器检查本地 LSDB。

链路状态请求（Link State Request，LSR）报文：用于向对方请求缺少的某个路由器相关的链路状态的详细信息。当一个路由器与邻居交换了 DBD 报文后，如果发现它的 LSDB 缺少某些条目或某些条目已过期，就使用 LSR 报文来取得邻居 LSDB 中较新的部分。

链路状态更新（Link State Update，LSU）报文：用于回复 LSR 报文和通告新信息。路由器使用这种数据包将其链路状态通知给相邻路由器。在网络运行过程中，只要一个路由器的链路状态发生变化，该路由器就要使用 LSU 报文，用泛洪法向全网更新链路状态。

链路状态确认（Link State Acknowledgement，LSAck）报文：当路由器收到 LSU 报文后，会发送 LSAck 报文来确认接收到了 LSU 报文。

4．OSPF 区域

在一个大型网络中，路由器的数量非常庞大，当每个路由器都运行 OSPF 路由协议时，要存储的 LSDB 非常多，路由器大量的存储空间会被占用，运算 SFP 算法的 CPU 负担也会加重。此外，在大型的网络中，网络拓扑发生变化的概率也增大，整个网络中充斥着大量的 OSPF 协议报文，导致网络的带宽利用率降低。

为了使 OSPF 协议能够用于规模很大的网络，OSPF 协议将一个自治系统划分为若干更小的范围，叫作区域（Area）。每个区域用区域号（Area ID）来标志。当网络中包含多个区域时，OSPF 协议有特殊的规定，即其中必须有一个 Area 0，通常也叫作骨干区域（Backbone Area）。当设计 OSPF 网络时，一个很好的方法就是先从骨干区域开始，再扩展到其他区域。OSPF 区域如图 6-8 所示。

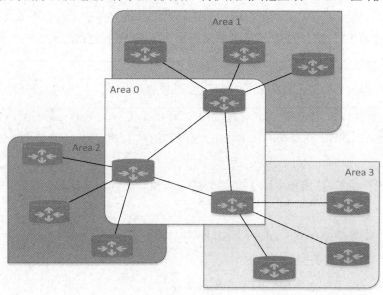

图 6-8　OSPF 区域

骨干区域的标识符规定为 0.0.0.0。骨干区域的作用是连通其他下层的区域。从其他区域发来的信息都由区域边界路由器（Area Border Router，ABR）进行路由汇总。

每一个区域至少应当有一个区域边界路由器。骨干区域内的路由器叫作骨干路由器（Backbone Router）。

骨干区域内还要有一个路由器专门和本自治系统外的其他自治系统交换路由信息，这样的路由器叫作自治系统边界路由器（Autonomous System Boundary Router，ASBR）。

划分区域的好处，就是可以把大型网络中泛洪的交换链路状态信息的范围控制在一个区域而不是整个自治系统，这就减少了整个网络上的通信量，减小了 LSDB 大小，提高了网络的可扩展性，达到快速收敛。

一个区域内部的路由器只需要知道本区域的完整网络拓扑，而不需要知道其他区域的网络拓扑情况。为了使一个区域能够和本区域以外的区域进行通信，OSPF 协议使用层次结构的区域划分。

5．SPF 算法

SPF 算法有时也被称为 Dijkstra 算法，是 OSPF 路由协议的基础。SPF 算法将每一个路由器作为根（Root）来计算其到每一个目的地路由器的距离。每一个路由器根据一个统一的数据库计算出路由域的拓扑结构图，该结构图类似于一棵树，在 SPF 算法中，被称为最短路径树。为了从 LSA 数据库中生成路由表，设备运行 SPF 算法构建最短路径树，用本设备作为路由树的根。SPF 算法计算出到网络上每一个节点的开销最小的路径，设备将这些路径的路由存入自己的路由表。

SPF 算法使用开销（COST）作为度量值。开销被分配到路由器的每个接口上，在默认情况下，一个接口的开销以 100Mbit/s 为基准自动计算得到。到某个特定目的地的路径开销是这个路由器到目的地之间的所有链路出接口的开销之和。在 OSPF 路由协议中，最短路径树的树干长度，即 OSPF 路由器至每一个目的地路由器的距离，称为 OSPF 的开销，其算法为

$$COST = \frac{100 \times 10^6}{链路带宽}$$

6．OSPF 定义的网络类型

OSPF 网络类型是一个非常重要的接口变量，这个变量将影响 OSPF 协议在接口上的操作，如采用什么方式发送 OSPF 协议报文，以及是否需要选举指定路由器、备份指定路由器等。接口默认的 OSPF 网络类型取决于接口所使用的数据链路层封装类型。

OSPF 定义了四种网络类型。

- 点到点（Point to Point，P2P）网络。
- 广播型（Broadcast，也就是 Broadcast Multi- Access，BMA）网络。
- 非广播多路访问（Non-Broadcast Multiple Access，NBMA）网络。
- 点到多点（Point to Multiple Point，P2MP）网络。

在多路访问（MA）网络中，如果每个 OSPF 路由器都与其他的所有路由器建立 OSPF 邻接关系，便会致使网络中存在过多的 OSPF 邻接关系，增加设备负担，也增加了网络中泛洪的 OSPF 协议报文数量。当拓扑出现变更时，网络中的 LSA 泛洪可能会造成带宽的浪费和设备资源的损耗。

7．OSPF 中的 DR 和 BDR

为了优化多路访问网络中的 OSPF 邻接关系，OSPF 协议指定了三种 OSPF 路由器身份，如下。

- 指定路由器（Designated Router，DR）。
- 备用指定路由器（Backup Designated Router，BDR）。
- 非指定路由器（DRother）。

DR 是多路访问网络中的核心路由器。在网络中选举一个路由器，使所有其他路由器与该路由器形成唯一的邻接关系，从而减少网络中 LSA 条目。该路由器即 DR 路由器。DR 控制 LSA 的泛洪和数据库同步；BDR 是 DR 的备份，一旦 DR 宕机，BDR 将立即接替它的工作，平时 BDR 只负责监听。

OSPF 协议只允许 DR、BDR 与 DRother 建立邻接关系。DRother 之间不会建立邻接关系，双方停滞在 Two-way 状态。BDR 会监听 DR 的状态，并在当前 DR 发生故障时接替其角色。

只有在广播或 NBMA 类型的接口上才会选举 DR，在点到点或点到多点类型的接口上不需要选举 DR。

设计的考虑是让 DR 或 BDR 成为信息交换的中心，路由器首先与 DR、BDR 交换更新信息，然后 DR 将这些更新信息转发给该网段上的其他路由器。

DR 的选举是通过 OSPF 协议的 Hello 数据包来完成的。在 OSPF 协议初始化的过程中，会通过 Hello 数据包在一个多路访问的网段上选出一个 ID 最大的路由器作为 DR，并且选出 ID 次大的路由器作为 BDR，BDR 在 DR 失效后能自动提升为 DR。

OSPF 协议用 DR 保持在一个 LAN 内的所有路由。这样减少了在一个 LAN 内的路由更新信息，节省了 LAN 带宽。对于连接到同一个 LAN 上的 OSPF 路由器，只有当它们自身的路由表没有目标的地址项目时，才向 DR 请示一条路由。为了使网络有效和冗余，OSPF 协议同时启用了 BDR。

当一个网段上的 DR 和 BDR 选举产生后，该网段上的其余所有路由器都只与 DR 及 BDR 建立邻接关系。

OSPF DR 的选举规则如下。

- DR 的选举是基于接口的。
- OSPF 路由器接口优先级最高的为 DR，次高的为 BDR。
- 当优先级相同时，比较 Router ID，Router ID 越大越优先。
- 默认的 OSPF 接口优先级为 1；优先级为 0 的路由器不参与选举。

- 在 DR 选举等待时间结束时，若还没有进行 DR 选举，则 OSPF 路由器会选举自己为 DR（OSPF 接口优先级为 0 的除外）。

OSPF DR 失效的处理规则如下。

- 当 DR 失效时，BDR 成为 DR，在该链路上重新选举 BDR。
- 当 BDR 失效时，在该链路上选举新的 BDR。
- 为保持稳定，完成 DR、BDR 选举后，在该链路上新增 OSPF 路由器时，不会进行 DR、BDR 选举，即使新增 OSPF 接口优先级更高的路由器。
- DR、BDR 是 OSPF 协议在链路上的概念，只在本链路上有效。

路由器中存在本地回环（Loopback）接口，它们并不是真正的路由器接口，而是逻辑的接口，此类接口一旦启用就会一直是 UP 的状态，不需要用 no shutdown 命令激活，经常被用来模拟一个子网以便进行网络测试。在 OSPF 路由协议中配置使用 Loopback 接口是为了确保在 OSPF 进程中总有一个激活的接口，Loopback 接口可以用于 OSPF 协议的配置和诊断。一般会指定一个 Loopback 接口的 IP 地址为 OSPF 路由器的 Router ID，如果 Loopback 接口不存在的话，则该路由器的各个接口中最大的 IP 地址就是该路由器的 Router ID。此 Router ID 用于通告路由及选举 DR 和 BDR。

Loopback 接口的配置命令如下。

```
Router(config)#interface loopback  1
Router(config)#ip address 1.1.1.1
```

8. OSPFv2 基本配置命令

```
Router(config)# router ospf process-id
Router(config-router)# network address inverse-mask area area-id
```

process-id 代表 OSPF 进程号，进程号的取值范围为 1~65535。network 命令决定了哪些接口参与 OSPF 区域的路由过程。路由器上任何匹配 network 命令中的网络地址的接口都将启用，可发送和接收 OSPF 数据包。因此，OSPF 路由更新信息中包含接口的网络（或子网）地址。address 为通告的网络， inverse-mask 为通配符，area-id 为区域号，如果 area-id 为 0，就是主干区域。

```
Router# show ip protocols       //显示路由器的 IP 路由选择协议的参数
Router# show ip route ospf      //查看 OSPF 协议学到的路由
Router# show ip ospf interface  //查看 OSPF 接口的信息
```

例如，某个路由器配置完成 OSPF 协议后，使用 show ip route ospf 命令查看 OSPF 协议学到的路由。

```
RouterA# show ip route ospf
 Codes: C - connected, S - static, I - IGRP, R - RIP, M - mobile,
   B - BGP, D - EIGRP, EX - EIGRP external, O - OSPF,
   IA - OSPF inter area, E1 - OSPF external type 1,
   E2 - OSPF external type 2, E - EGP, i - IS-IS, L1 - IS-IS
   level-1, L2 - IS-IS level-2, * - candidate default
Gateway of last resort is not set
```

```
        10.0.0.0 255.255.255.0 is subnetted, 2 subnets
O       10.2.1.0 [110/10] via 10.64.0.2, 00:00:50, Ethernet0
```

9. OSPFv3

随着 IPv6 网络的大规模建设，同样需要动态路由协议为 IPv6 报文的转发提供准确有效的路由信息。OSPFv3 主要用于在 IPv6 网络中提供路由功能，是 IPv6 网络中路由技术的非常重要的路由协议。

IETF 在保留了 OSPFv2 优点的基础上针对 IPv6 网络修改形成了 OSPFv3。OSPFv3 与 OSPFv2 相比，基本运行机制没有改变，使用 SPF 算法、泛洪、DR 选举、区域等机制，不同的地方是，OSPFv3 基于链路运行及拓扑计算，而不再是网段。OSPFv3 支持一个链路上多个实例。OSPFv3 报文和 LSA 中去掉了 IP 地址的意义，并且重构了报文格式和 LSA 格式。

OSPFv3 通过 Router ID 来标识网络设备。Router ID 是一个 OSPFv3 设备在自治系统中的唯一标识。如果用户没有指定 Router ID，则 OSPFv3 进程无法运行。当设置 Router ID 时，必须保证自治系统中任意两个设备的 Router ID 都不相同。

OSPFv3 不再直接提供验证功能，转而依赖 IPv6 所提供的 AH（Authentication Header）和 ESP（Encapsulating Security Payload）协议进行验证，以确保路由信息的可信性、完整性和机密性。

思科设备的 OSPFv3 基本配置命令如下。

（1）启用路由进程。

```
Router(config)#ipv6 router ospf process-id
```

（2）激活接口，通告接口属于哪个区域。

```
Router(config-if)#ipv6 ospf  process-id area id
```

（3）配置 Router ID。

```
Router(config-rtr)#router-id 2.2.2.2
```

6.2.3 BGP 协议

BGP（Border Gateway Protocol，边界网关协议）是运行于 TCP 上的一种自治系统的路由协议。自治系统指的是拥有同一路由策略，在同一技术管理部门下运行的一组路由器。BGP 属于外部路由协议。BGP 的主要目标是为处于不同自治系统中的路由器之间进行路由信息通信提供保障。BGP 既不是纯粹的矢量距离路由协议，也不是纯粹的链路状态路由协议，通常被称为通路向量路由协议。这是因为 BGP 在发布到一个目的网络的可达性信息的同时，还会发布 IP 分组到达目的网络过程中所必须经过的自治系统的列表。

BGP 用于在不同的自治系统之间交换路由信息。当两个自治系统需要交换路由信息时，每个自治系统都必须指定一个运行 BGP 的节点，来代表此自治系统与其他的自治系统交换路由信息。BGP 是沟通广域网的主用路由协议，如不同省份、不同国家之间的路由大多要依靠 BGP。IBGP 和 EBGP 的应用如图 6-9 所示。

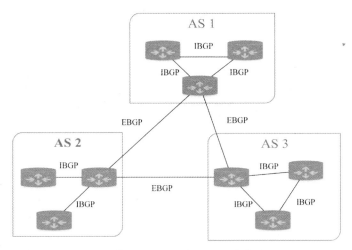

图 6-9 IBGP 和 EBGP 的应用

1. BGP 协议的工作过程

BGP 在运行时需要先建立对等体关系（类似 OSPF 中的邻居关系），对等体有两种，分别为 IBGP 和 EBGP。BGP 的工作过程如下。

（1）管理员定义邻居的 IP 地址，前提是对邻居的 IP 地址可达。

（2）启动 BGP 后，使用 179 号端口进行 TCP 的三次握手来建立 TCP 的会话。

（3）会话建立后，收发 Open 报文来建立邻居关系，生成邻居表。

（4）邻居关系建立后，邻居间使用 Update 报文共享路由条目，在收发了路由信息后，本地生成 BGP 表；BGP 表中装载本地发出及接收到的所有路由条目；随后路由器将 BGP 表中的最佳路径（不一定是最佳选路，仅为 BGP 参数最佳）加载于路由表中，收敛完成，仅在 Keepalive 报文周期内保持激活即可；若出现结构变化，进行触发更新，就变化信息发送 Update 报文即可。

2. BGP 协议的报文类型

（1）Open（打开）报文。

当两个 BGP 对等路由器之间建立一个 TCP 连接后，就分别发送一个 Open 报文，声明各自的自治系统号，并确定其他操作参数。

当路由器接收到来自对等路由器的 Open 报文时，BGP 将发送一个 Keepalive 报文。在路由器之间交换选路信息之前，通信双方都必须发送一个 Open 报文，并接收一个 Keepalive 报文。Keepalive 报文可以用作对 Open 报文的确认。

（2）Update（更新）报文。

对等的 BGP 路由器之间建立了 TCP 连接，并成功接收到对 Open 报文的 Keepalive 确认报文，对等路由器之间就可以使用 Update 报文来通告网络的可达性信息。通告的内容可以是新的可达的目的网络，也可以是撤销原来的某些目的网络的可达性。

（3）Keepalive（保持激活）报文。

Keepalive 报文用于在两个 BGP 对等路由器之间定期测试网络连接性，并证实对等路由器的正常工作。TCP 协议本身没有提供自动的连接状态的通知机制，对等路由器之间定期交换 Keepalive 报文可以使 BGP 实体检测 TCP 连接是否工作正常。Keepalive 报文仅包含标准的 BGP 报文头，报文长度为 19 字节。

（4）Notification（通知）报文。

BGP 在发现错误时（或需要进行控制时），可以利用 Notification 报文来通知对等路由器。一旦通知成功，路由器检查到了出现的错误，BGP 就会首先向对等路由器发送一个 Notification 报文，然后关闭 TCP 连接终止通信。

3．BGP 协议的基本配置命令

（1）启动 BGP。

```
Router(config)# router bgp autonomous-system
```

自治系统号用来识别这个路由器是属于哪个自治系统的。

（2）确定与当前路由器建立会话的对等路由器。

```
Router(config-router)#  neighbor  {ip-address  |  peer-group-name}remote-as
autonomous-system
```

IP 地址是所有前往该邻居路由器的 BGP 分组的目的地址。remote-as 后指定的自治系统号将用来确定指定的邻居是 IBGP 邻居还是 EBGP 邻居。

（3）通告网络。

```
Router(config-router)# network network-number [mask network-mask] [route-map
map-tag]
```

上述命令用来告诉 BGP 通告什么网络，如果没有指定子网掩码，则默认通告主类网络，支持无类前缀。路由器可以通告子网、网络或超网。

6.3　网络互联设备

常见的网络互联设备有中继器、集线器、交换机、路由器等。集线器或二层交换机将计算机连接起来，形成了局域网，可以在小范围内传输数据。为了在更大范围内实现相互通信和资源共享，需要将局域网连接起来。如果在不同的局域网间传送数据，如以太网与令牌环网相联，由于包格式不同，数据信息需要转换至 OSI 参考模型的第三层（网络层），工作在网络层的设备有路由器和三层交换机。

6.3.1　路由器

路由器（Router）是连接两个或多个网络的硬件设备，在网络间起网关的作用，是读取每一个数据包中的地址后决定如何传送的专用智能性的网络设备。在网络通信中，路由器具有判断网络地址及选择 IP 路径的作用，可以在多个网络环境中，构建灵活的连接系统，通过不同的数据分组及介质访问方式对各个子网进行连接。

1．路由器的构成

路由器实质上是一种特殊的计算机。它由以下几部分组成。

- 中央处理单元（CPU）。
- 操作系统（OS）。
- 内存和存储（RAM、ROM、NVRAM、闪存、硬盘）。

（1）中央处理单元。

中央处理单元（Central Processor Unit，CPU）也称为中央处理器。作为路由器的中枢，CPU 主要负责执行路由器操作系统（IOS）的指令，以及解释、执行用户输入的命令。CPU 还完成与计算有关的工作。例如，当网络拓扑发生改变时，CPU 重新计算网络拓扑数据库。因此，CPU 的处理能力对路由器的性能有很大影响。

（2）ROM。

ROM（Read Only Memory，只读存储器）中包括开机自检程序（Power On Self Test，POST）、系统引导程序及路由器操作系统的精简版本。

（3）RAM。

RAM（Random Access Memory，内存）也称随机存储器。它用来存储用户的数据包队列及路由器在运行过程中产生的中间数据，如路由表、ARP 缓冲区等。此外，RAM 还用来存储路由器的运行配置文件。当路由器被关闭或重新启动时，RAM 中的内容都将丢失。

（4）闪存。

闪存（Flash Memory）是可擦写、可编程的 ROM。闪存主要负责保存操作系统的映像文件。

（5）NVRAM。

NVRAM（Nonvolatile RAM，非易失性内存）是用来存储路由器的启动配置文件。在路由器断电时，其内容仍能保持。

此外，路由器构成还包括了路由器操作系统、配置文件和实用管理程序等软件。路由器有两种类型的配置文件：启动配置文件和运行配置文件。路由器的应用场景如图 6-10 所示。

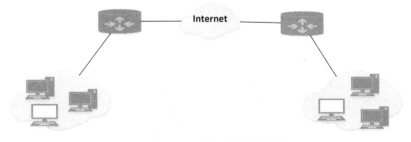

图 6-10　路由器的应用场景

2．路由器的分类

按功能是否模块化分类：路由器可分为模块化路由器和非模块化路由器。模块化路由器可以实现路由器的灵活配置，适应企业的业务需求；非模块化路由器只能提供固定单一的端口。在通常情况下，高端路由器是模块化结构的，低端路由器是非模块化结构的。

按功能分类：在各种级别的网络环境中，每个路由器都担负着特定的职责功能，按这些功能可将路由器分为骨干级路由器、企业级路由器和接入级路由器。骨干级路由器数据吞吐量较大且重要，是企业级网络实现互联的关键。骨干级路由器要求高速及高可靠性。网络通常采用热备份、双电源和双数据通路等技术来确保其可靠性。企业级路由器用于连接多个逻辑上分开的网络，可以采用复杂的网络拓扑结构，适用于大规模的企业网络连接。接入级路由器用于家庭接入互联网，或者用于小型企业接入互联网。

按所处网络位置分类：路由器可以分为边界路由器和中间节点路由器。边界路由器将局域网接入广域网，在局域网和广域网之间转发 IP 报文。接入互联网的路由器和 VPN 路由器都属于边界路由器。边界路由器处于网络的边缘或末端，边界路由器所支持的网络协议和路由协议比较多，背板带宽通常比较高，具有较大的吞吐能力，能满足各类网络的互联需求。中间节点路由器则处于局域网的内部，通常用于连接不同局域网，起到数据转发的桥梁作用。中间节点路由器更注重 MAC 地址的记忆能力，要求较大的缓存。

3．路由器的接口

控制台端口（Console Port）：控制台端口提供了一个 EIA/TIA RS-232 异步串行接口，供用户对路由器进行配置使用。不同的路由器可能有不同形式的控制台端口。有些路由器采用DB-25 母线连接器，更常见的是 RJ-45 控制台连接器。当第一次配置路由器时，必须采用控制台端口（也叫配置口或控制台口）方式，对路由器进行配置。这种方式通过计算机的串口直接连接路由器的控制台端口进行配置，不占用网络带宽，因此被称为带外管理，只能在本地配置。

局域网接口：局域网接口主要用于路由器与局域网进行连接。局域网类型是多种多样的，这就决定了路由器的局域网接口类型也是多种多样的，如 AUI 端口、RJ-45 端口、SC 端口等。AUI 端口是用来与粗同轴电缆连接的局域网接口，它是一种 D 型 15 针局域网接口，这在令牌环网或总线型网络中是一种比较常见的端口。RJ-45 端口是我们常见的双绞线以太网端口。SC端口是我们常说的光纤端口，用于与光纤的连接。

广域网接口：路由器与广域网连接的接口称为广域网接口。路由器中常见的广域网接口有以下几种：RJ-45 端口、AUI 端口、高速同步串口、异步串口、ISDN 端口等。在路由器的广域网连接中，应用较多的端口是高速同步串口，这种端口主要用于 DDN、帧中继（Frame Relay）、X.25、PSTN（模拟电话线路）等网络连接模式。这种端口一般要求速率非常高。异步串口主要用于 Modem 或 Modem 池的连接，用于实现远程计算机通过公用电话网拨入网络。ISDN 端口用于 ISDN 线路通过路由器实现与 Internet 或其他远程网络的连接。用于广域网接口连接的线缆有同轴电缆、双绞线、光缆（主要是单模光纤）等。

4．路由器访问方式

路由器访问方式可以分为带内和带外两种，而带内的访问方式又分为 3 种，分别是通过 Telnet（SSH）对路由器进行远程管理、通过 Web 对路由器进行远程管理、通过 SNMP 管理工作站对路由器进行远程管理。

现在，大多数的台式计算机和笔记本电脑都不内置串行端口，但是有 USB 接口，因此，在第一次配置路由器时，会使用特殊的 USB 接口转 RS-232 接口线路。通过控制台端口连接路由器如图 6-11 所示。

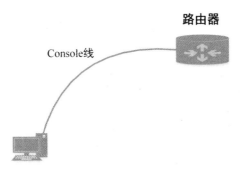

图 6-11　通过控制台端口连接路由器

路由器进行初始化配置后，配置了管理地址，就可以通过网络的方式对路由器进行再配置了，此时配置命令均要通过网络传输，因此也称为带内管理方式。这种方式可以实现路由器的远程配置。在生产环境中，常用的带内管理方式是使用安全外壳（SSH）来远程访问路由器。

AUX 端口也称为路由器的备份配置口，通过连接 Modem 之类的拨号设备，以远程方式对路由器进行配置。在路由器的 RJ-45 端口出现故障，不能通过网络远程配置的紧急情况下，AUX 端口作为配置路由器的备份端口。

5．配置路由器基础命令

```
Router> enable   //进入特权模式
Router (config)#
Router#configure terminal   //进入全局配置模式
Router(config)# enable secret class   //设置进入特权模式的密码
Router(config)#interface fastethernet 1/0   //进入路由器 F1/0 接口模式
Router(config-if) # ip address 192.168.1.1 255.255.255.0   //配置 F1/0 接口的 IP 地址
Router(config-if)#exit   //退回上一级操作模式
Router(config)#
Router(config-if)#end   //直接退回到特权模式
Router # show running-config   //查看运行配置
Router # show startup-config   //查看保存的启动配置文件
Router # write   //保存配置文件
R1(config)# ipv6 unicast-routing   //开启 IPv6 的路由功能
R1(config)# interface gigabitethernet 0/0/0
R1(config-if)# ip address 10.0.1.1 255.255.255.0
R1(config-if)# ipv6 address 2001:db8:acad:1::1/64 //设置 IPv6 地址
R1(config-if)# ipv6 address fe80::1:a link-local   //设置 IPv6 链路本地地址
```

6.3.2 三层交换机

三层交换机就是具有部分路由器功能的交换机，工作在 OSI 参考模型的第三层（网络层），如图 6-12 所示。三层交换机的重要目的是加快大型局域网内部的数据交换，所具有的路由功能也是为这目的服务的，能够做到"一次路由，多次转发"。三层交换机对于数据包转发等规律性的过程，由硬件高速实现，而对于路由信息更新、路由表维护、路由计算、路由确定等功能，由软件实现。

1. 三层交换机的工作原理

三层交换机采用结构化、模块化的设计方法，包含硬件模块和软件模块。硬件模块和软件模块分工明确、配合协调。三层交换机的设计基于对 IP 路由的详细分析，把 IP 路由中每个报文都必须经过的过程提取出来，这个过程是十分简化的过程。IP 路由中绝大多数报文是不包含选项的报文，因此在多数情况下处理报文 IP 选项的工作是多余的。不同网络的报文长度是不同的，为了适应不同的网络，IP 要实现报文分片的功能，但是在全以太网的环境中，网络的帧长度是固定的，因此报文分片也是一个可以省略的工作。第三层交换技术没有采用路由器的最长地址掩码匹配的方法，而是使用了精确地址匹配的方法来处理，这有利于硬件实现快速查找。

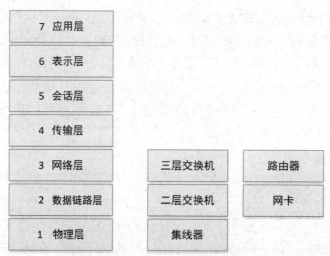

图 6-12　三层交换机工作在网络层

2. 三层交换机的应用

三层交换机在网络中的应用非常广泛，三层交换机一般被放置在企业网、校园网及小区的中心和多个小区的汇聚层。三层交换机的出现，极大改变了局域网的性能。

三层交换机既有三层路由的功能，又有二层交换的网络速度。出于安全和管理方便的考虑，为了控制广播风暴，使用 VLAN 技术把大型局域网按功能或地域等因素划成一个个小的局域网，而各个不同 VLAN 间的通信都要通过路由器来完成转发。随着网间互访数量的不断增加，如果使用路由器来实现网间访问，则由于端口数量有限，而且路由速度较慢，从而限制了网络的规模和访问速度。三层交换机使用硬件 ASIC 芯片解析传输信号。通过使用先进 ASIC

芯片，三层交换机可提供远高于路由器网络的传输性能。与路由器相比，三层交换机接口类型简单，拥有很强的二层包处理能力，非常适用于大型局域网内的数据路由与交换。三层交换机在网络中的位置如图 6-13 所示。

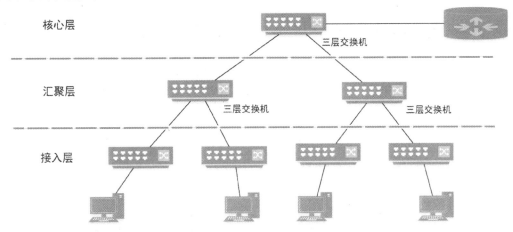

图 6-13　三层交换机在网络中的位置

3．三层交换机的基本配置命令

三层交换机的基本配置命令如下。

```
Switch(config)# interface vlan 10                          //进入 SVI 接口配置模式
Switch(config-if)# ip address 192.168.1.1 255.255.255.0    //给 SVI 接口配置 IP 地
址，开启三层交换功能，这些地址作为各 VLAN 内的主机网关地址
 Switch(config)# interface fastethernet 1/0                //进入三层交换机的接口配置模式
Switch(config-if)#no switchport                            //开启该接口的三层交换功能
Switch(config-if)# ip address 192.168.2.1 255.255.255.0  //给指定的接口配置 IP 地址，
这些 IP 地址作为各个子网内的主机网关地址
```

6.4　项目实验

6.4.1　项目实验一：静态路由配置

1．项目描述

（1）项目背景。

某学院有东、西、北三个独立的校区。学院的西校区校园网使用路由器作为网络出口设备，使用专线技术接入 Internet。北校区、东校区校园网通过 Internet 和西校区网络中心的出口路由器连接，现需要针对东、西、北三个校区的路由器进行静态路由配置，实现学院校园网三个校区所有主机之间相互通信。你作为该学院的网络工程师，如何完成该项任务？

（2）设备连接拓扑结构图如图 6-14 所示。

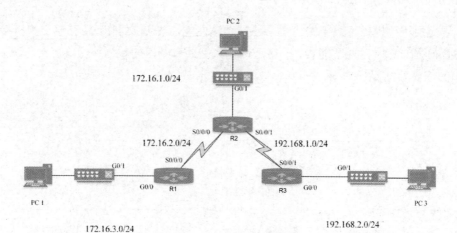

图 6-14　设备连接拓扑结构图

（3）设备地址分配表如表 6-2 所示。

表 6-2　设备地址分配表

设备	接口	IPv4 地址	子网掩码
R1	G0/0	172.16.3.1	255.255.255.0
	S0/0/0	172.16.2.1	255.255.255.0
R2	G0/0	172.16.1.1	255.255.255.0
	S0/0/0	172.16.2.2	255.255.255.0
	S0/0/1	192.168.1.2	255.255.255.0
R3	G0/0	192.168.2.1	255.255.255.0
	S0/0/1	192.168.1.1	255.255.255.0
PC 1	网卡	172.16.3.10	255.255.255.0
PC 2	网卡	172.16.1.10	255.255.255.0
PC 3	网卡	192.168.2.10	255.255.255.0

（4）任务内容。

第 1 部分：配置路由器接口 IP 地址。

● 配置西校区路由器接口 IP 地址。

● 配置北校区路由器接口 IP 地址。

● 配置东校区路由器接口 IP 地址。

第 2 部分：配置静态路由。

● 配置西校区路由器静态路由。

● 配置北校区路由器静态路由。

● 配置东校区路由器静态路由。

第 3 部分：实验结果验证。

● 查看三个校区路由器的路由表。

● 测试三个校区的主机能否相互连通。

（5）所需资源。

路由器（3 台）、V35DCE（2 根）、V35DTE（2 根）、网线（若干）、PC（若干）。

2．项目实施

第 1 部分：配置路由器接口 IP 地址。

步骤 1：配置西校区路由器接口 IP 地址。

```
Router > enable
Router # configure terminal
Router (config)#hostname R1
R1(config)#interface G0/0
R1(config-if)#ip address 172.16.3.1  255.255.255.0
R1(config-if)# no shutdown
R1(config-if)#interface S0/0/0
R1(config-if)#ip address 172.16.2.1  255.255.255.0
R1(config-if)# clock  rate 128000
R1(config-if)#no shutdown
R1(config-if)#exit
```

步骤 2：配置北校区路由器接口 IP 地址。

```
Router > enable
Router # configure terminal
Router (config)#hostname R2
R2 (config)# interface G0/0
R2 (config-if)# ip address 172.16.1.1  255.255.255.0
R2(config-if)# no shutdown
R2(config-if)#interface S0/0/0
R2 (config-if)# ip address 172.16.2.2  255.255.255.0
R2(config-if)# no shutdown
R2(config-if)# interface S0/0/1
R2(config-if)# ip address 192.168.1.2  255.255.255.0
R2(config-if)# clock  rate  128000
R2(config-if)#no shutdown
R2(config-if)#exit
```

步骤 3：配置东校区路由器接口 IP 地址。

```
Router > enable
Router # configure terminal
Router (config)#hostname R3
R3(config)# interface G0/0
R3(config-if)# ip address 192.168.2.1  255.255.255.0
R3(config-if)# no shutdown
R3(config-if)# interface s0/0/1
R3(config-if)# ip address 192.168.1.1  255.255.255.0
R3(config-if)#no shutdown
R3(config-if)#exit
```

第 2 部分：配置静态路由。

步骤 1：配置西校区路由器静态路由。

```
R1(config)#ip route  172.16.1.0  255.255.255.0  172.16.2.2
R1(config)#ip route  192.168.1.0  255.255.255.0  172.16.2.2
R1(config)#ip route  192.168.2.0  255.255.255.0  172.16.2.2
R1(config)#exit
```

步骤 2：配置北校区路由器静态路由。

```
R2(config)#ip route 192.168.2.0 255.255.255.0  192.16.1.1
R2(config)#ip route 172.168.3.0 255.255.255.0  172.16.2.1
R2(config)#exit
```

步骤 3：配置东校区路由器静态路由。

```
R3(config)#ip route 172.16.3.0 255.255.255.0  192.168.1.2
R3(config)#ip route 172.16.2.0 255.255.255.0  192.168.1.2
R3(config)#ip route 172.16.1.0 255.255.255.0  192.168.1.2
R3(config)#exit
```

第 3 部分：实验结果验证。

步骤 1：在特权模式下输入 show ip route 命令查看三个校区路由器上的路由表。

先检查西校区路由器上的路由表，代码如下。

```
R1#show ip route
Codes: L - local, C - connected, S - static, R - RIP, M - mobile, B - BGP
     D - EIGRP, EX - EIGRP external, O - OSPF, IA - OSPF inter area
     N1 - OSPF NSSA external type 1, N2 - OSPF NSSA external type 2
     E1 - OSPF external type 1, E2 - OSPF external type 2, E - EGP
     i - IS-IS, L1 - IS-IS level-1, L2 - IS-IS level-2, ia - IS-IS inter area
     * - candidate default, U - per-user static route, o - ODR
     P - periodic downloaded static route
Gateway of last resort is not set
     172.16.0.0/16 is variably subnetted, 5 subnets, 2 masks
S       172.16.1.0/24 [1/0] via 172.16.2.2
C       172.16.2.0/24 is directly connected, Serial0/0/0
L       172.16.2.1/32 is directly connected, Serial0/0/0
C       172.16.3.0/24 is directly connected, GigabitEthernet0/0
L       172.16.3.1/32 is directly connected, GigabitEthernet0/0
S     192.168.1.0/24 [1/0] via 172.16.2.2
S     192.168.2.0/24 [1/0] via 172.16.2.2
```

从显示结果可以看到，有 3 条静态路由条目。

用同样的方法查看北校区、东校区路由器的路由表。

步骤 2：测试三个校区的主机能否相互连通。

给西校区网络的主机 PC1 配置 IP 地址为 172.16.3.10/24，给东校区网络的主机 PC3 配置 IP 地址为 192.168.2.10/24。

在主机 PC1 中打开命令行，ping 主机 PC3，结果显示如下。

```
C:\>ping 192.168.2.10
Pinging 192.168.2.10 with 32 bytes of data:
Request timed out.
Reply from 192.168.2.10: bytes=32 time=2ms TTL=125
Reply from 192.168.2.10: bytes=32 time=2ms TTL=125
Reply from 192.168.2.10: bytes=32 time=2ms TTL=125
Ping statistics for 192.168.2.10:
    Packets: Sent = 4, Received = 3, Lost = 1 (25% loss),
Approximate round trip times in milli-seconds:
    Minimum = 2ms, Maximum = 2ms, Average = 2ms
```

以上结果表明，两个校区的网络已经连通，静态路由协议配置成功。用同样的方法测试西校区和北校区的网络连通性、北校区和东校区的网络连通性。

6.4.2　项目实验二：动态路由配置

1. 项目描述

（1）项目背景。

某学院分为东、西、南、北 4 个独立的校区。学院的西校区校园网，使用路由器作为网络出口设备。西校区校园网借助该路由器设备，使用专线技术接入 Internet 网络。东校区、南校区、北校区校园网通过 Internet 和学院西校区网络中心的出口路由器连接，现需要针对东、西、南、北校区的路由器，进行 OSPF 动态路由配置，实现学院校园网所有主机之间相互通信。你作为该学院的网络工程师，如何完成该项任务？

（2）设备连接拓扑结构图如图 6-15 所示。

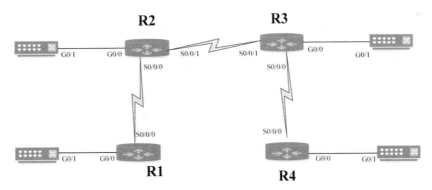

图 6-15　设备连接拓扑结构图

（3）设备地址分配表如表 6-3 所示。

表 6-3　设备地址分配表

设备	接口	IPv4 地址	子网掩码
R1	G0/0	192.168.1.1	255.255.255.0
	S0/0/0	192.168.2.1	255.255.255.0
	Loopback 1	1.1.1.1	255.255.255.0

设备	接口	IPv4 地址	子网掩码
R2	G0/0	192.168.3.1	255.255.255.0
	S0/0/0	192.168.2.2	255.255.255.0
	S0/0/1	192.168.4.2	255.255.255.0
	Loopback 1	2.2.2.2	255.255.255.0
R3	G0/0	192.168.5.1	255.255.255.0
	S0/0/1	192.168.4.1	255.255.255.0
	S0/0/0	192.168.6.1	255.255.255.0
	Loopback 1	3.3.3.3	255.255.255.0
R4	G0/0	192.168.7.1	255.255.255.0
	S0/0/0	192.168.6.2	255.255.255.0
	Loopback 1	4.4.4.4	255.255.255.0

（4）任务内容。

第 1 部分：配置路由器接口 IP 地址。

- 配置西校区路由器接口 IP 地址。
- 配置北校区路由器接口 IP 地址。
- 配置东校区路由器接口 IP 地址。
- 配置南校区路由器接口 IP 地址。

第 2 部分：配置 OSPF 动态路由。

- 配置西校区路由器 OSPF 动态路由。
- 配置北校区路由器 OSPF 动态路由。
- 配置东校区路由器 OSPF 动态路由。
- 配置南校区路由器 OSPF 动态路由。

第 3 部分：实验结果验证。

- 查看 4 个校区路由器的路由表。
- 测试 4 个校区的路由器能否相互连通。

（5）所需资源。

- 路由器（4 台）、V35DCE（3 根）、V35DTE（3 根）、网线（若干）、PC（若干）。

2. 项目实施

第 1 部分：配置路由器接口 IP 地址。

步骤 1：配置西校区路由器接口 IP 地址。

```
Router > enable
Router # configure terminal
```

```
Router (config)#hosname R1
R1(config)#interface G0/0
R1(config-if)#ip address 192.168.1.1 255.255.255.0
R1(config-if)# no shutdown
R1(config-if)#interface S0/0/0
R1(config-if)#ip address 192.168.2.1 255.255.255.0
R1(config-if)# clock rate 128000
R1(config-if)#no shutdown
R1(config-if)#exit
Router(config)# interface loopback 1
Router(config-if)#ip address 1.1.1.1 255.255.255.0
```

　　hosname R1 命令将西校区路由器命名为 R1，clock rate 128000 命令的作用是设置 DCE 端的时钟频率。

　　步骤 2：配置北校区路由器接口 IP 地址。

```
Router > enable
Router # configure terminal
Router (config)#hosname R2
R2 (config)# interface G0/0
R2 (config-if)# ip address 192.168.3.1 255.255.255.0
R2(config-if)# no shutdown
R2(config-if)# interface S0/0/0
R2 (config-if)# ip address 192.168.2.2 255.255.255.0
R2(config-if)# no shutdown
R2(config-if)# interface S0/0/1
R2(config-if)# ip address 192.168.4.2 255.255.255.0
R2(config-if)# clock rate 128000
R2(config-if)#no shutdown
R2(config-if)#exit
Router(config)# interface loopback 1
Router(config-if)#ip add 2.2.2.2 255.255.255.0
```

　　步骤 3：配置东校区路由器接口 IP 地址。

```
Router > enable
Router # configure terminal
Router (config)#hosname R3
R3(config)#int G0/0
R3(config-if)# ip address 192.168.5.1 255.255.255.0
R3(config-if)# no shutdown
R3(config-if)# interface S0/0/1
R3(config-if)# ip address 192.168.4.1 255.255.255.0
R3(config-if)#clock rate 128000
R3(config-if)#no shutdown
R3(config-if)#exit
R3(config)# interface loopback 1
R3(config-if)#ip add 3.3.3.3 255.255.255.0
```

　　步骤 4：配置南校区路由器接口 IP 地址。

```
Router > enable
Router # configure terminal
Router (config)#hosname R4
R3(config)#int G0/0
R3(config-if)# ip address 192.168.7.1 255.255.255.0
R3(config-if)# no shutdown
R3(config-if)# interface S0/0/1
R3(config-if)# ip address 192.168.6.2 255.255.255.0
R3(config-if)#no shutdown
R3(config-if)#exit
R3(config)# interface loopback 1
R3(config-if)#ip add 4.4.4.4 255.255.255.0
```

第 2 部分：配置 OSPF 动态路由。

步骤 1：配置西校区路由器 OSPF 动态路由。

```
R1(config)#router ospf 1
R1(config-router)#network 192.168.1.0 0.0.0.255 area 0
R1(config-router)#network 192.168.2.0 0.0.0.255 area 0
R1(config-router)#end
R1#write
```

router ospf 1 命令用来启动 OSPF，进程号为 1（取值范围为 1～65535），192.168.1.0 为通告的网络，0.0.0.255 为通配符，area 0 指区域号为 0，该区域是主干区域。

步骤 2：配置北校区路由器 OSPF 动态路由。

```
R2(config)#router ospf 1
R2(config-router)#network 192.168.2.0 0.0.0.255 area 0
R2(config-router)#network 192.168.3.0 0.0.0.255 area 0
R2(config-router)#network 192.168.4.0 0.0.0.255 area 0
R2(config-router)#end
R2#write
```

步骤 3：配置东校区路由器 OSPF 动态路由。

```
R3(config)#router ospf 1
R3(config-router)#network 192.168.4.0 0.0.0.255 area 0
R3(config-router)#network 192.168.5.0 0.0.0.255 area 0
R3(config-router)#network 192.168.6.0 0.0.0.255 area 0
R3(config-router)#end
R3#write
```

步骤 4：配置南校区路由器 OSPF 动态路由。

```
Router(config)#router ospf 1
Router(config-router)#network 192.168.6.0 0.0.0.255 area 0
Router(config-router)#network 192.168.7.0 0.0.0.255 area 0
Router(config-router)#end
Router#write
```

第 3 部分：实验结果验证。

步骤 1：在特权模式下输入 show ip route 命令查看 4 个校区路由器的路由表。

先检查西校区路由器的路由表，代码如下。

```
R1#show ip route
Codes: L - local, C - connected, S - static, R - RIP, M - mobile, B - BGP
       D - EIGRP, EX - EIGRP external, O - OSPF, IA - OSPF inter area
       N1 - OSPF NSSA external type 1, N2 - OSPF NSSA external type 2
       E1 - OSPF external type 1, E2 - OSPF external type 2, E - EGP
       i - IS-IS, L1 - IS-IS level-1, L2 - IS-IS level-2, ia - IS-IS inter area
       * - candidate default, U - per-user static route, o - ODR
       P - periodic downloaded static route
Gateway of last resort is not set
    1.0.0.0/8 is variably subnetted, 2 subnets, 2 masks
C      1.1.1.0/24 is directly connected, loopback1
L      1.1.1.1/32 is directly connected, loopback1
    192.168.1.0/24 is variably subnetted, 2 subnets, 2 masks
C      192.168.1.0/24 is directly connected, GigabitEthernet0/0
L      192.168.1.1/32 is directly connected, GigabitEthernet0/0
    192.168.2.0/24 is variably subnetted, 2 subnets, 2 masks
C      192.168.2.0/24 is directly connected, Serial0/0/0
L      192.168.2.1/32 is directly connected, Serial0/0/0
O    192.168.3.0/24 [110/65] via 192.168.2.2, 00:32:23, Serial0/0/0
O    192.168.4.0/24 [110/128] via 192.168.2.2, 00:32:23, Serial0/0/0
O    192.168.5.0/24 [110/129] via 192.168.2.2, 00:01:32, Serial0/0/0
O    192.168.6.0/24 [110/192] via 192.168.2.2, 00:01:12, Serial0/0/0
O    192.168.7.0/24 [110/193] via 192.168.2.2, 00:00:12, Serial0/0/0
```

从显示结果可以看到，有 4 条 OSPF 动态路由条目。用同样的方法查看北校区、东校区和南校区的路由器的路由表。

步骤 2：用 show ip ospf interface 命令查看北校区路由器 R2 的所有 OSPF 接口信息。

```
R2#show ip ospf interface
GigabitEthernet0/0 is up, line protocol is up
  Internet address is 192.168.3.1/24, Area 0
  Process ID 1, Router ID 2.2.2.2, Network Type BROADCAST, Cost: 1
  Transmit Delay is 1 sec, State DR, Priority 1
  Designated Router (ID) 2.2.2.2, Interface address 192.168.3.1
  No backup designated router on this network
  Timer intervals configured, Hello 10, Dead 40, Wait 40, Retransmit 5
    Hello due in 00:00:08
  Index 1/1, flood queue length 0
  Next 0x0(0)/0x0(0)
  Last flood scan length is 1, maximum is 1
  Last flood scan time is 0 msec, maximum is 0 msec
  Neighbor Count is 0, Adjacent neighbor count is 0
  Suppress hello for 0 neighbor(s)
Serial0/0/1 is up, line protocol is up
  Internet address is 192.168.4.2/24, Area 0
  Process ID 1, Router ID 2.2.2.2, Network Type POINT-TO-POINT, Cost: 64
  Transmit Delay is 1 sec, State POINT-TO-POINT,
```

```
 Timer intervals configured, Hello 10, Dead 40, Wait 40, Retransmit 5
   Hello due in 00:00:08
 Index 2/2, flood queue length 0
 Next 0x0(0)/0x0(0)
 Last flood scan length is 1, maximum is 1
 Last flood scan time is 0 msec, maximum is 0 msec
 Neighbor Count is 1 , Adjacent neighbor count is 1
   Adjacent with neighbor 3.3.3.3
 Suppress hello for 0 neighbor(s)
Serial0/0/0 is up, line protocol is up
 Internet address is 192.168.2.2/24, Area 0
 Process ID 1, Router ID 2.2.2.2, Network Type POINT-TO-POINT, Cost: 64
 Transmit Delay is 1 sec, State POINT-TO-POINT,
 Timer intervals configured, Hello 10, Dead 40, Wait 40, Retransmit 5
   Hello due in 00:00:03
 Index 3/3, flood queue length 0
 Next 0x0(0)/0x0(0)
 Last flood scan length is 1, maximum is 1
 Last flood scan time is 0 msec, maximum is 0 msec
 Neighbor Count is 1 , Adjacent neighbor count is 1
   Adjacent with neighbor 1.1.1.1
 Suppress hello for 0 neighbor(s)
```

步骤 3：用 show ip ospf 命令查看北校区路由器 R2 的 OSPF 进程及区域细节。

```
R2#show ip ospf
Routing Process "ospf 1" with ID 2.2.2.2
Supports only single TOS(TOS0) routes
Supports opaque LSA
SPF schedule delay 5 secs, Hold time between two SPFs 10 secs
Minimum LSA interval 5 secs. Minimum LSA arrival 1 secs
Number of external LSA 0. Checksum Sum 0x000000
Number of opaque AS LSA 0. Checksum Sum 0x000000
Number of DCbitless external and opaque AS LSA 0
Number of DoNotAge external and opaque AS LSA 0
Number of areas in this router is 1. 1 normal 0 stub 0 nssa
External flood list length 0
   Area BACKBONE(0)
       Number of interfaces in this area is 3
       Area has no authentication
       SPF algorithm executed 8 times
       Area ranges are
       Number of LSA 4. Checksum Sum 0x01c556
       Number of opaque link LSA 0. Checksum Sum 0x000000
       Number of DCbitless LSA 0
       Number of indication LSA 0
       Number of DoNotAge LSA 0
       Flood list length 0
```

步骤 4：用 show ip ospf neighbor 命令显示北校区路由器 R2 的 OSPF 邻居。

```
R2#show ip ospf neighbor
Neighbor ID    Pri   State        Dead Time    Address       Interface
1.1.1.1          0   FULL/ -      00:00:35     192.168.2.1   Serial0/0/0
3.3.3.3          0   FULL/ -      00:00:36     192.168.4.1   Serial0/0/1
```

步骤 5：查看东校区、西校区和南校区的路由器 OSPF 配置情况。重复步骤 2~步骤 4，使用同样的方法，分别查看其余 3 个校区的路由器 OSPF 配置情况。

习题 6

一、单选题

1. 下列属于路由表的产生方式的是（　　）。

A．通过手工配置添加路由

B．通过运行动态路由协议自动学习产生

C．路由器的直连网段自动生成

D．以上都是

2. 如果某路由器到达目的网络有三种方式：通过 RIP、通过静态路由、通过默认路由，那么路由器会根据（　　）方式转发数据包。

A．通过 RIP   B．通过静态路由

C．通过默认路由   D．都可以

3. 默认路由是（　　）。

A．一种静态路由   B．所有非路由数据包在此进行转发

C．最后求助的网关   D．以上都是

4. 当要配置路由器的接口地址时应采用（　　）命令。

A．ip address 192.168.1.1 subnetmask 255.0.0.0

B．ip address 192.168.1.1/24

C．set ip address 192.168.1.1 subnetmask 24

D．ip address 192.168.1.1 255.255.255.248

5. RIP 路由协议依据（　　）判断最佳路由。

A．带宽   B．跳数

C．路径开销   D．时延

6.（　　）命令用于查看路由器的路由表信息。

A．Router(config-router)#show route rip

B. Router(config)#show ip rip

C. Router#show ip rip route

D. Router#show ip route

7. OSPF 分组中用来建立和维持邻居路由器的邻接关系的是（　　）。

A. 链路状态请求分组　　　　　　　　B. 链路状态确认分组

C. Hello 分组　　　　　　　　　　　D. 数据库描述分组

8. 在 OSPF 中选举 DR 时，不使用（　　）规则。

A. OSPF 路由器接口优先级最高的为 DR，次高的为 BDR

B. OSPF 路由器接口优先级最高的为 BDR，次高的为 DR

C. 当优先级相同时，再比较 Router ID，Router ID 越大越优先

D. 默认的 OSPF 接口优先级为 1，优先级为 0 的不参与选举

9. 下列配置默认路由命令，正确的是（　　）。

A. ip route 255.255.255.255 0.0.0.0 192.168.1.254

B. ip route 0.0.0.0 255.255.255.255. 192.168.1.254

C. ip route 255.255.255.255 255.255.255.255 192.168.1.254

D. ip route 0.0.0.0 0.0.0.0 192.168.1.254

10. 在 BGP 路由协议中，每个自治系统都有一个 AS 号，IANA 统一负责分配，那么它默认的取值范围是（　　）。

A. 0~254　　　　　　　　　　　　　B. 0~1023

C. 1~10000　　　　　　　　　　　　D. 0~65535

11. 路由器设备工作在（　　）。

A. 物理层　　　　　　　　　　　　　B. 网络层

C. 会话层　　　　　　　　　　　　　D. 应用层

12. 网络管理员对路由器的配置进行了更改，要将配置更改保存到 NVRAM，应该输入的命令是（　　）。

A. Router1# copy running-config flash

B. Router1(config)# copy running-config flash

C. Router1# copy running-config startup-config

D. Router1(config)# copy running-config startup-config

13. 带内的访问方式又分为三种，下列的访问方式，不属于带内访问方式的是（　　）。

A. 通过 Telnet（SSH）对路由器进行访问

B．通过 Web 对路由器进行访问

C．通过 SNMP 管理工作站对路由器进行访问

D．通过 Console 口对路由器进行访问

14．对 192.168.16.0/24、192.168.17.0/24、192.168.18.0/24、192.168.19.0/24 四个子网进行汇总后的网络是（　　）。

A．192.168.16.0/20　　　　　　　　B．192.168.16.0/21

C．192.168.16.0/22　　　　　　　　D．192.168.16.0/23

15．当路由器分别通过下列方式获取了去往同一个子网的路由，那么这台路由器在默认情况下会选择通过（　　）方式获得的路由。

A．静态配置的路由　　　　　　　　B．默认路由

C．RIP 路由　　　　　　　　　　　D．0SPF 路由

16．目前的 IP 协议的两个版本号分别为（　　）。

A．3 和 4　　　　　　　　　　　　B．4 和 5

C．5 和 6　　　　　　　　　　　　D．6 和 7

17．网卡工作在 OSI 参考模型的（　　）。

A．物理层

B．网络层

C．数据链路层

D．传输层

18．以下不属于动态路由协议的是（　　）。

A．RIP　　　　　　　　　　　　　B．ICMP

C．OSPF　　　　　　　　　　　　D．IS-IS

19．OSPF 将一个自治系统划分为若干个更小的范围，叫作区域（Area）。每个区域用区域号（Area ID）来标志，其中（　　）为骨干区域。

A．Area 0　　　　　　　　　　　　B．Area 1

C．Area 100　　　　　　　　　　　D．Area 99

20．当检查 IP 路由选择表时，静态路由将显示为（　　）字母。

A．O　　　　　　　B．S　　　　　　　C．R　　　　　　　D．E

21．路由选择协议用（　　）确定哪条路径是最佳路径。

A．管理距离　　　　　　　　　　　B．度量值

C．链路类型　　　　　　　　　　　D．带宽大小

22．（　　　）路由协议存在路由自环问题。

A．RIP
B．OSPF

C．BGP
D．IS-IS

二、填空题

1．路由器使用称为管理距离（AD）的工具来确定路由选用，AD 代表路由的"可信度"，AD 越_____，这条路由的可信度就越高。

2．在各种级别的网络环境中每台路由器都担负着特定的职责功能，按功能划分，可将路由器划分为_____、_____和_____。

3．路由器的_____内存用来存储启动配置文件。

4．路由器工作在 OSI 参考模型的_____层。

5．当第一次配置路由器时，必须通过_____口对路由器进行配置。

6．两台路由器用串行电缆连接，要配置_____端的时钟频率。

7．在路由器的用户模式下，可以使用_____命令查看路由表。

8．_____路由协议用于在不同的自治系统（AS）之间交换路由信息。

9．在思科的路由器中，OSPF 路由协议的管理距离是_____。

10．在思科路由器上，使用_____命令可以配置静态路由。

11．输入下面的命令配置路由器 OSPF 动态路由，该命令中的"area 0"表明，宣告的 OSPF 区域为_____区域。

```
R2(config)#router ospf 1
R2(config-router)#network 192.168.2.0 0.0.0.255 area 0
R2(config-router)#network 192.168.3.0 0.0.0.255 area 0
```

三、简答题

1．静态路由一般应用于什么规模的网络？

2．静态路由和动态路由相比，优点是什么？

3．当数据包到达一个路由器接口时，它会解封装数据包并在路由表中搜索匹配的目的网络路由条目，如果数据包要去往的目的网络在路由器的路由表中找不到匹配路由条目，路由器将会怎样处理该数据包？

4．路由器的接口有哪几种类型？

5．根据路由算法，路由协议可以分为哪几种？

6．简述路由器对 IP 数据包的路由过程。

7．在 OSPF 中，指定路由器（DR）是如何被选举的？

8．OSPF 的区域是如何划分的？

9．在 OSPF 中，划分区域的好处是什么？

10．BGP 协议有哪几种报文类型？

11．用命令查看某路由器上的路由表，得到其中的一条路由条目为"S 192.168.30.0/24 [1/0] via 192.168.10.2"，该路由条目是通过什么路由协议获得的？该路由协议的管理距离是多少？

12．如图 6-16 所示，如果要在路由器 RA 上配置一条到路由器 RB 连接的网络 172.16.1.0/24 的静态路由，请写出配置命令。

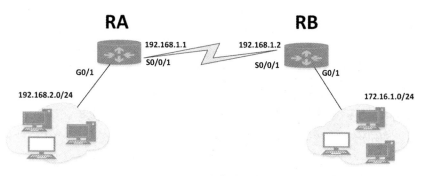

图 6-16　设备连接拓扑图

第 7 章

Internet

Internet 是目前世界上最大的计算机网络，它连接着全世界成千上万个网络。Internet 又称网际网络或因特网，是网络与网络之间串联成的庞大网络，这些网络以一组通用的协议互联互通，形成逻辑上的单一巨大国际网络。这种将计算机网络互相连接在一起的方法可称作"网络互联"，在这基础上发展出的覆盖全世界的全球性互联网络称为"互联网"，即"互相连接在一起的网络"。21 世纪是计算机与网络的时代，因此，掌握 Internet 基础知识是十分重要的。为了让初学者对 Internet 有一个全面的认识，本章将首先介绍 Internet 的基本概念、基本特点及其产生的历史背景，然后对 Internet 的物理结构、协议结构和应用层协议等进行详细的讨论。学习并掌握本章内容后，将为深入了解 Internet 应用技术奠定基础。

7.1 Internet 的基础知识

Internet 起源于 20 世纪 60、70 年代，其原型是由 ARPA（美国国防部高级研究计划署）支持的 ARPANet，此后发展的 TCP/IP 技术进一步夯实了 Internet 的发展基础。1986 年，Internet 由美国国家科学研究基金会的 NSFNet 发展为美国政府主干网，极大促进了美国政府 Internet 应用的普及。此后，全美国内外众多的公司和私人开始加入，Internet 逐步发展并演变为今天成熟的 Internet。

7.1.1 Internet 的产生和发展

（1）ARPANet 的诞生。ARPANet 诞生于 1969 年，当时美国政府在 ARPA 制订的协议下将全美西北部的学校 UCLA（加利福尼亚大学洛杉矶分校）、Stanford University（斯坦福大学）、UCSB（加利福尼亚大学圣塔芭芭拉分校）和 The University of Utah（犹他大学）的 4 个最重要的计算机中心连接起来。这项协定由剑桥大学的 BBN 和 MA 实施，于 1969 年 12 月进行联机。1970 年 6 月，MIT（麻省理工学院）、Harvard University（哈佛大学）、BBN 科技公司和 Systems Development Corpin Santa Monica（加州圣达莫尼卡系统开发有限公司）也参与其中。1972 年 1 月，Stanford University、MIT's Lincoln Labs（麻省理工学校的林肯实验室）、Carnegie-Mellon University（卡耐基梅隆大学）及 Case Western Reserve University（凯斯西储大学）也加入了该项目。在接下来的数个月内，美国国家航空航天局、Mitre（米特公司）、Burroughs（巴勒斯公司）、RAND（兰德集团）和 Illinois Institute of Technology（伊利诺理工大学）也参与了该项目。直至 1983 年，美国国防部把 ARPANet 细分为了军网和民网，从那以后，有更多的公司和机构的网络加入进来，并逐步扩展为今天的 Internet。

　　Internet 最初的设想就是希望能够创建一种通信网络，哪怕某些地方遭到核武器破坏，也可以保持其他地方的计算机设备能够正常工作。在这样的网络支撑下，就算大部分的直接信道都不通，网络中的路由器也会指引信息经过中间路由器并在网络中传输，直到信息到达目的地为止。

　　早期的网络主要是计算机专家、工程人员或科研人员使用，因为在那个时代，个人计算机并不普及。而且，对于每一位使用它的用户，不管是计算机专家、工程人员还是科研人员，都需要有扎实的计算机系统知识。以太网协议——大多数局域网的协议，于 1974 年制定，该协议是美国哈佛大学的在校生 Bob Metcalfe（鲍勃·麦特卡夫）在"消息包广播网"上发表的学术论文的副产品。这篇学术论文开始时由于数据不足，而被校方驳回。但后来又加入了许多其他因素，最终得到认可。

　　随着 TCP/IP 架构的开发，网络技术在 20 世纪 70 年代中期很快成长了起来，这种架构最先是由 BBN 科技公司的 Bob Kahn（鲍勃·卡恩）提出来的，后来由斯坦福大学的 Robert Eliot Kahn（罗伯特·艾略特·卡恩）和 Vint Cerf（温特·瑟夫）及相关人员继续完善而完成。20 世纪 80 年代，美国国防部首先引入了这种架构，到 1983 年，整个国际社会都普遍使用了这种网络结构。

　　（2）NSFNet 的建立。1985 年，美国国家科学研究基金会（National Science Foundation，NSF）使用由 ARPANet 延伸发展而来的 TCP/IP 协议族，在 5 个研究与教学服务超级计算机管理中心的基础上，研发出 NSFNet 广域网。由于有美国国家科学研究基金会的奖励与扶持，许多高校、政府资助的研究组织甚至私立的研究组织也开始将自身的计算机局域网纳入 NSFNet 中。在那时，ARPANet 的军用部门已经离开了母网，而形成了独立的网络——Milnet。1986 年，NSFNet 雏形已经形成，并逐步接替了 ARPANet（网络之父），最终成为 Internet 的主干网。1990 年，ARPANet 已完全淡出了历史舞台。时至今日，NSFNet 已经是 Internet 的关键骨干网的一份子，其主要网络干道能以 40Mbit/s~50Mbit/s 的速率传输数据。

　　（3）全球范围 Internet 的形成与发展。Internet 在 20 世纪 80 年代初的迅速发展不但产生了量的巨大变化，而且产生了某些性质的转变。随着许多学术团体、专业科研部门，甚至个人用户的加入，Internet 的目标用户已经不仅限于单纯的计算机技术专业人士。而且新加入的用户发现，计算机系统内部互相的通信方式对他们而言更有魅力，以至于人们逐渐地将 Internet 视为一个信息交换和沟通的重要技术手段，而不单纯用来共享 NSF 巨型机器的计算功能。到了 20 世纪 90 年代初期，Internet 实际上已经变成了一种"网际网"：所有子网都分别承担了自己的建设和运行费用，同时子网相互之间可以通过 NSFNet 互联。NSFNet 连接全世界数亿台计算机和客户，成为 Internet 最重要的成员网络。随着计算机和互联网向世界各地的扩展与传播，除了美国，世界其他国家的互联网逐步连接 NSFNet 主干网及其子网。

（4）Internet 在我国。Internet 在我国的出现可追溯到 1986 年。当时，中国科学院和几个科研机构利用国际长途电话拨打到了欧盟的几个国家，从而接入 Internet，来获得全球联机信息查询的权限。尽管当时的国际长途电话收费是非常高昂的，不过通过接入 Internet 的方式可以用最快的速度找到需要的信息，因此这是非常值得的。这种数据查询功能可以认为是中国应用 Internet 的开端。

随着对核物理科学研究的需求，中国科学院高能物理研究所（IHEP）和美国斯坦福大学的线性加速器管理中心之间始终存在合作伙伴关系。由于合作的不断深入，双方都意识到了进一步加强科学数据互动的紧迫性。1993 年 3 月，高能物理研究所通过卫星通信站租用了一个 64kbit/s 的国际卫星专线与斯坦福学院相联。1994 年 4 月，中国科学院计算机网络信息中心利用 64kbit/s 的国际专线连接到了美国公司，并启用了路由器，这时候，中国正式开启了真正接入 Internet 的新时代。

目前，我国已经基本形成了全国性互联互通网络，其中的 4 个主要网络分别为中国电信互联网（CHINANET）、中国教育和科研计算机网（CERNET）、中国科学技术网（CSTNET）、中国金桥信息网（CHINAGBN）。

CHINANET：1994 年秋，考虑到中国国内用户对互联网的巨大需求，中国电信集团公司（China Telecom）开始着手建设一种崭新的计算机网络——一种公共的商用互联网，这便是 CHINANET。中国电信集团公司的介入也拉开了中国国内互联网商业化的帷幕。作为公共的商用互联网，CHINANET 的一项主要运营策略就是支持个人用户通过固定电话连接互联网。同时 CHINANET 开始将互联网连接业务普及至中国国内的大多数市县级地区，个人用户也可通过本地电话连接 CHINANET。

CERNET：CERNET 是政府支持的国家规模的教育和科学研究网站，基本建设任务是逐步把我国的所有高等院校、部分有条件的中小学校之间连接起来。

CSTNET：CSTNET 主要为中国科学院在我国的科研机构及其他与国家有关的科学研究组织，提供我国科研数据库和超级计算资源。

CHINAGBN：CHINAGBN 是我国实施的"三金"工程项目（金卡、金关、金桥）的计算机网络基础建设。CHINAGBN 始建于 1994 年，计划覆盖全国 30 多个省份、500 多个城市，把我们国内外的上万个企业连接起来，同时对社会各界提供了开放的互联网连接业务。

7.1.2　Internet 概述

那么到底什么叫 Internet？Internet 的主要特点有哪些？Internet 又包含哪些组织机构？下面我们将逐一进行介绍。

（1）Internet 的基本概念。什么叫 Internet？Internet 一般也被称为"因特网""网络""网际网"。利用 Internet，我们能够和远在万里的亲朋好友共同传递消息、共同完成一份任务、一起玩耍；可以聊天、玩游戏、查找信息；也可以进行广告宣传和商品购买活动。由此可见，Internet 为人们的现实生活提供了极大的便利。

（2）Internet 的主要特点。Internet 是指通过公用编程语言实现数据通信的国际计算机互联网络。Internet 以大型网络的工作方法实现了互联。在 Internet 上，通过 WWW 就可以为用户查找资料文件，提供了一种图形化且易于使用的界面，而这些文件及相互之间的连接，就构成了数据之"网"，它们与 WWW 上的所有文本或页面都是可以连接的。通过鼠标的简单单击指定的文本或图像连接就可以访问其他网站，这种连接就叫作超级链接。网站中所显示的网页一般包含文本、图像、声音和动画等数据组成部分。把这种网站放在全球任何一个地区的计算机上，就可以利用 Internet 在全球范围内浏览它。

- Internet 用户的软件不需要知道硬件接口的具体细节，方便用户使用网络资源。
- 能通过中间网络收发数据与信息。
- 网际网的所有计算机可共用一个全局的标识符，如名字或地址集合。
- 不必指定新网络互联的拓扑形式，尤其是当使用了新网络之后，不需要全互联，也不需要严格的星形互联。
- 用户页面独立于网络，也就是说建立通信及传送数据的一系列使用方法，与底层网络技术和信宿机是完全无关的。

综上所述，Internet 在逻辑上是一致的、独特的，在物理上则是由不同的网络相互连接而成的。所以 Internet 用户并不关注 Internet 的连接，而只关注网间所带来的丰富信息是否是自己需要的。

（3）Internet 的组织机构。

Internet 并不受某一种官方或私人支配，但它自己以自愿的形式建立起了一种专门支持并领导 Internet 建设工作的社会团体机构，即 Internet 联合会（Internet Society，ISOC）。该联合会建立于 1992 年，是非营利性的机构，其组织成员由与 Internet 联系的团体和社会个人构成。Internet 联合会自身并不运营 Internet，但支持 Internet 结构委员（Internet Architecture Board，LAB）进行运作，并由 LAB 进行管理服务。LAB 负责对 Internet 的总体框架和技术上的研究，并针对当前 Internet 出现的技术问题和未来可能出现的情况展开研究并指明发展方向。

LAB 下设的各个分属部门主要有 Internet 研究部（Internet Research Task Force，IRTF）、Internet 工程任务组（Internet Engineering Task Force，IETF）和 Internet 编号管理处（Internet Assigned Numbers Authority，IANA），它们的任务分别如下。

IRTF：促进网络和新技术的开发和研究。

IETF：克服 Internet 存在的困难，支持并配合 Internet 的改革与技术应用，让 Internet 的各个部门间的沟通更加简单。

IANA：对 IP 位置、网络端口位置和 Internet 地址的方案加以控制。

几乎所有 Internet 的文字资料都可以在 RFC（Request For Comments）文件中找到。RFC文件是 Internet 的工作文件，其主要内容除包含对 TCP/IP 规范及其有关文件的各种注释与描述外，还包含政策分析件、技术总结及网上使用指南等。

7.1.3 Internet 的主要功能与服务

作为当前世界上最大的信息网络，Internet 上所拥有的大量网络资源和业务应用功能都有着巨大的魅力，人们正享受着 Internet 所带来的各种服务功能。接下来，我们将详尽说明 Internet 的主要功能，以及提供的主要服务。

（1）Internet 的主要功能。

现在，人类社会是个信息爆炸的社会，各种信息不但为人类的生产发展、工作效率和生存品质的改善增添了力量，而且为人类提供了创新发展的新机遇。因此，如何掌握信息并充分利用已是当今人类十分关注的事了。Internet 能得到世界各国政府部门和人民群众的广泛重视和青睐，其中最重要的原因便是 Internet 所提供的各类功能及资讯信息能够满足当今人类快节奏的生活与工作的需要。Internet 能够给人类提供的主要功能有以下三类。

① 资源共享。

充分利用计算机网络所带来的信息资源（包括软件、硬件和数据）是现代网络建设的重点所在。计算机系统中的很多设备价格是非常昂贵的，不可能为每位用户配备多套同样的设备资源，如要实现复杂操作的巨型计算机、大规模存储设备、高速激光打印机等，但是为了满足每位用户的需要，人们可以通过远程访问的方式（Telnet）来获取网络计算机上的各种资源使用权限。如果人们想在家中或其他场所使用远程登录浏览器来登录单位的服务器系统，那就需要在该服务器上配置自己的用户名和密码，以及使用权限等，这样只要远程登录到该服务器上，用户就能够在自己权限允许的范围内进行操作，这与在本地服务器上操作是完全相同的。

② 信息交流。

通过 Internet 进行信息交流与沟通的途径有很多，常用的就是使用电子邮件来沟通。与传统的拨打电话和发传真传递信息相比较，通过电子邮件的方式进行交流沟通，可以说既便宜又方便。例如，一封电子邮件通常只需在数秒之内就能够发送到全球任何一台与 Internet 连接的主机上。

另外，Internet 构建出许多让人类能够自主开展学术交流的平台和途径。例如，网络新闻（Uesnet），它指的是一个由许多兴趣相投的网络用户联合组织起来的平台，是用于开展各种专题讨论的公众媒体活动平台，一般来说，该类型平台也被称为全球性的新闻电子公告牌系统（Bulletin Board System，BBS）。通过 Uesnet，读者们可发布公告、消息、书评和各种文章供网上的使用与交流。网络上的每一位用户都可以加入自己感兴趣的话题中，从而与国内外的同行们开展深入的沟通交流。

通过 Internet，人们开发出许多实时的多媒体通信应用程序。例如，人们能够使用许多实时通信软件（如微信、QQ 等）进行随时随地的信息交流与沟通。当人们和好友闲聊的时候，还能够使用声音、视频系统（声卡、麦克风、摄像头、视频卡等）实现同时在线欣赏同一部电影或一曲音乐，并且 Internet 能够提供语言实时交流及召开线上会议或开展线上学习等服务。

③ 信息的获取与发布。

Internet 带给我们的是一座了解外界、认知社会的桥梁。Internet 实质上是一片茫茫的知识海洋。通过 Internet，人们可以搭建出网络图书馆、网络新闻、网上超市、各种 Internet 电子书刊等在线平台，线上各类型的知识平台应有尽有。与此同时，人们可以非常便捷地利用网络来存取各种感兴趣的信息，获取有价值的信息资料。随着 Internet 的越来越广泛的应用，不少政府部门、科研单位、企事业单位及高等学府等，都在 Internet 上建立了图文并茂、各具特色、信息内容不断更新的门户网站，并通过该门户网站来对外传播、宣传自身单位信息。这样一来，门户网站已经成为主要信息发布与宣传的最为重要的手段之一。

随着 Internet 的进一步发展与完善，今后 Internet 将进一步扩大其功能与用途，将来会有更多的信息以 Internet 为平台进行传播，如远程教育、远程医疗保健、工程与自动控制、国际情报查询与资讯搜索、视频会议、网络购物等。

（2）Internet 的主要服务。

Internet 在拥有丰富资源的同时，提供了各种各样的服务。目前，Internet 能为人们提供的主要服务如下。

① 远程登录服务（Telnet）。

远程登录是基于 Internet，为网络用户提供远程访问服务器的信息服务，它的本质就是远程接入服务的终端仿真技术，通过该技术手段，用户能够让自己的计算机登录到 Internet 上的另一台计算机上。用户的计算机将成为用户所登录计算机系统中的一个终端显示设备，在权限范围内，用户能够通过自己的计算机系统来发送操作命令，从而利用那台已登录计算机上的已安装的其他设施设备，如打印机和磁盘设备等。Telnet 服务给出了一系列的指令，通过这些指令可以来实现客户端和远程计算机之间的交互会话，并使本地用户执行远程计算机的指令。

② 文件传输服务。

文件传输（FTP）服务允许在不同计算机之间通过网络进行文件传输，并且对可传输文件的类型不进行任何限制，也就是说，它既可以是文本文件，又可以是以二进制值格式存储的可执行文件、大数据文档、图片文档、大数据压缩文件等。由于 FTP 应用软件是一个随时都可以联机的应用，因此用户在使用 FTP 操作时，需要事先登录上待连接的计算机，并且完成用户名和密码的录入，完成登录操作后，才能进行对文档的搜索及文件传输等的一系列操作。显然易见，一般的 FTP 用户必须在注册前提交自己的用户名与密码，如果用户并不了解待登录计算机的用户名与密码，便不能使用该计算机提供的 FTP 服务。但是，有些组织为便于 Internet 的用户透过网络获取并使用其公开发表的资料，会建立一个"匿名 FTP 业务"。这样网络上的用户就可以不录入用户名和密码，而直接通过匿名的方式来通过"文件传输业务"命令实现计算机间的文件传输，在此基础上，用户还能够通过 FTP 服务来传输所有类型格式的多媒体内容，如图片、音乐、数字压缩文件等。FTP 应用软件则是基于 TCP/IP 的文件传输技术提供的服务而开发出来的第三方应用程序，目的是方便普通用户使用 FTP 服务来传输文件信息。

当通过 FTP 传输文档资料时，系统不要求对文本进行烦琐的数据交换，所以采用 FTP 比采用其他方法进行信息传输都要快得多。在 Internet 上诞生 FTP 服务后，就相当于让所有能够接入网络的计算机都具备了一个容量很大的备份文件资源库，人们可以轻松地在 Internet 上寻找并下载自己感兴趣的资源，这种优势是个人计算机无可比拟的。不过， FTP 服务也有不足的地方，那就是用户在将文件下载（所谓下载，就是将远程主机上的软件、文本、照片、图像和音频信息等转至本地硬盘上）到本地计算机之前，根本无法识别和判断文件所涵盖的内容，正因为这样，别有用心的人往往会把病毒、木马等包装成合法文件，供人下载，从而导致病毒在网络中传播。

文件传输业务是指一个即时的联机应用服务。在进行文件传输时，双方必须都登录到对方的计算机上，并且登录后双方只能够完成与文件搜索、资料传输等有关的功能。而通过 FTP 服务能够传输各种类型的资料，如文本资料、图片资料、音乐资料、数据压缩文件等。

③ 电子邮件服务。

电子邮件（E-mail）指的是一种利用 Internet 传输信函、凭证、材料和电子信息的通信方式，它是基于过去的传统邮递业务模式而发展起来的，即当我们发出电子邮件时，这个信件就会由电子邮件的发送服务器发出，并根据收件人的网址，在 Internet 上识别、路由到对方的电子邮件接收服务器，并把该信件发送至这个服务器上，收件人只需要登录到服务器上，就可以轻松接收到邮件了。

电子邮件服务（E-mail 服务）是使用普遍的一项 Internet 服务。使用电子邮件，能够轻松、方便及快捷地与网络上的其他人交流消息。通过电子邮件交换信息，具备快捷、有效、简单和廉价等特性，因此电子邮件逐渐被人们推广使用，只要是上过网的网民，几乎都使用过收发电子邮件这项应用。

电子邮件和线下邮件服务相比，具有速度快、大容量、形式多样、使用方便、收费低廉、稳定性强的优点，具体表现如下。

- 电子邮件一般在数秒之内就可以传递至世界上任何能够与 Internet 互联的地方的收件人电子邮箱中，高效快捷。如果收件人在接到电子邮件之后进行快速邮件回复，那么发件人此时如果仍在使用计算机工作的话，他就能够及时接收到回复的电子邮件，由此来看，进行电子邮件收发的双方就像进行了一次短暂的对话一样，如此简单、便捷。

- 电子邮件所发送的内容除一般文本信息外，还可能是软件、数据信息、录音、视频、电视节目或各种多媒体技术消息。内容可谓极其丰富。

电子邮件与传统的打电话或在邮局寄送信函业务不同，它采用的是异步工作模式，它在 Internet 上进行传输的同时，可以让收件人自由地选择在哪个时候、哪个地方收到信件并进行回邮处理。当然，发件人在传输电子邮件的时候，也不会因为"占线"或收件人没有实时连接 Internet 而耽误发件人的时间，同理，收件人也无须实时守候于网络另一端的计算机前。也就是说，通过电子邮件进行信息交流和沟通，可以选择在用户方便的任何时候、任何地方，即使在旅行中也能收到电子邮件，从而打破了时间与距离上的局限等。

电子邮件还可以轻松地实现群发服务。也就是说，发件人能够将同一电子邮件通过 Internet

快速地发给网络指定的一名或多名成员，或者以此来举行在线大会，对感兴趣的话题进行相互讨论，而且参与讨论的成员可能分布于全球各个地方，但是网络的传输速率和地区无关。和某些其他的 Internet 业务一样，通过电子邮件就能够实现与一个或多个人或组织实现联系。

电子邮件程序通常是比较安全的，因为一旦目标计算机刚好关机或临时与网络断开，电子邮件程序会每隔一段时间自行再发出；若信件在一段时间内没有递交，电子邮件程序将主动告知发件人。在网络蓬勃发展的今天，电子邮件服务作为 Internet 的一种高质量功能服务，具有可靠的高速电子信件传输方式，因此，一般使用 Internet 的人都会采用电子邮件传输电子信件。

④ 文档查询索引服务。

由于 Internet 越来越普及，Internet 上的文本文献的数量呈现几何级数的增加，文本文献的数量级与构成都出现了巨大变化：文本文献总量大幅增加、Internet 上的文本文献变成半结构化的。这为文本检索科技发展提供了巨大的挑战与机会，也由此在采用相似度搜索的基础上，产生了根据文字构成相关信息（如文字的网络地址、书写格式、文字在网页中所处的物理地址、所指定的他人文字、指定自身的他人文字等）对搜索结果集进行再排列的第三代文本检索方法，Google 便是典型的范例。现代的文本检索方法逐步向文意理解、特定应用的方面拓展。全球专家们一直在不遗余力地打造"本体库"，包括 WordNet、HowNet 等的本体字典。人们使用本体库可以把文字转换成词语集合体，从而提升了文字的词语表达能力，并进行词语层面的搜索。另外，对于生物、医药、法律、媒体，还有新产生的 Blog 等行业，全部产生了专门面向单个行业的检索服务，而且取得了迅猛发展。文字信息检索方面的知名国外学术会议有 SIGIR、TREC 等。

⑤ WWW服务。

WWW（World Wide Web）服务是一种基于超级文本模型技术的集浏览、查询 Internet 信息内容等于一身的新技术，它以交互方式搜索和浏览存储在远程服务器上的信息资料，为多种 Internet 浏览与检索访问提供一个单独一致的访问机制。WWW 服务是目前应用很广的一种基本 Internet 服务，我们每天上网都要用到这种服务。通过 WWW 服务，只要用鼠标进行本地操作，就可以到达世界上的任何地方。由于 WWW 服务使用的是超文本链接（HTML），因此可以很方便地从一个信息页转换到另一个信息页。它不仅能查看文字，还可以欣赏图片、音乐、动画。

WWW 技术包括超文本传输协议（Hypertext Transfer Protocol，HTTP）与超文本标记语言（Hypertext Markup Language，HTML）。其中，HTTP 是 WWW 服务使用的应用层协议，用于实现 WWW 客户机与 WWW 服务器之间的通信；HTML 是 WWW 服务的信息组织形式，用于定义在 WWW 服务器中存储的信息格式。

7.1.4　Internet 的结构

（1）Internet 的物理结构。

Internet 的通信子网由 ISP、ICP 和其他主机构成，其中 ISP 主要构成了通信子网，通信子网具有分层和连接两个功能。其中，连接指的是通过 POP 协议（小的 ISP 接入大的 ISP 所需要的协议）、对等协议（同级 ISP 互相连接）。ICP 为网络内容服务商，主要开发应用层。有时 ICP 和 ISP 也会相互渗透，如 Google 在全球的几十个 ICP 之间建立了专用链路，以供不同 ICP 之间快速访问资源。（意思是应用层也可以开发专属的底层服务，ISP 也可以为应用层提供专属的服务）。

根据网络的作用，会建成网络速率不一致的网络结构。例如，当要构成 Internet 的骨干网时，就会通过光纤将某些计算机互联，从而形成高速的连接链路。而这种骨干网的连接速率可以大大超过 Internet 的平均速率，其他计算机网络则以更低的速率直接连接到主干网的计算机上。

（2）Internet 协议结构与 TCP/IP 协议族。

Internet 采用的协议族为 TCP/IP。TCP/IP 参考模型和 OSI 参考模型很相似，同样使用层级结构，并自下而上分成 4 层。TCP/IP 参考模型和 OSI 参考模型间的关系如表 7-1 所示。

表 7-1　TCP/IP 参考模型和 OSI 参考模型间的关系

TCP/IP 参考模型	TCP/IP 协议族	OSI 参考模型
应用层	Telnet、FTP、SMTP、HTTP、SNMP、DHCP、DNS 等	应用层
		表示层
		会话层
传输层	TCP、UDP	传输层
网际层	IP、ICMP、ARP、IGMP	网络层
网络接口层	Ethernet、FDDI、ATM、X.25 等	数据链路层
		物理层

TCP/IP 参考模型具有以下特点。

- 开放性的技术要求，无须支付任何费用即可使用，而且完全独立于各个厂商的计算机硬件和操作系统。
- 能够运用于各种类型的网络物理结构中，如局域网、城域网、广域网，以及 Internet。
- 统一的网络地址划分方法，每个 TCP/IP 用户在局域网内都拥有独立的地址。
- 标准化的高层服务协议，能够实现各种安全可靠的用户业务。

（3）客户机/服务器模式。

客户机/服务器模式（Client/Server）简称 C/S 模式。一台或几台较大的计算机集中进行共享数据库的管理和存取，这些计算机称为服务器，而将其他的应用处理工作分给网络中其他计算机，构成分布式的处理系统。服务器控制管理数据的能力已由文件管理方式上升为数据库管理方式，因此 C/S 结构的服务器也称为数据库服务器，注重数据定义、存取安全备份及还原、并发控制及事务管理，执行选择检索和索引排序等数据库管理命令，它有足够的能力做到把处理后用户所需的那一部分数据而不是整个文件通过网络传输到客户机中去，减轻了网络的传输负荷。C/S 模式是数据库技术的发展和普遍应用与局域网技术发展相结合的结果。

在 C/S 模式中，用户往往只注重完整地解决自身的应用问题，而并不关注这种应用问题究竟是通过使用哪台或哪几台机器来解决的。在 C/S 操作系统中，能够对相应的应用提供服务（如文档咨询服务、打印机作业服务、图像识别服务等）的计算机或处理器，在接收服务申请后，就变成服务器，从而为客户机提供相应的服务。当然，一台计算机可以同时为客户机提供多个服务（只要它开启了相应的服务程序），当然，一个服务也可以同时使用多台计算机共同完成。和服务器不一样的是，提出服务要求的计算机或处理器则作为客户机来看待。从客户机的角度来看，一个实实在在的服务，它有某些部分会放在客户机上执行，其他大部分的服务则在（一个或多个）服务器上同时执行任务。

从技术角度看，C/S 操作系统实质把从 20 世纪 70 年代初就产生的虚拟机的概念应用于分布式计算机，从而达到计算机处理能力的合理分配与任务处理上的"无缝衔接"。C/S 操作系统的有效使用有赖于一些产生于 20 世纪 90 年代初的技术手段：第一，以一系列标准为基础的开放式系统原则被普遍接受，为各种客户机、服务器之间提供中间件（Middle Ware）成为可能；第二，CASE 工具、视窗技术、面向对象方法，以及分布式数据库系统等技术的发展，为在 C/S 操作系统环境下的程序设计、调试、操作等创造了优越的技术条件；第三，性能价格比迅速提升的计算机为原来开销甚大的分布式控制系统创造了可以承受的建设条件，分布式逻辑处理器、分布式服务器等新型应用模式得到了实施和完善。目前 C/S 操作系统已普遍使用于小型的工商企业、国家机关等部门，而随着信息通信技术的发展，C/S 操作系统在地域上也可有很大的跨越。

（4）域名系统。

域名系统（Domain Name System，DNS）是网络中专门管理网络服务器名字的一个系统。就如同访问自己朋友的时候需要先了解到他家的路如何走一样，在 Internet 上，当一个服务器在连接到另一个服务器之前，首先需要获得其所处的位置，因为 TCP/IP 中的 IP 地址由 4 段用"."分开的数据块构成（此处以 IPv4 地址为例，IPv6 地址同理），记起来并没有名字那样简单，于是引入了域名技术来解决名字与 IP 地址的对应关系的问题。

尽管所有 Internet 上的节点都能够使用 IP 地址标记，并且它们都能够利用 IP 地址进行访问，但就算是把 32 位数的二进制值 IP 地址编成了 4 个 0~255 的十进制数字形式，也还是太多、太难记。于是，人类创造了域名（Domain Name），域名把一个 IP 地址联系到一个有含义的、能够理解的字体序列上去。当人们在浏览某个站点的时候，既可以使用这个站点的 IP 地址，又可以使用域名网址，而对于访问的过程来说，二者也是相同的。例如，百度所提供的 Web 浏览器的 IP 地址为 183.232.231.172，而对应的域名网址为 www.baidu.com，所以不管在用户的计算机上进入的是 183.232.231.172，还是 www.baidu.com，用户都可以访问其 Web 网站。

一家企业的 Web 网址可以看作其在网络的门户，其域名就等于其门牌地址，一般域名均使用该企业的名字或缩写。例如，上面所说的百度公司的域名，还有中国网易公司的域名是 www.163.com，以及哔哩哔哩公司的域名是 www.bilibili.com、新浪公司的域名是 www.sina.com.cn 等。当我们想要浏览一家企业的 Web 页面，而不了解其具体网址的时候，总会先使用该企业名字进行试探。不过，由某企业的名字或缩写组成的域名，也很可能会被其他企业或个人抢注，甚至有部分企业或个人故意抢注了大量由知名企业的名字组成的域名，再以较高的价格去转卖给这些企业，以此获利。虽然有一些域名注册争议的仲裁方法，但要从根源上解决这类事情，就必须建立一个完善的限制体系，因此，尽早申请由自己名字组成的域名应该是每一家企业或组织，尤其是一些知名公司应该注意的事。有的企业已对于其著名品牌名字所构成的域名实现了保护性登记。

7.2　Internet 接入技术

接入网技术的发展背景就是破解最终的接入地区性 Internet 的技术难题。随着网络的普及，对接入 Internet 的要求越来越强烈，接入 Internet 问题成为当前 Internet 科学技术探索和应用及行业管理的热点话题。什么是接入服务？接入服务是通过接入服务器等相关的网络设备与服务节点，它们通过公共电信基础设施的服务节点和 Internet 骨干网相联，从而提供各种业务接入网络的服务。

7.2.1　Internet 接入概述

尽管 Internet 是当今世界上最为庞大的网络，但其本身并非一个具体的、物理的 Internet 技术。Internet 实际上把全球不同地区所有的网，包括局域网、公用电话交换网、分组交换网等各种网络互联起来，从而形成一个跨国界的大互联网。因此，接入 Internet 的问题实际上要解决接入各种网络的问题。下面将简要介绍接入 Internet 的常用方式。

接入 Internet 的主要关键技术包括：局域网接入技术、APN 接入技术、Cable Modem 接入技术、光纤接入技术和无线接入技术等。下面我们逐一介绍。

7.2.2　局域网接入技术

局域网接入 Internet 的方法一般有如下几类：针对大、中型局域网，一般使用交换机、路由器或专线接入 Internet；对小型局域网用户、家庭用户而言，一般采用 ADSL 或拨号连通 ISP（网络服务提供商）所提供的互联网络进行接入。在局域网接入 Internet 的方式中，会使用 Modem（调制解调器），它的主要功能是从计算机向 Internet 拨入电话号码，并负责信息的调制及传送。Modem 可以把计算机上的数字信号转换为能够直接从电话线上发送的音频信号，调制音频数据（俗称调制），而部署在另一端的 ISP 计算机的 Modem 将把该音频信号转换为计算机能够理解和存储的数据信息（俗称解调）。

对于大、中型局域网来说，由路由器等设备连接 ISP 提供的网络入口，而局域网的用户只需要在配置地址的时候，注明网关为出口路由器对内的地址（网关）即可，用户的数据信息会通过网关进行路由转发，从而达到接入 Internet 的目的。

同理，对于小型局域网用户、家庭用户而言，接入 Internet 的基本原理和大、中型局域网接入 Internet 的基本原理相同，在这里就不一一叙述了。

7.2.3　APN 接入技术

APN（接入点名称）指的是一种 Internet 接入技术，是在使用手机上网时需要设置的一个参数，它确定了手机采用哪种连接方法来接入 Internet。对于移动用户而言，能够访问的外部 Internet 种类有许多，如 WAP 网站、公司内部 Internet、行业内专用 Internet 等。但不同的连接端，所能访问的范围及其连接的方法都是有所不同的，网络服务端怎么识别手机启动后要登录哪种类型的网络并分享哪些网段的 IP 地址呢？这就需要靠 APN 来识别了，即 APN 已经确定了用户的手机采用哪种连接方法，来登录哪种类型的网络。

移动设备需要先设置了由运营商提供的 APN，才能建立数据连接。运营商会通过这个名称区分即将建立的网络连接的种类，如准备为无线设备分配哪些 IP 地址，或者准备运用哪些安全技术，以及是否可以或如何连接到某个私有的客户网站等。

更确切地说，APN 中点明了该移动设备所要使用的 PDN（公共数据网）。除此之外，APN 也可能用来界定 PDN 所提出的业务种类，如连接到 WAP 服务器、多媒体消息业务（MMS）。APN 目前已使用 3GPP 数据访问网络技术，如 GPRS、EPC 等。

7.2.4　Cable Modem 接入技术

Cable Modem 接入是在混合光纤的同轴电缆网络系统（HFC）上进行的宽带接入方法。Cable Modem 通常有两个端口，一个端口作为连接家庭中电视的端口，而另一个端口作为连接计算机的端口。这项创新技术将使已有的单向模拟 CATV 网络转型为双向的 HFC 网络。Cable Modem 是专为在 CATV 上实现数据通信而研制的光纤 Modem 系统。Cable Modem 实际上并不单纯是 Modem，而是集 Modem、调谐器、加/解密器、桥接器、以太网连接卡、虚拟专网代理和以太网集线器等功能为一体的一种专门通信设备。

局端将通信工作与视频服务结合起来，由设备前部的光负载经过光纤传输至设备侧的光网络单元（ONU）完成光/电交换，而后经同轴电缆传送至网络接口单元（NIU），每一个 NIU 为一组家庭提供网络接入服务，主要功能是先将信息分解成语音、数字、视频等，再送往各个相应的家庭设备。Cable Modem 的调制功能并不占用有线电视的链路带宽，也就是说，终端用户可以直接使用电视而不用另设机顶盒，就能够收发网络模拟视频信号，满足日常的看电视节目的需求。另外，链路连接后，Cable Modem 不需要再次拨号上网，也不独占家庭的电话线资源，可以提供随时上网的水久连接状态。ISP 的设备和客户的 Cable Modem 之间虚拟出一条专网连接，Cable Modem 则使用标准为 10 Base-T 或 10/100Base-T 的以太网端口和客户的计算机或交换机相联。

7.2.5　光纤接入技术

光纤接入技术指的是局端设备与终端用户之间通过光纤直接相联的技术。按照光纤深入用户的范围的不同，光纤接入形式可分成 FTTB（光纤到楼）、FTTP/FTTH（将光纤直接延伸到住宅或公司）、FTTO（光纤到办公室）、FTTC（光纤到路边）等。光纤是宽带 Internet 上各种信息传送载体中效果较好的一类，它的主要优点有传送能力强大、信息传送效率高、可靠性高、中继距离长等。

光纤连接包括有源光连接和无源光连接。光纤用户网的关键技术是反射波传送技术。目前光纤传送的复用技术发展得比较快，大多数都已达到了实用化。复用技术应用得较多的有时分复用（TDM）、波分复用（WDM）、频分复合（FDM）、码分复用（CDM）等。光纤通信技术不同于传统有线电通信技术，后者主要使用金属介质传送讯号，而光纤通信技术使用透明的纤维传送光波。尽管光和电都是电磁波，但频率范围差别较大。一般的通信光纤最高使用频段为 $9\sim24\text{MHz}$，光纤的工作频率在 $10^{14}\sim10^{15}\text{Hz}$ 的范围内。

光纤接入网在技术上可以分成两类：有源光网络（Active Optical Network，AON）和无源光网络（Passive Optical Network，PON）。有源光网络可分成采用 SDH 的 AON 和采用 PDH 的 AON；而无源光网络可分成窄带 PON 和宽带 PON。

7.2.6 无线接入技术

无线接入技术（也称空中接口）是建设无线通信网络的关键技术。无线接入是指利用无线通信介质，把应用终端和 Internet 节点连接起来，以完成终端用户和 Internet 之间的信息交换。利用无线信道传送的信息必须遵守特定的协议约定，这种约定构成了无线通信连接接入技术的主要内涵。无线通信连接接入技术和有线链路连接接入技术之间的一项主要差异，就是前者能够直接向终端用户提供移动连接接入服务功能。无线接入网是指部分或整个利用无线电波这一传输介质联系终端用户和数据交换中心之间的各种连接设备。在通信网中，给予无线接入系统的基本定位是：各地通信网的一个组成部分，是对各地有线通信网络的有效扩充、弥补和临时性应急系统。

典型的无线接入体系组成部分主要有控制器、操作管理中心、基站、固定终端设备，以及移动终端等。各部分所实现的功能如下。

（1）控制器。

控制器通过其提供的与交换机、基站和操作管理中心的接口与这些功能实体相连接。控制器的主要作用是管理对用户的通话（包含呼叫建立、拆线等）、管理各个基站，并对用户实现无线信道管理、用户控制、基站监测及对固定的用户单元和移动终端用户实施监管与控制。

（2）操作管理中心。

操作管理中心承担整个无线网络的运行与管理，其职责包括对整个系统的配置管理，对所有网络单元的管理和各种配置资料的管理：在系统运行过程中，对系统的所有部分进行监控、数据采集和信息收集；记录系统工作时产生的问题或故障，并能够给管理人员发送报警信息。除此以外，操作管理中心还能够对系统的稳定性、可靠性等性能进行检查测试。

（3）基站。

基站利用无线收发信机，在固定终端设备与移动终端之间建立起无线信道，从而利用无线信道进行语音通话、数据等信息的传送。控制器利用基站实现对无线信道的监管与控制。基站与固定终端设备及移动终端间的无线连接可能采用多种技术，从而决定了该设备的基本特性，如所采用的无线频段及相应的适用范围。

（4）固定终端设备。

固定终端设备为终端用户创建了通话、数据传真、数据 Modem 等终端与使用者终端的标准接口——Z 接口。固定终端设备能够通过无线接口与基站连接，而且能够向终端用户彻底地传输交换机所能实现的所有服务。固定终端设备还能够使用定向天线或无方向天线，使用定向天线或直接指定基站方向能够改善无线介质连接中信息的传送可靠性、扩大公共移动通信基站的覆盖面。固定终端设备还能够分成单用户单元和多用户单元。单用户单元（SSU）只能连接单一用户端口，适合于终端用户密集程度较低、与终端用户间相距较远的情况；多用户单元则能够支撑多个用户端口，比较常用的有支持 4 个、8 个、16 个和 32 个用户的多用户单元，多用户单元通常在与终端用户间相距很近的情况下（如一栋楼宇的用户）较为经济。

（5）移动终端。

移动终端在结构上可以被认为是由固定终端设备与用户终端相互结合而组成的一种物理实体。因为移动终端具有相应的移动性，所以用于移动终端的无线接入系统，除必须具有固定式无线接入管理系统所具备的特点外，还必须具有相应的移动性管理和蜂窝移动通信网络所具备的特点。如果在性能方面有所突破，移动终端将更受消费者和经营者的青睐。无线接入系统中的各个功能实体通过一系列接口相互连接，并通过标准的接口与本地交换机和用户终端相互连接。在无线接入系统中，最重要的两个接口是控制器与交换机之间的接口和基站与固定终端设备之间的接口。除此之外，无线接入系统所包含的接口还有控制器与基站之间的接口、控制器与操作管理中心之间的接口，以及固定终端设备与用户终端之间的接口。

7.3　网络服务

7.3.1　DHCP

DHCP（Dynamic Host Configuration Protocol，动态主机分配协议）是一种局域网的网络协议，指的是由服务器管理一个 IP 地址区域，当客户机访问服务器申请 IP 地址服务的时候，服务器就会主动分配合适的 IP 地址和子网掩码给客户机。DHCP 是 Windows Server 的一种业务组件，在默认状态下，不被系统自动启用和配置。如果要将其启用，则需要管理员根据要求进行相应的配置，来解决一定的分配之间的互斥和共享问题。

DHCP 通常被广泛使用于规模较大的局域网，主要功能为集中地控制、划分 IP 地址，让接入网络中的计算机能够主动获得 IP 地址、网关地址、DNS 服务器地址等配置信息，并可以大大提高局域网中的 IP 地址的使用效率。

DHCP 使用了客户端/服务器模式,主机地址的动态分配过程由网络服务器驱动。DHCP 服务器收到来自网络客户机申请动态 IP 地址的请求后,它就会向网络客户机发送相应的地址分配信息数据,并完成网络服务器地址数据的动态分配。

DHCP 具备如下特点。

- 保证每一个 IP 地址在同一个时间段内只分配给一台 DHCP 客户机拥有且使用。
- DHCP 系统应当可以为客户机分享永久、不变的 IP 地址。
- DHCP 主机应当可以同用其他方法获得 IP 地址的主机共存(如手工配置 IP 地址的主机)。
- DHCP 服务器可以向所有的 BOOTP 服务器提供响应服务。

DHCP 配置 IP 地址的方式如下。

(1)自动分配方式(Automatic Allocation)。

DHCP 服务器已经向所属局域网中的主机规定了固定属性的 IP 地址,所以 DHCP 客户机首次顺利地向 DHCP 服务器租用了 IP 地址后,它就能够永远利用这个地址。

(2)动态分配方式(Dynamic Allocation)。

DHCP 服务器向客户机随机分配某个带有限制的 IP 地址,定时结束或客户机确定要退出该 IP 地址后,该地址才能被重新分配给其他客户机。

(3)手工分配方式(Manual Allocation)。

客户机的 IP 地址是由网络系统管理员确定的,而 DHCP 服务器只能把确定的 IP 地址分配给网络中的客户机使用。

在 3 种地址分配方式中,只有动态分配方式可重复使用客户机已经释放的 IP 地址。

DHCP 报文通常是采用 BOOTP(Bootstrap Protocol)报文形式的,这就需要机器拥有 BOOTP 中继代理的能力,从而可以直接与 BOOTP 用户或 DHCP 服务器进行通信。BOOTP 中继代理的作用是没有必要在所有物理网上都部署一个 DHCP 系统。RFC 951 和 RFC 1542 都对 BOOTP 进行了详细描述。

7.3.2 DNS

DNS(Domain Name System,域名系统)是信息管理网络系统的一种技术。DNS 将域名与 IP 地址间的相互对应关系映射为一个分布式数据库管理系统,能够让用户更加便捷地使用网络。DNS 采用了 UDP 端口 53。当前,每个域名的字段长度限定为 63 个字符,而域名总长度不得大于 253 个字符。

DNS 是网络中专门管理网络机器命名的一个系统。在 Internet 上,一台客户机要访问一台服务器之前,都需要首先得知其 IP 地址,然后通过在访问信息中加入 IP 地址信息,最后通过网络中的节点来路由到要被访问的服务器上,这样才能够完成信息的交互。

7.3.3　FTP

　　FTP（File Transfer Protocol，文件传输协议）是能够让不同计算机之间通过 Internet 来实现文件传输的一种国际标准协议，它工作于 OSI 参考模型的第 7 层，TCP 参考模型的第 4 层中，即应用层。FTP 应用是基于 TCP 传输的，因此，客户机在与服务器建立联系之前需要先进行一种"三次握手"的连接，以确保客户机和服务器之间的联系是安全的、可靠的，保证其连接是面对面的。

　　FTP 允许用户以对文本控制的方法（如文本的增、删、改、查、传递等）直接与另一台计算机相互操作。只不过用户并不需要真正坐在自己想要获取操作的计算机前，而是通过 Internet 进行远程连接，并登录到想要获取操作的计算机上，完成所需要的操作。例如，可以使用 FTP 程序存取远程资料，从而能够实现各方用户之间传递文档、管理目录和存取邮件等，尽管各方计算机之间具有截然不同的技术和文档存取方法。

　　市场上有多款第三方 FTP 软件，它们几乎都使用 Internet 的 FTP 并具有友好的用户界面，向用户展示了一个专门用于管理计算机上的文件传输服务的应用程序。FTP 软件是根据客户机/服务器（C/S）模式设计的，在 FTP 客户机和 FTP 服务器之间建立了两个连接，分别对应于 20 端口和 21 端口。其中，20 端口用于管理数据的传输，21 端口则用于命令控制。

　　综上所述，建设一个采用了 FTP 的服务器软件就需要严格遵守 FTP 的基本运行原则，而 FTP 的独特的优点同样也是和其他客户服务器程序最大的不同之处就在于，它在二个通信的服务器中间采用了二条 TCP 连接，一条是信息接口，用来信息传输；另一条是控制接口，用来信息传输控制数据（命令和响应），这样的指令和信息分别传输的方式极大地提高了 FTP 的工作效率，而且，当在数据传输的过程中，也可以通过命令端口进行控制数据的传输。现对其他 C/S 应用程序则通常只是一个 TCP 接口。在整个交互的 FTP 会话中，控制接口一直是保持着连接关系的，而数据接口则是对每一个文件所传送的内容直接开启或再关闭。

7.3.4　SMTP

　　SMTP（Simple Mail Transfer Protocal，简单邮件传输协议）是一种可以实现可靠和有效的电子邮件传输的协议。SMTP 是在传统 FTP 基础上发展起来的一种电子邮件服务协议，主要进行用户之间的电子邮件信息传输服务，以及进行相关信息的通报。SMTP 完全独立于计算机网络上的数据信息传输子系统，并且要求保证数据流传输要按照顺序及必须提供可靠的信道来支撑，因此 SMTP 的关键功能之一就在于它可透过网络传输电子邮件，即"SMTP 电子邮件中继"。利用 SMTP，可以完成在同一网络处理进程间的电子邮件传输，也可以利用中继器或网关完成在某处理进程和其他网络系统间的网络电子邮件传输。

　　SMTP 是一种比较简单的、基于文本的协议。在其之上首先指定了一条消息的一个或多个接收者（在大多数情况下确认是存在的），然后消息文本会被传输。我们可以非常简便地使用 Telnet 程序来测试某台 SMTP 服务器。因为 SMTP 使用了 TCP 端口 25。要为某个指定的子域名选择某台 SMTP 服务器，就必须通过 MX（Mail eXchange）的 DNS。

从 20 世纪 80 年代早期开始，SMTP 技术就被普遍采用。当时，SMTP 还仅仅是对 UUCP 的补充，因为 UUCP 更适用于处理在间断连接的计算机间发送电子邮件。相反，SMTP 的发送与接收的过程在不间断连接的局域网状态下运行得最好。

Sendmail 是最早采用 SMTP 的电子邮件传输代理之一。2001 年，已经有 50 多个应用软件可以把 SMTP 配置为一台客户机（消息的发送者）或一台服务器（消息的接收者）。其他主流的 SMTP 服务器应用软件还有 Philip Hazel 的 Exim、IBM 的 Postfix、D. J. Bernstein 的 Qmail 和 Microsoft Exchange Server。

因为 SMTP 在最初定义的时候是基于纯 ASCII 文本的，所以它在二进制文本方面表现得很不好。例如，MIME 标准也被设计成用于解码二进制文本，以便将其利用 SMTP 技术进行传播。在今天，大部分的 SMTP 服务器系统都能够支持使用 8 位 MIME 扩展，这使得二进制文本的传播看起来几乎和纯文字同样容易处理。

SMTP 是一种"推"的协议，它不允许根据需要从远程服务器上"拉"来消息。为了实现这点，邮件客户端主机必须通过 POP3 或 IMAP 协议来实现。

7.3.5 Telnet 和 SSH

Telnet 协议是 TCP/IP 协议族中的一员，是 Internet 远程登录服务的标准协议和主要方式。它为用户提供了在本地计算机上完成远程主机工作的能力。在终端用户的计算机上使用 Telnet 程序，从而连接到服务器。终端用户可以在 Telnet 程序中输入命令，这些命令会在服务器上运行，就像直接在服务器的控制台上输入一样。这样在本地就能控制服务器。要开始一个 Telnet 会话，必须输入用户名和密码来登录服务器。Telnet 是常用的远程控制 Web 服务器的方法。

Telnet 业务尽管是属于客户端/服务端的业务，但是其最重要的价值就是提供了采用 Telnet 技术进行的远程登录（远程交互计算），所以让我们先认识一下远程登录。

首先来看看什么叫登录：分时系统容许众多用户共同使用一个计算机系统，出于确保操作系统的安全性和记账便利性的需求，操作系统规定了每位用户都有独立的账号当作登录标志，同时操作系统给每位用户都约定了一个密码。所有用户在应用该操作系统前都要录入账号和密码，而这一步骤就被叫作登录。远程登录是指用户通过 Telnet 指令，将自己的计算机暂时地当作远程主机的一台模拟终端的一次登录。模拟终端相当于一种非智能型的计算机，它只负责将用户录入的各个文字传递给计算机，再把计算机产生的各种信号回显到荧屏上。

实际上，Telnet 就是一个网络服务程序，但实际上，经过这么多年的发展，它仍是不安全的，由于其在 Internet 中使用了明文输入密码和信息，因此别有用心的人非常容易截获这些密码和信息。同时，Telnet 业务流程的安全性保障手段是有其缺陷的，即易遭到"中间人"（Man-in-the-middle）这种黑客技术手段的威胁。称为"中间人"的攻击方式，指的是"中间人"伪装成真实的客户端接收发送方传给接收方的信息，再伪装成发送方把信息传给真实的接收方。这样一来，发送方和接收方相互之间的数据传送都会被"中间人"截获，而且容易对信息进行篡改，因此，使用 Telnet 进行远程登录就会产生比较严重的安全问题。为了提供安全的远程登录访问，人们提出了 SSH 登录方式。

SSH 是 Secure Shell 的简称，由 IETF 的网络工作组（Network Working Group）提出。SSH 是构建在应用层基础上的安全性协议。相对 Telnet 而言，SSH 则更加安全。使用 SSH 技术，能够有效避免在远程管理环境中的消息泄露现象。SSH 原本是类 UNIX 操作系统中的一种程序，后来被迅速推广至多种操作系统。SSH 被正确应用后，可以避开网络上的漏洞。几乎所有 UNIX 平台，包括 HP-UX、Linux、AIX、Solaris、Digital UNIX、Irix，以及其他平台，都可运行 SSH。通过使用 SSH 技术，我们就能够对所传输的信息进行加密传输，这样一来"中间人"攻击就不能够进行了，同时能够避免 DNS 欺骗和 IP 地址诈骗。SSH 有一种额外的优势就是发送的信息都是经过压缩的，从而能够提高信息发送的效率。SSH 具有许多优点和功能，既能够代替 Telnet，又能够为 FTP、POP、PPP 等创造一条更可靠的"通道"。

7.4　下一代 Internet

为解决现有 Internet 在传输能力上的限制，1996 年 10 月，美国政府提出了下一代 Internet（Next Generation Internet）的规划，简称 NGI。该规划的发展远景是将彩色视像、声音和文字等多媒体集成在大型计算机上，以便能在网络上展示，建立一个工作、学习、购物、金融服务及休闲的环境。这种环境的界面一致，系统安全、可靠和保证隐私。用户可以经过选择得到不同水平的服务。从技术上看，下一代 Internet 将是高速、宽带、可支持全业务、不面向连接、无复杂流程的混合网结构，具有可管理性、可维护性、能保证服务质量的电信级 IP 网，形成一个不依赖无线接入网或其他接入技术的全球单一全 IP 网结构。

7.4.1　下一代 Internet 概述

下一代 Internet 是指一种构建在 IP 基础上的新公共网络，可以承载不同形态的信息，在统一的 Internet 管理平台下，进行声音、视频、各种统计信息的统一传送与管理工作，提供各种宽带应用和传统电信业务，是一个真正实现宽带窄带一体化、有线无线一体化、有源无源一体化、传输接入一体化的综合业务网络。

每次 Internet 的更新换代都是一个循序渐进的过程。尽管业界对下一代 Internet 的定义仍缺乏明确概念，但就其主要特点已达成以下共识。

（1）更大的地址空间。

IPv6 协议标准可以使得下一代 Internet 拥有非常大的地址存储空间，网络接入容量将会更大，连接 Internet 的端口类型和数量更多，应用范围更加广阔。

（2）更快。

100MB/s 以上的端到端高性能数据传输能力。

（3）更安全。

可以实现网络的标识、身份验证和使用权限管理，实现信息保密和安全，实现一种可信任的网络安全。

（4）更及时。

提供组播功能，实现服务质量管理，并创造更大规模的信息交换服务。

（5）更方便。

无处不在的移动设备与无线通信技术。

（6）更可管理。

完善的管理体系、有效的运行体系、有效的保障体系。

（7）更有效。

有了盈利模式后，将带来巨大社会效益和经济效益。

下一代 Internet 除具有更快、更大、更安全、更有效、更便捷等特点外，还是一种高度融合的互联网络，同时将推动中国经济模式由网络经济向光速经济的转变。

下一代 Internet 具备高度融合的网络特性，主要表现为以下方面。

（1）技术融合。

电信技术、数据通信技术、移动通信技术、有线信息技术和计算机技术互相融合后，产生了大批的混合所有信息技术的电子产品：路由器提供话音服务、交换机提供分组连接等。

（2）网络融合。

一个相对独立的网站通过固定和移动、话音和数字的结合，逐步形成了统一的网络。

（3）业务融合。

未来的通信运营模式将不单纯局限于数字与话音之间的地位竞争，而更多的将是数字、话音两个行业的结合与发展，同时视频服务将会作为未来电信业务的有机组成部分，进而实现话音、数字、视频三个领域在传统意义上完全不同的服务方式的全面整合。通过一系列话音、数字、视频相互结合的服务，包括 VOD、VoIP、IP 智能网、Web 呼叫中心等服务的应用，业务融合让未来的网络服务更加丰富与多彩。

（4）行业融合。

Internet 与行业融合必将引起中国原有的通信业、移动通信业、电视广播行业、数据通信行业与信息技术服务业的整合，大量数据通信制造商、计算机生产商开始进军通信制造业，同时原有的数据通信制造商会大量并购信息制造商。

7.4.2　下一代 Internet 的组成架构体系分析

下一代 Internet 是通过高速公共传输链路和路由器等节点，利用 IP 承载语音、数据和视像等所有比特流的多业务网，是保证各种业务服务质量、在与网络传输层及接入层分开的服务平台上提供服务与应用、向用户提供宽带接入、能充分挖掘现有网络设施潜力和保护已有投资、允许平滑演进的网络。

下一代 Internet 采用了开放式的网络结构系统，但按照所处网络不同，实现的服务也有所不同。

高速路由器和 MPLS（多协议标记交换）技术将成为未来下一代的核心。高速路由器是下一代 Internet 的交通枢纽，吞吐量非常大，支持多种协议。

MPLS 技术是一种将网络第三层的 IP 选入选址与网络第二层的高速数据交换相结合的新技术。它集电路交换和现有选路方式的优势，不仅能够解决当前网络中存在的很多问题，还提供了许多新功能。

下一代 Internet 网络处理器要在高效率提供数据、话音和视频业务的同时，为分布式内容和广播及视频等带宽密集型服务提供基础平台。

随着下一代 Internet 设备的复杂程度越来越高，传统的"处理能力和转发速率"不再是衡量网络处理器总体性能的关键指标，取而代之的是智能量（Amount of Intelligence），即网络处理器在一个分组包很短的周期内所提供的专用于深度包检测（Deep Packet Inspection）的处理能力。

优异的性价比和高度的灵活性是网络处理器在加快融合 IP 网络设备开发方面的两个主要优势。但随着通信应用的日益复杂和性能要求的迅速提升，对网络处理器的处理能力和智能化要求也迅速提高。

作为网络设备的核心，网络处理器被设计用于部署新的业务。服务提供商需要同时提供灵活和高性能的网络设备，从而推出符合新标准要求的、可捆绑的、可计费的业务。这些要求使得网络处理器的作用日益重要。对日趋复杂的 IP 网络而言，最现实的解决方案是研发一系列网络处理器，其中每一款针对一个特定的细分网络市场。

光纤作为传输介质，为光传输提供了巨大而廉价的可用带宽，在光传输网的发展中起重要作用。下一代 Internet 要能支持更大容量、更长距离的传输。下一代光纤已成为构造下一代 Internet 的重要基础。

下一代 Internet 的基本思想是具有统一的 IP 通信协议和巨大的传输容量，能以最经济的成本，灵活、可靠、持续地支持一切已有和将有的业务和信号。显然，这样的网络，其基础物理层只能是波分复用（WDM）光传输网，这样才能提供巨大的网络带宽，保证可持续发展的网络结构、容量和性能，以及廉价的成本，支持当前和未来的任何业务和信号。

下一代 Internet 将帮助运营商从传统的话音业务提供向多媒体业务提供演进。由于管制的放松及前所未有的技术进步，电信业正经历一场革命。在这一革命中，最引人注目的是利用下一代 Internet 系统提供数据、话音、集成多媒体业务。电信运营商、本地数据运营商、互联网服务商、应用服务商、无线数据服务商、城域以太网服务商、卫星通信服务商、光纤批发运营商及公共设施提供商均是推动 Internet 发展的重要成员。

目前，无线和有线、话音和数字、本地和长途等互相隔离的服务已经发生重大变化。电信业务也正在进行有史以来最为激烈的整合。如今，一个运营商已经可为用户提供多种业务服务，而用户接入可选择的产品与服务之间的传统界限也日益模糊不清。这种发展主要是由以下4个因素推动的：①数字与话音网络的结合，特别是 IP 地址的出现；②"最后一公里"问题得以解决。其中包括支持无线网络无缝接入、数据用户接入网的 Cable；③在商用和住宅领域中，Internet 接入日益广泛，而且安全性日益提高；④管制和竞争的引入。竞争是促使电信业变革最根本的力量之一。虽然电信运营商仍在本地拥有电话市场份额的主导地位，但在国家推动电信市场改革的环境下，鼓励了更多的新兴竞争者，新加入的运营商所占有的市场份额逐渐增加，这使得传统运营商必须重构自身的经营架构，采取新的经营战略。若想保住现有的市场份额，那他们首先必须处理的就是留住客户的问题，而这会导致新服务的研发、生产及客户服务方式的转变。

市场是很诱人的。监管的逐步放开、互联网的迅速发展和互联网金融的发展，不仅方便了新型公司的产生，还引发了创新的浪潮，同时被管理的服务对象数量日渐增多。新的网络系统中只有更多的小设备，而没有更多的交换机。但实际上，下一代 Internet 系统将可以支持比目前网络系统中更多的端口容量。

下一代 Internet 解决方案将能够把已有的多个"各自为政"的单独业务单元转化为一种更加经济有效的融合网络。话音服务将同时出现在 IP 网与 PSTN 网中，并能互通互利。总之，通信的未来可能有三个时代，即 IP 的时代（在网络服务方面）；光的时代（在数据传输方面）；无线的时代（在接入层面）。这将给用户带来更为丰富的业务种类，更高效、更高质量的话音数据和多媒体业务。

7.5 项目实验：DHCP 服务器配置

1. 项目描述

（1）项目背景。基于业务需求和节省运营成本，某 IT 公司计划充分利用公司现有硬件资源，将局域网 IP 地址分配工作移植到 DHCP 服务器上，现在技术人员需要测试安装虚拟化环境，并测试运行虚拟机。

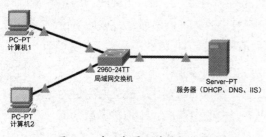

图 7-1　实验部署环境的拓扑结构图

（2）拓扑结构。采用一台已经安装好 Windows Server 2012 R2 操作系统的计算机，并配置好网络，使其能与 Internet 正常通信，也可以采用在 VMware Workstation 16 上安装虚拟机来实现。本实验采用在 VMware Workstation 16 上安装 Windows Server 2012 R2 操作系统的方法，实验部署环境的拓扑结构图如图 7-1 所示。

（3）主机地址分配表如表 7-2 所示。

表 7-2　主机地址分配表

主机名称	IP 地址	子网掩码	默认网关
服务器	192.168.159.1	255.255.255.0	
计算机 1	192.168.159.10	255.255.255.0	192.168.159.1
计算机 2	192.168.159.11	255.255.255.0	192.168.159.1

（4）任务内容。

第 1 部分：安装和配置 VMware Workstation 16 组件。

● 安装 VMware Workstation 16 的准备工作。

● 安装 VMware Workstation 16 的组件。

第 2 部分：安装和测试虚拟机。

● 配置 VMware Workstation 16 网络。

● 下载镜像。

● 安装虚拟机。

● 克隆一台服务器和一台客户机，并且服务器和客户机属于同一个网段 VLAN1。VMware Workstation 16 配置如图 7-2 所示。

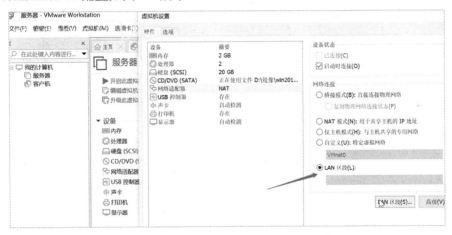

图 7-2　VMware Workstation 16 配置

（5）所需资源。

● 硬件环境：网络环境为局域网，服务器一台（安装了 Windows Server 2012 R2 操作系统），客户机若干台（安装了 Windows 10 操作系统）。

● 软件环境：Windows Server 2012 R2 操作系统、虚拟机软件和操作系统安装包。

2．项目实施

第 1 部分：配置 DHCP 服务器。

DHCP 服务器要想给网络用户分配 IP 地址，则服务器的自身必须配置静态 IP 地址。配置服务器静态 IP 地址如图 7-3 所示。

图 7-3　配置服务器静态 IP 地址

步骤 1：安装 DHCP 服务器。

（1）在服务器管理器窗口中，单击"管理"选项卡，选择"添加角色和功能"选项，如图 7-4 所示。

图 7-4　选择"添加角色和功能"选项

（2）在弹出的"添加角色和功能向导"对话框中，持续单击"下一步"按钮，如图 7-5 所示。

图 7-5　持续单击"下一步"按钮

（3）直到出现如图 7-6 所示的"服务器角色"界面，此时勾选"DHCP 服务器""DNS 服务器""Web 服务器(IIS)"三个复选框。

图 7-6　"服务器角色"界面

（4）弹出"添加角色和功能向导"对话框，单击"添加功能"按钮后，依据向导提示完成安装。单击"添加功能"按钮如图 7-7 所示。

图 7-7　单击"添加功能"按钮

（5）持续单击"下一步"按钮，最终单击"完成"按钮后，系统开始安装这些功能，需要等待一会儿，安装完成后，会弹出对话框，提示"安装已完成"。

步骤 2：DHCP 服务器的配置。

（1）在服务器管理器窗口左侧菜单栏中，分别选择"DHCP""DNS""IIS"三个选项，可以分别进行配置，如图 7-8 所示。选择"DHCP"选项，进一步对 DHCP 服务器进行配置。

图 7-8　对服务器分别进行配置

（2）在配置界面中打开 win 2012-1（虚拟机上安装的服务器的名字）的下拉选项，右击 "IPv4" 选项，在弹出的快捷菜单中选择"新建作用域"选项，如图 7-9 所示。

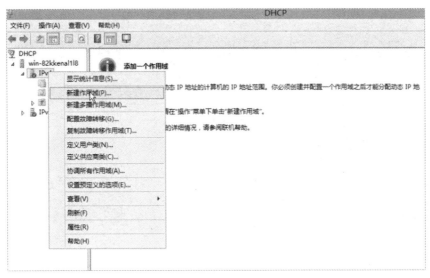

图 7-9 选择"新建作用域"选项

（3）在"新建作用域向导"对话框中，配置地址池，如图 7-10 所示。按向导提示填写作用域名称、IP 地址范围和租用期限，接着配置 DHCP 选项。最后激活，完成 DHCP 服务器的配置。

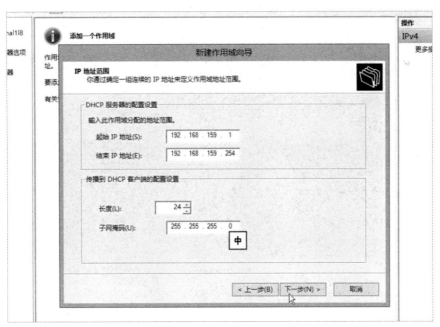

图 7-10 配置地址池

第 2 部分：配置 DHCP 客户机。

（1）在客户机中打开 win 2012-2（虚拟机上安装的客户机的名字）的 IP 地址配置界面，

选择"自动获取 IP 地址"和"自动获取 DNS 服务器地址"选项，单击"确定"按钮，查看详细信息。配置客户机 DHCP 服务如图 7-11 所示。

（2）通过 ipconfig 命令进行测试，测试结果如图 7-12 所示。

图 7-11　配置客户机 DHCP 服务

图 7-12　测试结果

（3）此时表明 DHCP 服务安装成功，并能正常为客户机提供服务。

习题 7

一、单选题

1. 在 Internet 的基本服务功能中，远程登录所使用的命令是（　　）。

A．FTP　　　　　　　B．Telnet　　　　　C．MAIL　　　　D．OPEN

2. 如果访问 Internet 时只能使用 IP 地址，是因为没有配置 TCP/IP 的（　　）。

A．IP 地址　　　　　B．子网掩码　　　C．默认网关　　D．DNS

3. 在 TCP/IP 环境中，如果以太网上的站点初始化后只有自己的物理地址而没有 IP 地址，则可以通过广播请求自己的 IP 地址，负责这一服务的协议应是（　　）。

A．ARP　　　　　　　B．ICMP　　　　　C．IP　　　　　　D．RARP

4. 电子邮件中所包含的信息（　　）。

A．只能是文字

B．只能是文字与图形图像信息

C．只能是文字与声音信息

D．可以是文字、声音和图形图像信息

5. HTML 是一种（　　）。

A．传输协议　　　　　　　　　　　B．超文本标记语言

C．文本文件　　　　　　　　　　　D．应用软件

6. Jacky@163.com 是一种典型的用户（　　）。

A．数据

B．硬件地址

C．电子邮件地址

D．WWW 地址

7. （　　）服务使用 POP3 协议。

A．FTP　　　　　　　B．E-mail　　　　　C．WWW　　　　D．Telnet

8. （　　）协议用来给局域网内部分配 IP 地址。

A．DHCP　　　　　　B．DNS　　　　　　C．IP　　　　　　D．RARP

9. 下面属于应用层协议的是（　　）。

A．TCP　　　　　　　B．ARP　　　　　　C．IP　　　　　　D．HTTP

10. 下面属于传输层协议的是（　　）。

A．TCP　　　　　　　B．ICMP　　　　　C．IP　　　　　　D．HTTP

11. 下面属于网络层协议的是（　　）。

A. TCP　　　　　　　B. ICMP　　　　　C. FTP　　　　　　D. HTTP

12. SMTP 使用 TCP 端口（　　）。

A. 25　　　　　　　　B. 22　　　　　　　C. 45　　　　　　　D. 110

13. 目前，互联网的骨干网是（　　）。

A. ARPANet　　　　　　　　　　　　B. Internet

C. NSFNet　　　　　　　　　　　　D. LAN

14. IPv6 要求强制实施 Internet 安全协议（　　）。

A. IPset　　　　　　　B. SSL　　　　　　C. IP　　　　　　　D. HTTP

15. SMTP 是建立在（　　）上的一种邮件服务，主要用于系统之间的邮件信息传递，并提供有关来信的通知。

A. UDP　　　　　　　B. SSL　　　　　　C. FTP　　　　　　D. HTTP

16. 当个人计算机以拨号方式接入 Internet 时，必须使用的设备是（　　）。

A. 网卡　　　　　　　　　　　　　　B. 调制解调器

C. 电话机　　　　　　　　　　　　D. 浏览器软件

17. 下列属于合法公网地址的是（　　）。

A. 207.46.230.229　　　　　　　　B. 172.16.23.5

C. 192.168.1.254　　　　　　　　　D. 10.236.332.12

18. FTP 是基于（　　）模型而设计的，在客户端与 FTP 服务器之间建立两个连接。

A. P2P　　　　　　　B. PPP　　　　　　C. C/S　　　　　　D. LAN

19. 下列不属于下一代 Internet 特点的是（　　）。

A. 更安全　　　　　　B. 更快　　　　　　C. 更方便　　　　　D. 更省钱

20. 下列不属于下一代 Internet 融合特征的是（　　）。

A. 政企融合　　　　　B. 技术融合　　　　C. 网络融合　　　　D. 产业融合

21. 下一代 Internet 采用（　　）的网络架构体系。

A. 闭环　　　　　　　B. 高速　　　　　　C. 开放　　　　　　D. 随意

22. 下一代网络核心节点高速路由器和（　　）将成为未来下一代的核心节点。

A. DDL　　　　　　　　　　　　　　B. MPLS

C. SSL　　　　　　　　　　　　　　D. POP

23. IPv6 地址空间由 IPv4 的 32 位编码扩大到（　　）位。

A. 48　　　　　　　　B. 64　　　　　　　C. 128　　　　　　D. 256

24．DNS 使用 UDP 端口（　　　）。

A．48　　　　　　　　B．53　　　　　　　C．110　　　　　　D．1024

25．域名总长度不能超过（　　　）个字符。

A．32　　　　　　　　B．63　　　　　　　C．128　　　　　　D．253

26．FTP 工作在 OSI 模型的第（　　　）层。

A．四　　　　　　　　B．五　　　　　　　C．六　　　　　　　D．七

27．FTP 在两台通信的主机之间使用了（　　　）条 TCP 连接。

A．1　　　　　　　　B．2　　　　　　　　C．3　　　　　　　D．4

28．用于发邮件的协议是（　　　）。

A．POP3　　　　　　B．IMAP　　　　　　C．SMTP　　　　　D．HTTP

29．TCP/IP 网络接口层包括 OSI 模型的（　　　）。

A．物理层和数据链路层　　　　　　　　B．数据链路层和网络层

C．网络层和传输层　　　　　　　　　　D．物理层和电路层

30．（　　　）协议既可以看作数据链路层协议，又可以看作网络层协议。

A．TCP　　　　　　　B．FDDI　　　　　　C．IP　　　　　　　D．ARP

二、填空题

1．由于＿＿＿＿＿＿＿＿的发展，Internet 在 20 世纪 70 年代迅速发展起来。

2．Internet 通常又被称为＿＿＿＿＿＿＿＿＿＿＿。

3．Internet 协会（Internet Society，ISOC）成立于 1992 年，是非营利性的组织，其成员由与 Internet 相联的＿＿＿＿＿和＿＿＿＿＿组成。

4．充分利用计算机网络中提供的资源（包括＿＿＿、＿＿＿＿＿和＿＿＿＿＿）是 Internet 建立的目标之一。

5．Web 服务是目前应用最广的一种基本 Internet 服务，它基于＿＿＿＿＿＿。

6．TCP/IP 参考模型与 OSI 参考模型类似，同样采用分层体系结构，自下而上分为＿＿＿＿＿＿＿层。

7．Internet 最普遍的工作模式是＿＿＿＿模式。

8．文件传输协议（File Transfer Protocol，FTP）是用于在网络上进行文件传输的一套标准协议，它工作在 OSI 参考模型的第＿＿＿＿层。

9．＿＿＿＿是建立在 FTP 文件传输服务上的一种＿＿＿＿服务，主要用于系统之间的邮件信息传递。

10．下一代 Internet 是一个建立在＿＿＿技术基础上的新型公共网络。

三、简答题

1. 阐述 Internet 能给我们的生活带来什么好处。

2. 建成国内 Internet 的 4 个主干网络分别是什么？

3. Internet 的主要功能是什么？

4. 常见的 Internet 接入方式有哪些？

5. 无线接入系统主要由哪些部分组成？

6. Internet 提供的常见网络服务有哪些？

7. 下一代 Internet 的概念是什么？

8. 下一代 Internet 的融合特征有哪些？

9. 下一代 Internet 有什么特征？

第 8 章

IPv6 技术

随着互联网、物联网的快速发展，IPv4 地址空间已经无法满足人们对 IPv4 地址日益增长的需求，2019 年 11 月 26 日下午，负责英国、欧洲、中东和部分中亚地区互联网资源分配的欧洲 IP 地址资源网络协调中心（RIPE NCC）宣布，全球所有 43 亿个 IPv4 地址已全部分配完毕，IPv4 地址彻底耗尽。而作为 IPv4 的下一代，IPv6 拥有更大的 128 位地址空间，提供 2^{128}，大约 3.4×10^{38} 个地址，这样人的地址空间在可预见的将来是不会用完的，足以解决目前 IPv4 地址不足的问题，可以说地球上的每一粒沙子都可以分配到一个 IPv6 地址。

8.1 IPv6 地址

8.1.1 IPv6 数据包

IPv6 数据包由基本首部和有效载荷两部分组成，如图 8-1 所示，有效载荷允许有零或多个扩展首部，其后是数据部分。但请注意，所有的扩展首部并不属于 IPv6 数据包的基本首部。

图 8-1 包含多个可选扩展首部的 IPv6 数据包格式

1. IPv6 数据包基本首部

IPv6 数据包基本首部有 8 个字段，长度固定为 40 字节，每一个 IPv6 数据包都必须包含基本首部。基本首部提供数据包转发的基本信息，会被转发路径上面的所有路由器解析。IPv6 数据包基本首部的结构如图 8-2 所示。

下面说明 IPv6 数据包基本首部中各字段的作用。

（1）版本号（Version）占 4 位，指出 IP 协议版本号，值为 6。

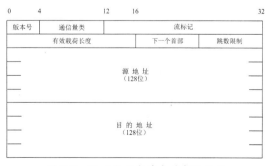

图 8-2 IPv6 数据包基本首部的结构

（2）通信量类（Traffic Class）占 8 位，指示 IPv6 数据流通信类别或优先级。功能类似于 IPv4 的服务类型（ToS/QoS）字段。（在通往目标节点的过程中，这个字段的值可能会被修改。）

（3）流标记（Flow Label）占 20 位，IPv6 新增字段，标记需要 IPv6 路由器特殊处理的数据流，这个字段是为了给实时数据包交付和 QoS 提供更多的支持。该字段用于某些对连接的服务质量有特殊要求的通信，如音频或视频等实时数据传输。流标记通过伪随机算法生成，介于 1～FFFFF 之间。如果不要求路由器进行特殊处理，则该字段值置为"0"。IPv6 节点可以仅通过流标记，不检查其他属性值，即可知道如何处理和转发这组数据流。

（4）有效载荷长度（Payload Length）占 16 位，指明 IPv6 数据包除基本首部外的字节数（包含所有扩展首部），16 位最多可表示 65535 字节（64KB），也就是这个字段的最大值。超过这一字节数的负载，该字段值置为"0"。

（5）下一个首部（Next Header）占 8 位，相当于 IPv4 数据包的协议字段或可选字段。当 IPv6 数据包没有扩展首部时，该字段的值指出基本首部后面的数据应交给 IP 层的哪一个协议处理，如果值是 6，交给 TCP 处理；如果值是 17，交给 UDP 处理。当出现扩展首部时，该字段的值就是第一个扩展首部的类型。

（6）跳数限制（Hop Limit）占 8 位，类似于 IPv4 数据包的 TTL（生命期）字段。与 IPv4 数据包用时间来限定包的生命期不同，IPv6 数据包用跳数来限定包在网络的生命期。源点在每个数据包发出时设定某个跳数限制（最大为 255 跳），每个路由器在转发数据包时，要先把跳数限制字段值减 1。当跳数为零时，路由器就把这个数据包丢弃。

（7）源地址（Source Address）占 128 位（16 字节），发送方的 IP 地址。

（8）目的地址（Destination Address）占 128 位，在大多数情况下，指接收方的 IP 地址。但如果存在路由扩展头的话，目的地址可能是发送方路由表中下一个路由器接口。

2．IPv6 数据包扩展首部

IPv4 数据包如果在其首部中使用了选项，那么沿着数据包传输路径上的每一个路由器都必须对这些选项进行一一检查，因而降低了路由器的处理速度，实际上很多选项信息途经的路由器是不需要的。IPv6 数据包把原来的 IPv4 数据包首部中选项的功能放在扩展首部中，并把扩展首部留给路径两端的源点和终点的主机来处理，路由器除逐条选项扩展首部外，不用处理其他扩展首部，从而提高了路由器的处理速度。

在 RFC2460 中定义了 8 种扩展首部：①逐跳选项；②目的地选项；③路由选择；④分片；⑤鉴别；⑥封装安全有效载荷；⑦目的站选项；⑧高层首部。

每一个扩展首部都由若干个字段组成，它们的长度也各不相同。但所有的扩展首部的第一个字段都是 8 位的"下一个首部"字段。此字段的值指出了在该扩展首部后面的字段是什么。当使用多个扩展首部时，应按以上的先后顺序出现。高层首部总是放在最后面的。

8.1.2 IPV6 编址

1. IPv6 地址表示方法

IPv6 地址长度为 128 位，IPv6 使用冒号分隔十六进制计法，每 16 位一组，共有 8 组，每组之间用冒号分隔，每一组用 4 个十六进制值表示，共 32 个十六进制值（XXXX:XXXX:XXXX:XXXX:XXXX:XXXX:XXXX:XXXX），X 的取值范围为 0~F，首选格式表示使用所有 32 个十六进制数字书写 IPv6 地址，但这并不表示首选格式是表示 IPv6 地址的最佳方法。IPv6 地址不区分大小写。

以下是 IPv6 地址首选格式的示例。

2001:0db8:0000:1111:0000:0000:0000:0200；

2001:0db8:0000:00a3:abcd:0000:0000:1234。

2. IPv6 地址简写规则

为了易于阅读、记忆和操作 IPv6 地址，可以采用以下规则，压缩 IPv6 地址书写。

规则 1：省略前导 0。

每组单元中多个前导 0 可以省略，但是如果一组单元都为 0，那么至少要保留一个 0。省略前导 0 的 IPv6 地址如图 8-3 所示。

单元组

首选格式：2001:0ae3:0000:6900:0000:0000:00f0:0200

省略前导 0：2001:ae3:0:6900:0:0:f0:200

图 8-3 省略前导 0 的 IPv6 地址

规则 2：双冒号。

使用双冒号（::）替换一个或多个连续的全 0 单元组，但整个地址缩写中仅能有一个双冒号（::），否则可能会得出一个以上的地址。

例如：

将图 8-3 中省略前导 0 的 IPv6 地址，使用规则 2 继续压缩后为

2001:ae3:0:6900::f0:200 或者 2001:ae3::6900:0:0:f0:200。

不能压缩成 2001:ae3::6900::f0:200，因为出现了两个双冒号（::），会得出一个以上的地址（请思考会得出哪些地址）。

3. IPv6 地址结构

IPv6 使用前缀长度表示地址的网络部分，并不使用点分十进制子网掩码计法。IPv6 地址结构如图 8-4 所示，前缀长度以斜杠记法表示，使用前缀长度表示 IPv6 地址的网络部分，IPv6 接口 ID 相当于 IPv4 地址的主机号部分，使用“接口 ID”是因为单台主机可能有多个接口，而每个接口又有一个或多个 IPv6 地址。

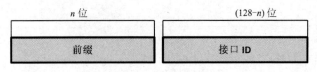

图 8-4　IPv6 地址结构

IPv6 地址前缀长度范围为 0~128 位。对于 LAN 和大多数其他网络类型，建议 IPv6 地址前缀长度为 64 位，接口 ID（主机号部分）也是 64 位，强烈建议对大多数网络使用 64 位接口 ID。这是因为无状态地址自动配置（SLAAC）使用 64 位作为接口 ID。它还使子网划分更易于创建和管理。与 IPv4 不同，在 IPv6 中，全 0 或全 1 的主机地址可以分配给设备；全 0 地址应仅分配给路由器，留作子网路由器的任播地址；全 1 地址可以作为有效地址分配给主机或路由器，因为 IPv6 不再使用广播地址。

4．EUI-64

当 RA 消息（在 8.2.2 节会介绍该知识）为 SLAAC 或 SLAAC 和无状态 DHCPv6 时，客户端必须生成自己的接口 ID。客户端从 RA 消息中获知地址的前缀部分，但必须自己创建接口 ID。接口 ID 可以使用 EUI-64（Extended Unique Identifier-64bit）流程创建，或者操作系统随机生成接口 ID。这里我们介绍使用 EUI-64 流程创建。

我们在第 3 章已经学习了 48 位的 MAC 地址（也称为 EUI-48 地址），而 EUI-64 是由 IEEE 定义的 64 位 EUI 地址，代表网络接口寻址的新标准，为网卡制造商创建了更大的地址空间。EUI-64 地址可以指派给网卡，或者从 EUI-48 地址映射得到 EUI-64 地址。

当系统要自动生成用于 IPv6 单播地址的 64 位接口标识或自动生成 IPv6 本地链路地址的 64 位接口标识等情况发生时，方法是首先将 EUI-48 地址映射到 EUI-64 地址（在 48 位 MAC 地址的第三字节和第四字节之间插入一个十六进制值 FFFE），然后对 EUI-64 地址的第一字节的第 7 位（从左到右顺序）取反，就得到 64 位接口标识。

例如，要根据网卡的 EUI-48 地址 00-AA-3C-89-76-5B，得到 IPv6 单播地址的 64 位接口标识的步骤如下。

（1）在 EUI-48 地址 00-AA-3C-89-76-5B 的第三字节和第四字节之间插入 0xFFFE，得到 EUI-64 地址 00-AA-3C-FF-FE-89-76-5B。

（2）将 EUI-64 地址的第一字节的第 7 位 0000 0000-AA-3C-FF-FE-89-76-5B 取反得到 0000 0010-AA-3C-FF-FE-89-76-5B，最后得到 IPv6 接口标识 02-AA-3C-FF-FE-89-76-5B。

8.1.3　IPV6 地址类型

IPv6 主要定义了 3 种地址类型：单播地址、组播地址和任播地址，与原来的 IPv4 地址相比，新增了任播地址类型，取消了原来 IPv4 地址中的广播地址，因为在 IPv6 中的广播功能是通过组播来完成的。IPv6 地址类型如图 8-5 所示。

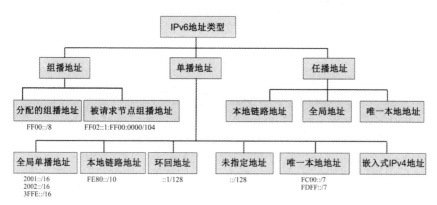

图 8-5　IPv6 地址类型

1. 单播地址

IPv6 单播地址用于唯一标识支持 IPv6 的设备上的接口，发送到单播地址的数据包将被传输给此地址所标识的一个接口。IPv6 单播地址类型有全局单播地址、本地链路地址、环回地址、未指定地址、唯一本地地址、嵌入式 IPv4 地址。IPv6 设备通常有两个单播地址：全局单播地址（GUA）和本地链路地址（LLA）。

（1）全局单播地址。

全局单播地址类似于公有 IPv4 地址，这些地址具有全球唯一性，是 Internet 可路由的地址。全局单播地址可静态配置，也可动态分配。互联网名称与数字地址分配机构（ICANN）将 IPv6 地址块分配给 5 家 RIR。目前分配的仅是前 3 位为 001 或 2000::/3 的全局单播地址，IPv6 全局单播地址结构如图 8-6 所示，也就是说，全局单播地址的第一个十六进制数以 2 或 3 开头。

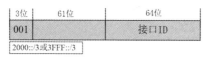

图 8-6　IPv6 全局单播地址结构

全局单播地址范围：2000::/3~3FFF::/3。

可以看出，全局单播地址占 IPv6 总地址空间的 1/8。

（2）本地链路地址。

本地链路地址以 FE80::/10 为前缀，第 11~64 位为 0，再加一个 64 位接口 ID，IPv6 本地链路地址结构如图 8-7 所示，本地链路地址用于自动地址配置、邻居发现、路由器发现等。在一条链路上（在 IPv6 中，链路就是指子网），必须知道对方节点的本地链路地址才能通信，否则是不能通信的，并且这个本地链路地址在同一链路上要具有唯一性，只在一条链路中有效，在该链路之外不能被路由，而不同链路的本地链路地址是可以重复的。

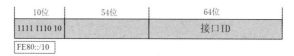

图 8-7　IPv6 本地链路地址结构

在通常情况下，用作链路上其他设备的默认网关地址是路由器接口的本地链路地址，而不是全局单播地址。所有的 IPv6 设备必须具有 IPv6 本地链路地址。本地链路地址可以动态创建，也可以使用命令 ipv6 address ipv6-address link-local 手动配置。手动配置本地链路地址使得创建的地址便于记忆和识别。

当为接口分配全局单播地址时，思科路由器会自动创建 IPv6 本地链路地址。在默认情况下，思科 IOS 路由器使用 EUI-64 为 IPv6 接口上的所有本地链路地址生成接口 ID。

（3）唯一本地地址。

IPv6 唯一本地地址（ULA），与 IPv4 私有 IP 地址相似，用于一个站点内或数量有限的站点之间的本地编址，不能被路由，不能上公网，唯一本地地址的范围是 FC00::/7~FDFF::/7。

2．组播地址

组播地址用来标识一组接口（通常这组接口属于不同的节点），类似于 IPv4 中的组播地址。发送到组播地址的数据包被传输给此地址所标识的所有接口。IPv6 组播地址的最高 8 位固定为 11111111，即以 FF 开始。其中，FF02::1 是全节点组播地址，由链路或网络上的所有 IPv6 接口接收和处理，类似于 IPv4 中的广播地址；FF02::2 是全路由组播地址，由链路或网络上的所有 IPv6 路由器接收和处理（当在路由器中使用命令 ipv6 unicast-routing 后，该路由器就会加入该组播组）。

3．任播地址

任播地址用来标识一组接口（通常这组接口属于不同的节点）。发送到任播地址的数据包会被路由到最近（根据使用的路由协议进行度量）的拥有该地址的设备。

8.1.4　IPv6 全局单播地址配置

1．全局单播地址静态配置

全局单播地址静态配置是指用户或网络管理员，使用命令或在主机 IPv6 地址配置窗口中手动输入 IPv6 全局单播地址。

（1）路由器配置。

为路由器的接口配置 IPv6 全局单播地址的命令如下。

```
ipv6 address ipv6-address/prefix-length
```

例如，ipv6 address 2001:ac9:85d:1::1/64。

（2）主机配置。

主机静态配置 IPv6 地址与配置 IPv4 地址相似，只是要注意选中 IPv6 地址。另外，当需要为主机配置默认网关时，可以将该网关配置为同一网络中路由器相连接口的全局单播地址，也可以配置为路由器相连接口的本地链路地址。

2．全局单播地址动态配置

当需要配置很多 IPv6 地址时，静态配置效率低并且容易出错，因此，多数 IPv6 管理员会启用 IPv6 地址的动态分配功能。设备可以通过两种方法自动获取 IPv6 全局单播地址：无状态地址自动配置（SLAAC）和有状态 DHCPv6。现在大多数设备都支持通过互联网控制消息协议版本 6（ICMPv6）消息，自动获取其 IPv6 全局单播地址，这需要使用路由器通告（Router Advertisement，RA）和路由器请求（Router Solicitation，RS）消息来完成此过程。

　　IPv6 路由器每隔 200s 定期将 RA 消息发送给网络上所有支持 IPv6 的设备，在响应发送 RS 消息的主机时，也会发送 RA 消息。请求地址消息的主机将 RS 消息发送到所有 IPv6 路由器，而 RA 消息通过路由器被发送到所有 IPv6 节点。在默认情况下，路由器未启用 IPv6 路由功能，必须使用全局配置命令 ipv6 unicast-routing 来启用。

　　RA 消息提示设备获取 IPv6 全局单播地址的方式最终取决于设备的操作系统。

　　RA 消息包括以下内容。

● 网络前缀和前缀长度：告知设备其所属的网络。

● 默认网关：　IPv6 本地链路地址，RA 消息的源 IPv6 地址。

● DNS 地址和域名：DNS 服务器的地址和域名。

　　RA 消息具有以下 3 个选项。

　　选项 1：SLAAC——"我是您需要的所有信息，包括前缀、前缀长度和默认网关"。这是默认值。客户端设备使用 RA 消息中的信息创建其自己的全局单播地址，其中前缀部分是从 RA 消息中获取的，与发 RA 路由器的前缀部分一样，接口 ID 使用 EUI-64 流程或通过生成一个随机 64 位数字产生，取决于设备的操作系统。通过 SLAAC 自动创建全局单播地址如图 8-8 所示。

　　（1）路由器发送带有本地链路前缀的 RA 消息。

　　（2）PC 使用 SLAAC 从 RA 消息中获取前缀，并创建自己的接口 ID。

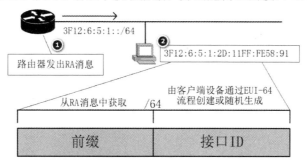

图 8-8　通过 SLAAC 自动创建全局单播地址

　　选项 2：SLAAC 和无状态 DHCPv6 服务器——"这是我提供给您的前缀、前缀长度和默认网关信息，但您需要从无状态 DHCPv6 服务器获取其他信息，如 DNS 信息"。使用此方法，客户端设备创建自己的全局单播地址的方法与选项 1 完全相同，但是默认网关是路由器的本地链路地址，即 RA 源 IPv6 地址，而其他信息（如 DNS 服务器地址和域名）要使用无状态 DHCPv6 服务器获取。通过 SLAAC 和无状态 DHCPv6 自动创建全局单播地址如图 8-9 所示。

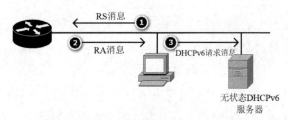

图 8-9　通过 SLAAC 和无状态 DHCPv6 自动创建全局单播地址

（1）PC 向所有 IPv6 路由器发送一条 RS 消息："我需要编址信息"。

（2）路由器通过选项 2 向所有 IPv6 节点发送一条 RA 消息："这是您的前缀、前缀长度和默认网关信息。但 DNS 信息需要从 DHCPv6 服务器获取"。

（3）PC 向所有 DHCPv6 服务器发送一条 DHCPv6 请求消息："我使用 SLAAC 创建了我的 IPv6 地址并获取了我的默认网关地址，但我需要来自无状态 DHCPv6 服务器的其他信息"。

选项 3：有状态 DHCPv6（无 SLAAC）——"我可以提供给您默认网关的地址，但您需要向有状态的 DHCPv6 服务器询问您的其他信息"。当路由器接口配置为仅使用有状态 DHCPv6 发送 RA 消息时，设备可以从有状态 DHCPv6 服务器自动接收编址信息，包括全局单播地址前缀长度和 DNS 服务器地址。客户端设备使用有状态 DHCPv6 服务器获取全局单播地址，使用路由器的本地链路地址，即 RA 源 IPv6 地址，作为默认网关地址，使用有状态 DHCPv6 服务器获取 DNS 服务器地址、域名和其他必要信息。通过有状态 DHCPv6 自动创建全局单播地址如图 8-10 所示。

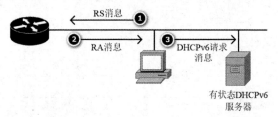

图 8-10　通过有状态 DHCPv6 自动创建全局单播地址

（1）PC 向所有 IPv6 路由器发送一条 RS 消息："我需要编址信息"。

（2）路由器使用选项 3 向所有 IPv6 节点发送 RA 消息，指明"我是您的默认网关，但您需要向有状态的 DHCPv6 服务器询问 IPv6 地址和其他编址信息"。

（3）PC 向所有 DHCPv6 服务器发送一条 DHCPv6 请求消息："我从 RA 消息中获取了我的默认网关地址，但是我需要从有状态 DHCPv6 服务器获取 IPv6 地址和其他所有编址信息"。

当有设备发送 RS 消息给提供地址自动配置服务的路由器，或者路由器每隔 200s 自动发送 RA 消息时，该路由器会根据接口的 RA 配置情况，从 3 个选项中选择一个作为 RA 消息内容。

8.1.5　IPv6 地址配置

1. 项目描述

（1）项目背景。在本实验中，你需要练习配置路由器、服务器和客户端上的 IPv6 全局单播地址和本地链路地址。你还需要练习如何验证 IPv6 编址的实施情况。

（2）IPv6 地址配置的拓扑结构图如图 8-11 所示。

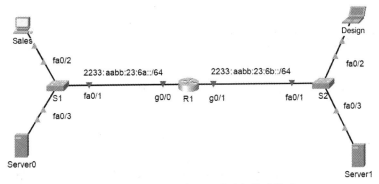

图 8-11　IPv6 地址配置的拓扑结构图

（3）主机地址分配表如表 8-1 所示。

表 8-1　主机地址分配表

设备	接口	IPv6 地址/前缀	默认网关
R1	G0/0	2233:aabb:23:6a::1/64	不适用
	G0/0	fe80::1	不适用
	G0/1	2233:aabb:23:6b::1/64	不适用
	G0/1	fe80::1	不适用
Sales	NIC	2233:aabb:23:6a::2/64	fe80::1
Server0	NIC	2233:aabb:23:6a::3/64	fe80::1
Design	NIC	2233:aabb:23:6b::2/64	fe80::1
Server1	NIC	2233:aabb:23:6b::3/64	fe80::1

（4）任务内容。

第 1 部分：在路由器上配置 IPv6 地址。

第 2 部分：在服务器上配置 IPv6 地址。

第 3 部分：在客户端上配置 IPv6 地址。

第 4 部分：测试并验证网络连通性。

（5）所需资源。

采用一台 2911 路由器、两台 2960 交换机、一台 PC、一台笔记本电脑、两台服务器。

2．项目实施

第 1 部分：在路由器上配置 IPv6 地址。

步骤 1：启用路由器转发 IPv6 数据包。

（1）首先单击 R1，然后单击 CLI 选项卡。按 Enter 键。

（2）进入特权 EXEC 模式。

（3）输入 ipv6 unicast-routing 全局配置命令。必须输入这条命令才能使路由器转发 IPv6 数据包。

```
R1(config)# ipv6 unicast-routing
```

步骤 2：在 G0/0（GigabitEthernet0/0）上配置 IPv6 地址。

（1）输入进入 G0/0 的接口配置模式所需的命令。

（2）使用下列命令配置 IPv6 地址。

```
R1(config-if)#ipv6 address 2233:aabb:23:6a::1/64
```

此时使用 do show ipv6 interface brief 命令，可以看到 G0/0 的接口已经自动配置好一个本地链路地址。

（3）可以使用下列命令手动配置易于记忆的本地链路 IPv6 地址。

```
R1(config-if)#ipv6 address fe80::1 link-local
```

（4）激活接口。

```
R1(config-if)#no shutdown
```

步骤 3：参照步骤 2，参阅表 8-1 获取正确的 IPv6 地址，在 G0/1（GigabitEthernet0/1）上配置 IPv6 全局单播地址和本地链路地址，并激活接口。

步骤 4：验证 R1 上的 IPv6 地址。

当编址完成时，最好通过比较已配置的值和表 8-1 中的值来验证地址的配置。

（1）在 R1 上退出配置模式。

（2）输入以下命令来确认地址的配置。

```
R1#show ipv6 interface brief
```

（3）如果地址不正确，请重复上述步骤以便进行更正。

注意：要对 IPv6 地址进行更改，必须删除不正确的地址，否则正确的地址和不正确的地址都将在接口上保持配置。示例如下。

```
R1(config-if)# no ipv6 address 2233:aabb:23:6a::1/64
```

（4）把配置保存到 NVRAM。

第 2 部分：在服务器上配置 IPv6 地址。

步骤 1：在 Server0 服务器上配置 IPv6 地址。

（1）首先单击 Server0，然后选择 "Desktop"（桌面）→ "IP Configuration"（IP 配置）选项。

（2）将 IPv6 Address（IPv6 地址）设置为 2233:aabb:23:6a::3，前缀为/64。

（3）将 IPv6 Gateway（IPv6 网关）设置为本地链路地址 fe80::1。

步骤 2：在 Server1 服务器上配置 IPv6 地址。

按照步骤 1，配置 Server1 服务器的地址。要使用的地址请参考表 8-1。

第 3 部分：在客户端上配置 IPv6 地址。

步骤 1：在 Sales 客户端上配置 IPv6 地址。

（1）首先单击 Sales，然后选择"Desktop"（桌面）→"IP Configuration"（IP 配置）选项。

（2）将 IPv6 Address（IPv6 地址）设置为 2233:aabb:23:6a::2，前缀为/64。

（3）将 IPv6 Gateway（IPv6 网关）设置为本地链路地址 fe80::1。

步骤 2：参照步骤 1，参阅表 8-1，在 Design 客户端上配置 IPv6 地址，IPv6 地址为 2233:aabb:23:6b::2，前缀为/64；IPv6 网关为 fe80::1。

第 4 部分：测试并验证网络连通性。

步骤 1：从客户端打开服务器网页。

（1）首先单击 Sales，然后单击"Desktop"（桌面）选项卡。如有必要，关闭"IP Configuration"（IP 配置）窗口。

（2）单击 Web 浏览器，在 URL 框中输入 2233:aabb:23:6a::3，单击"Go"（转到）选项卡，应会显示 Server0 网站。

（3）在 URL 框中输入 2233:aabb:23:6b::3，单击"Go"（转到）选项卡，应会显示 Server1 网站。

（4）对客户端的其余部分重复第（1）～（4）步。

步骤 2：执行 ping 操作。

（1）单击任意客户端。

（2）选择"Desktop"（桌面）→"Command Prompt"（命令提示符）选项。

（3）输入以下命令测试到服务器和路由器 R1 的连通性。

```
PC>ping 2233:aabb:23:6a::1
```

（4）对其他客户端重复 ping 命令，直到确认网络完全连接。

至此，实验完成。

8.2　IPv6 协议构成

8.2.1　ICMPv6 协议

和 IPv4 一样，IPv6 也不保证数据包的可靠交付，因为互联网中的路由器可能会丢弃数据包。因此，IPv6 需要使用 ICMPv6 来反馈差错、消息等信息。当 IEFT 开始开发 IPv6 时，还借此机会修复了 IPv4 的限制，开发了额外的功能，如 ICMPv6 包括了 ICMPv4 中没有的地址解析和地址自动配置等功能。

1．ICMPv6 概念

ICMPv6（Internet Control Message Protocol version 6）即互联网控制信息协议版本 6。ICMPv6 是为了与 IPv6 配套使用而开发的互联网控制信息协议。ICMPv6 是 IPv6 的基础协

议之一，用于向源节点传递报文转发的消息信息或错误信息。

2．ICMPv6 的报文格式及分类

ICMPv6 的协议号为 58。ICMPv6 报文被封装在 IPv6 数据包中，此时 IPv6 数据包首部中的下一个首部（Next Header）字段值为 58，ICMPv6 报文格式如图 8-12 所示。

类型	代码	校验和
ICMPv6 数据		

图 8-12　ICMPv6 报文格式

其中类型（Type）为 1 字节，代码（Code）为 1 字节，校验和（Checksum）为 2 字节。

类型：标识 ICMPv6 报文类型，它的值根据报文的内容来确定。

代码：用于确定 ICMPv6 进一步的信息，对同一类型的报文进行了更详细的分类。

校验和：用于检测 ICMPv6 的报文是否正确传输。

ICMPv6 报文可分为两种类型：差错报文和信息报文。差错报文的识别是通过在消息类型字段值的高比特位中设置 0 来实现的。因此，差错报文的类型字段值为 0~127；信息报文的类型字段值为 128~255。ICMPv6 信息报文提供诊断功能和附加的主机功能，如多播侦听发现和邻居发现。常见的 ICMPv6 信息报文中的回送请求报文（Echo Request，类型字段的值为 128，代码字段的值为 0）和回送应答报文（Echo Reply，类型字段的值为 129，代码字段的值为 0），就是通常使用的 Ping 报文。常用 ICMPv6 报文类型如表 8-2 所示。

表 8-2　常用 ICMPv6 报文类型

报文类型	类型字段值	名称	代码字段值
差错报文	1	目的不可达	0，无路由
			1，因管理原因禁止访问
			2，未指定
			3，地址不可达
			4，端口不可达
	2	数据包过长	0
	3	超时	0，跳数到 0
			1，分片重组超时
	4	参数错误	0，错误的包头字段
			1，无法识别的下一包头类型
			2，无法识别的 IPv6 选项
信息报文	128	Echo Request	0
	129	Echo Reply	0

8.2.2　邻居发现协议

邻居发现协议（Neighbor Discovery Protocol，NDP）工作在数据链路层，其主要作用是在链路上发现其他节点和相应的地址，确定可用路由，维护可用路由和其他活动节点信息的可达性。NDP 消息通常在链路本地范围内发送和接收。NDP 不是一个独立的协议，NDP 通过

ICMPv6 报文来承载，在一个 IPv6 数据包中，如果该数据包的"下一个报头"字段的值为 58，且 ICMPv6 报文中类型字段取值范围为 133~137，那么该 IPv6 数据包的数据部分就含有 NDP 报文。

NDP 中包括 4 个常用消息：RS、RA、NS、NA。

1．IPv6 路由器和 IPv6 设备间的消息及应用

（1）IPv6 路由器和 IPv6 设备间的消息。

① RS（Router Solicitation，路由器请求）消息。

RS 消息：类型字段值为 133，节点启动后，通过 RS 消息向路由器发出请求，请求前缀和其他配置信息，用于节点地址的自动配置。

② RA（Router Advertisement，路由器通告）消息。

RA 消息：类型字段值为 134，对 RS 消息进行回应。在没有抑制 RA 消息发布的条件下，路由器会周期性地（每隔 200s）发布 RA 消息，其中包括前缀信息选项和一些标志位的信息。

（2）RS 消息和 RA 消息的应用。

当主机配置为使用无状态地址自动配置（SLAAC）自动获取编址信息时，主机会发送 RS 消息到请求 RA 消息的路由器。

路由器发送 RA 消息，从而为使用 SLAAC 的主机提供编址信息。RA 消息中可以包括主机的编址信息，如前缀及其长度、DNS 地址和域名。路由器会定期发送 RA 消息或响应 RS 消息。使用 SLAAC 的主机将其默认网关设置为发送 RA 路由器的本地链路地址。

2．IPv6 设备间的消息及应用

（1）IPv6 设备间的消息。

① NS（Neighbor Solicitation，邻居请求）消息。

NS 消息：类型字段值为 135，代码字段值为 0，在地址解析中的作用类似于 IPv4 中的 ARP 请求报文，用来获取邻居的链路层地址（MAC 地址），验证邻居是否可达，进行重复地址检测等。

② NA（Neighbor Advertisement，邻居通告）消息。

NA 消息：类型字段值为 136，代码字段值为 0，在地址解析中的作用类似于 IPv4 中的 ARP 应答报文，用来对 NS 消息进行响应。另外，当节点在链路层变化的时候主动发出 NA 消息，告知邻居本节点的变化。

NDP 还包括重定向消息，其类型字段值为 137，当满足一定的条件时，默认网关通过向源主机发送重定向消息，使主机重新选择正确的下一跳地址进行后续报文的发送。

（2）邻居请求和邻居通告的应用。

① 地址解析。

当 LAN 上的设备知道目的 IPv6 单播地址，但不知道其 MAC 地址时，会使用地址解析

（与 IPv4 的 ARP 功能相同）。设备将 NS 消息发送到请求节点地址，该消息包括已知（目的）IPv6 地址，相当于 IPv4 的 ARP 请求。具有目的 IPv6 地址的设备会使用包含其 MAC 地址的 NA 消息进行回应，从而告诉发送 NS 请求的设备想要获取的目的 MAC 地址，这相当于 IPv4 的 ARP 应答。

② 重复地址检测。

当设备获取到一个全局单播或本地链路单播的 IPv6 地址后，需要使用重复地址检测功能确定该地址是否已被其他设备使用。要检查地址的唯一性，设备需要发送 NS 消息，消息中使用自身 IPv6 地址作为目的 IPv6 地址。如果网络中的其他设备具有该地址，则会使用 NA 消息进行响应，用来通知发送方设备该地址已被使用。如果响应的 NA 消息未在固定的一段时间内返回，则单播地址是唯一的，可以使用。

8.2.3 实施子网划分 IPv6 编址方案

1. 项目描述

（1）项目背景。网络管理员必须知道如何在其网络中实现 IPv6。你需要建立一个网络，该网络会对 4 个 LAN 使用一系列连续的 IPv6 子网。你的任务是为 LAN 分配子网并配置路由器和 PC 的 IPv6 地址，确保为路由器上的 IPv6 路由配置了所有必要的信息。

（2）实施子网划分 IPv6 编址方案的拓扑结构图如图 8-13 所示。

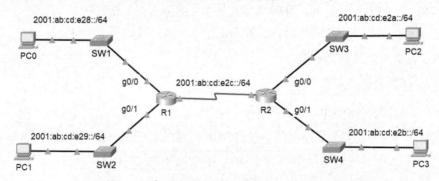

图 8-13　实施子网划分 IPv6 编址方案的拓扑结构图

（3）主机地址分配表如表 8-3 所示。

表 8-3　主机地址分配表

设备	接口	IPv6 地址	本地链路地址
R1	G0/0	2001:ab:cd:e28::1/64	fe80::1
	G0/1	2001:ab:cd:e29::1/64	fe80::1
	S0/0/0	2001:ab:cd:e2c::1/64	fe80::1
R2	G0/0	2001:ab:cd:e2a::1/64	fe80::2
	G0/1	2001:ab:cd:e2b::1/64	fe80::2
	S0/0/0	2001:ab:cd:e2c::2/64	fe80::2

设备	接口	IPv6 地址	本地链路地址
PC1	NIC	自动配置	
PC2	NIC	自动配置	
PC3	NIC	自动配置	
PC4	NIC	自动配置	

（4）任务内容。

第 1 部分：确定 IPv6 子网和编址方案。

第 2 部分：为路由器配置 IPv6 地址，邻居查看。

第 3 部分：为 PC 自动配置 IPv6 地址，邻居查看。

第 4 部分：配置 IPv6 静态路由。

第 5 部分：验证 IPv6 连通性。

（5）所需资源。

采用两台 2911 路由器，4 台 2960 交换机，4 台 PC。

2．项目实施

第 1 部分：确定 IPv6 子网和编址方案。

你已分配到了 IPv6 子网 2001:ab:cd:e28::/64 作为起始子网。对于每个所需的网络，你需要另外 4 个子网。将子网地址逐次增加 1，得到所需的 4 个子网。

第 2 部分：为路由器配置 IPv6 地址。

步骤 1：启用路由器转发 IPv6 数据包。

单击 R1，输入 ipv6 unicast-routing 全局配置命令，使路由器转发 IPv6 数据包。

```
R1(config)# ipv6 unicast-routing
```

步骤 2：在 R1 的 G0/0（GigabitEthernet0/0）上配置 IPv6 地址。

（1）输入进入 G0/0 的接口配置模式所需的命令。

（2）使用下列命令配置 IPv6 地址。

```
R1(config-if)#ipv6 address 2001:ab:cd:e28::1/64
```

（3）使用下列命令配置本地链路 IPv6 地址。

```
R1(config-if)#ipv6 address fe80::1 link-local
```

（4）激活接口。

```
R1(config-if)#no shutdown
```

步骤 3：分别在 R1 的 G0/1（GigabitEthernet0/1）和 S0/0/0（Serial0/0/0）上配置 IPv6 地址。

（1）输入进入 G0/1 或 S0/0/0 的接口配置模式所需的命令。

（2）请参阅表 8-3 获取正确的 IPv6 地址。

（3）配置 IPv6 本地链路地址并激活接口。

步骤 4：参考 R1 的配置，参阅表 8-3，配置 R2 的各个接口的 IPv6 地址、本地链路地址并激活接口。

步骤 5：验证 R1 上的 IPv6 地址及邻居发现。

（1）进入特权 EXEC 模式，输入以下命令，此时还没有发现邻居设备。

```
R1#show ipv6 neighbors
```

（2）在特权 EXEC 模式下输入以下命令来确认地址的配置。

```
R1#show ipv6 interface brief
```

（3）如果地址不正确，请重复上述步骤以便进行更正。

第 3 部分：为 PC 自动配置 IPv6 地址，邻居查看。

步骤 1：在 PC0 上自动配置 IPv6 地址。

（1）首先单击 PC0，然后选择"Desktop"（桌面）→"IP Configuration"（IP 配置）选项。

（2）将 IPv6 Address（IPv6 地址）设置为 Automatic（自动获取）。

（3）用同样的方法配置其余 3 台 PC。

步骤 2：在 R1 路由器上查看邻居设备。

单击 R1 的"CLI"选项卡，在全局配置模式下输入如下命令，查看路由器 R1 的邻居设备，此时就会显示出 R1 的邻居设备信息。

```
R1#show ipv6 neighbors
```

第 4 部分：配置 IPv6 静态路由。

步骤 1：在路由器 R1 上配置静态路由。

在 R1 的全局配置模式下输入如下两条命令。

```
R1(config)#ipv6 route 2001:ab:cd:e2a::/64 2001:ab:cd:e2c::2
R1(config)#ipv6 route 2001:ab:cd:e2b::/64 2001:ab:cd:e2c::2
```

步骤 2：在路由器 R2 上配置静态路由。

在 R2 的全局配置模式下输入如下两条命令。

```
R2(config)#ipv6 route 2001:ab:cd:e28::/64 2001:ab:cd:e2c::1
R2(config)#ipv6 route 2001:ab:cd:e29::/64 2001:ab:cd:e2c::1
```

第 5 部分：验证 IPv6 连通性。

此时，所有 PC 间均可以相互通信，以下展示了 PC0 跟踪 PC2 的成功测试结果。

```
C:\>tracert 2001:ab:cd:e2a:2E0:F7FF:FEA6:7AEB
Tracing route to 2001:ab:cd:e2a:2E0:F7FF:FEA6:7AEB over a maximum of 30 hops:
  1   0 ms     0 ms     0 ms     2001:AB:CD:E28::1
  2   1 ms     1 ms     0 ms     2001:AB:CD:E2C::2
  3   0 ms     0 ms     2 ms     2001:AB:CD:E2A:2E0:F7FF:FEA6:7AEB
Trace complete.
```

8.3　从 IPv4 过渡到 IPv6

如何完成从 IPv4 到 IPv6 的转换是 IPv6 发展需要解决的第一个问题。现在几乎每个网络及其连接设备都支持 IPv4，因此要想一夜间就完成从 IPv4 到 IPv6 的转换是不切实际的。IPv6必须能够支持和处理 IPv4 体系的遗留问题。可以预见，IPv4 向 IPv6 的过渡需要相当长的时间才能完成。为了保障 IPv4 向 IPv6 的顺利演进，国际互联网工程任务组（IETF）成立专门工作组进行研究，并且已提出了很多方案，目前来说，实现 IPv4 和 IPv6 共存的策略和过渡技术有3 种：第 1 种，使用双栈让主机或网络设备可以同时支持 IPv4 和 IPv6 双协议栈；第 2 种，通过隧道技术将 IPv6 数据包封装在 IPv4 数据包中；第 3 种，通过网络地址转换（NAT）技术将IPv6 数据包转换为 IPv4 数据包，反之亦然。

8.3.1　双协议栈技术

IPv4 和 IPv6 有功能相近的网络层协议，基于相同的硬件平台，同一台主机同时运行 IPv4和 IPv6 两套协议栈，具有 IPv4/IPv6 双协议栈的节点称为双栈节点，这些节点既可以收发 IPv4报文，又可以收发 IPv6 报文。该主机既能与支持 IPv4 协议的主机通信，又能与支持 IPv6 协议的主机通信，这就是双协议栈技术的工作机理，它们可以使用 IPv4 与 IPv4 节点互通，也可以直接使用 IPv6 与 IPv6 节点互通。双栈节点同时包含 IPv4 和 IPv6 的网络层，但传输层协议（如 TCP 和 UDP）的使用仍然是单一的。双协议栈结构示例如图 8-14 所示。

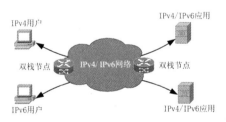

图 8-14　双协议栈结构示例

双协议栈技术是指在完全过渡到 IPv6 之前，使一部分主机（或路由器）装有两个协议栈，一个 IPv4 协议栈和一个 IPv6 协议栈。因此，双协议栈主机（或路由器）既能够和 IPv6 的系统通信，又能够和 IPv4 的系统通信。双协议栈主机在和 IPv6 主机通信时采用 IPv6 地址，而和 IPv4 主机通信时就采用 IPv4 地址。但双协议栈主机怎样知道目的主机采用哪一种地址呢？它是使用域名系统（DNS）来查询的。若 DNS 返回的是 IPv4 地址，则双协议栈的源主机使用IPv4 地址；若 DNS 返回的是 IPv6 地址，则源主机使用 IPv6 地址。

双协议栈技术是所有过渡技术的基础，支持灵活地启用或关闭节点的 IPv4/IPv6 功能，可以很好地过渡到纯 IPv6 的环境。灵活启用/关闭 IPv4/IPv6 功能对 IPv4 和 IPv6 提供了完全的兼容，但这种方式需要双路由基础设施，即所有节点都支持双栈，因此增强了改造和部署难度，网络复杂程度也更高。

8.3.2 隧道技术

隧道技术是指将另外一个协议数据包的报头直接封装在原数据包报头前，从而实现在不同协议的网络上直接进行传输，这种机制用来在 IPv4 网络之上连接 IPv6 的站点。基于 IPv4 隧道来传输 IPv6 数据报文的隧道技术将 IPv6 报文封装在 IPv4 报文中，这样 IPv6 协议包就可以穿越 IPv4 网络进行通信。因此，被孤立的 IPv6 网络之间可以通过 IPv6 的隧道技术，利用现有的 IPv4 网络互相通信而无须对现有的 IPv4 网络进行任何修改和升级。隧道技术示意图如图 8-15 所示，IPv6 隧道可以配置在边界路由器之间，也可以配置在边界路由器和主机之间，但是隧道两端的节点必须既支持 IPv4 协议栈，又支持 IPv6 协议栈。

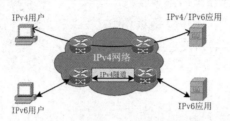

图 8-15　隧道技术示意图

路由器先将 IPv6 分组封装到 IPv4 分组中，IPv4 分组的源地址和目的地址分别是隧道入口和出口的 IPv4 地址；在隧道的出口处，再将 IPv6 分组取出转发给目的站点。隧道技术只要求在隧道的入口和出口处进行修改，对其他部分没有要求，因而非常容易实现。

通过隧道技术，依靠现有 IPv4 设施，只要求隧道两端设备支持双栈，即可实现多个孤立 IPv6 网络的互通，但是隧道实施配置比较复杂，也不支持 IPv4 主机和 IPv6 主机直接通信。此外，隧道技术需要进行封装解封装，转发效率低。

8.3.3 NAT64 网络地址/协议转换技术

NAT64 是一种有状态的网络地址/协议转换技术，一般只支持通过 IPv6 网络侧用户发起连接访问 IPv4 侧网络资源。但 NAT64 也支持通过手工配置静态映射关系，实现 IPv4 网络主动发起连接访问 IPv6 网络。其中，NAT64 执行 IPv4-IPv6 有状态的网络地址/协议转换，DNS64 实现域名地址解析，两者配合工作，不需要在 IPv6 客户端或 IPv4 服务器端进行任何修改。网络地址/协议转换技术示意图如图 8-16 所示。

图 8-16　网络地址/协议转换技术示意图

DNS64 主要将 DNS 查询信息中的 A 记录（IPv4 地址）合成到 AAAA 记录（IPv6 地址）中，并返回合成的 AAAA 记录用户给 IPv6 侧用户。

网络地址/协议转换技术对现有 IPv4 环境进行少量改造（通常是更换出口网关），即可实现对外支持 IPv6 访问，部署简单便捷。

每种过渡技术都有各自的优点和缺点，结合行业的应用场景和需求，在不同的场景下我们需要选择不同的过渡技术以实现 IPv6 改造。

（1）对于新建业务系统的场景，推荐采用双协议栈技术，同时支持 IPv4 和 IPv6，一步到位实现最佳改造。

（2）对于多个孤立 IPv6 网络互通的场景，如多个 IPv6 的数据中心区域互联，可以采用隧道技术，让 IPv6 数据封装到 IPv4 网络上传输，减少部署的成本和压力。

（3）对于已经上线的业务系统，建议采用网络地址/协议转换技术，对现有网络的改动最小，可以快速部署，投资成本最低，可支持后期逐渐演进到纯 IPv6 环境。

中国比发达国家晚接入互联网 20 年，是互联网行业的后来者，虽然在互联网产品和互联网应用上是大国，但我们在核心技术上仍有差距，想要在 IPv4 环境下进行技术创新，中国几乎没有机会，但是在 IPv6 上，我们和发达国家起步差不多，我们是有机会的。由中国下一代互联网国家工程中心牵头发起的"雪人计划"已在全球完成 25 台 IPv6 根服务器架设，中国境内就部署了其中的 4 台，打破了中国过去没有根服务器的困境。可以说 IPv6 为中国互联网发展打开了一个新的创新空间。

因此，伴随着 IPv4 地址的枯竭，IPv6 地址的大量投入使用，中国在国际互联网的地位一定会变得愈加重要。在 5G 时代，IPv6 网络将成为互联网新业务发展与运用的强有力支撑。

8.4　项目实验：IPv6 双协议栈配置

1．项目描述

（1）项目背景。双栈可以让 IPv4 和 IPv6 在同一网络中共存。在本实验中，你将研究双栈实施，包括记录终端设备的 IPv4 和 IPv6 配置、使用 ping 命令测试 IPv4 和 IPv6 的连通性，并跟踪 IPv4 和 IPv6 的端到端路径。

（2）双栈配置的拓扑结构图如图 8-17 所示。

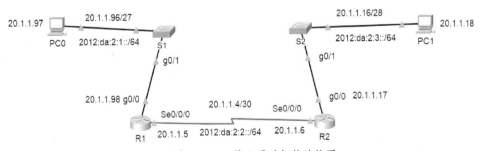

图 8-17　双栈配置的拓扑结构图

（3）主机地址分配表如表 8-4 所示。

表 8-4　主机地址分配表

设备	接口	IP 地址/前缀		默认网关
R1	G0/0	20.1.1.98	255.255.255.224	不适用
		2012:da:2:1::1/64		不适用
		fe80::1		不适用
	S0/0/0	20.1.1.5	255.255.255.252	不适用
		2012:da:2:2::1/64		不适用
		fe80::1		不适用
R2	G0/0	20.1.1.17	255.255.255.240	不适用
		2012:da:2:3::1/64		不适用
		fe80::2		不适用
	S0/0/0	20.1.1.6	255.255.255.252	不适用
		2012:da:2:2::2/64		不适用
		fe80::2		不适用
PC0	NIC	20.1.1.97	255.255.255.224	20.1.1.98
		2012:da:2:1::2/64		fe80::1
PC1	NIC	20.1.1.18	255.255.255.240	20.1.1.17
		2012:da:2:3::2/64		fe80::2

（4）任务内容。

第 1 部分：完成各设备地址的配置。

第 2 部分：使用 ipconfig 命令检验 IPv4 地址。

第 3 部分：配置 R1、R2 的静态路由信息。

第 4 部分：使用 ping 命令测试连通性。

第 5 部分：通过跟踪路由发现路径。

（5）所需资源。

采用两台 2911 路由器，两台 2960 交换机，两台 PC。

2．项目实施

第 1 部分：完成各设备地址的配置。

步骤 1：分别单击 PC0、PC1，选择"桌面"（Desktop）→"IP 配置"（IP Configuration）选项，按照表 8-4 配置 PC0、PC1 的 IPv4 地址、子网掩码、默认网关，IPv6 地址、前缀长度、默认网关。PC0 的 IPv4、IPv6 地址配置如图 8-18 所示。

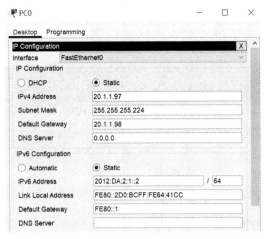

图 8-18　PC0 的 IPv4、IPv6 地址配置

步骤 2：配置 R1 的 G0/0（GigabitEthernet0/0）接口的 IPv4 地址。

（1）输入进入 R1 的 G0/0 接口全局配置模式所需的命令。

（2）使用下列命令配置 IPv4 地址并激活接口。

```
R1(config-if)#ip address 20.1.1.98 255.255.255.224
R1(config-if)#no shutdown
```

步骤 3：在 R1 的 G0/0 接口上配置 IPv6 地址。

（1）输入 ipv6 unicast-routing 全局配置命令，使路由器转发 IPv6 数据包。

```
R1(config)#ipv6 unicast-routing
```

（2）输入进入 G0/0 接口全局配置模式所需的命令。

（3）使用下列命令配置 IPv6 地址。

```
R1(config-if)#ipv6 address 2012:da:2:1::1/64
```

（4）使用下列命令配置本地链路 IPv6 地址。

```
R1(config-if)#ipv6 address fe80::1 link-local
```

步骤 4：参照表 8-4，按照步骤（2）~步骤（3），配置 R1 的 S0/0/0（Serial0/0/0）接口的 IPv4、IPv6 地址。

步骤 5：参照表 8-4，按照步骤（2）~步骤（4），配置 R2 的 G0/0 接口和 S0/0/0 接口的 IPv4、IPv6 地址。

第 2 部分：使用 ipconfig 命令检验 IPv4 地址。

步骤 1：使用 ipconfig 命令检验 IPv4 地址。

（1）分别单击 PC0、PC1 并打开命令提示符（Command Prompt）。

（2）输入 ipconfig /all 命令查看 IPv4 地址、子网掩码和默认网关。

步骤 2：使用 ipv6config 命令检验 IPv6 地址。

在 PC0、PC1 上输入 ipv6config /all 命令查看 IPv6 地址、前缀长度和默认网关。

第 3 部分：配置 R1、R2 的静态路由信息。

步骤 1：使用如下两条命令，在 R1 上配置 IPv4、IPv6 静态路由。

```
R1(config)#ip route 20.1.1.16 255.255.255.240 20.1.1.6
R1(config)#ipv6 route 2012:da:2:3::/64 2012:da:2:2::2
```

步骤 2：使用如下两条命令，在 R2 上配置 IPv4、IPv6 静态路由。

```
R2(config)#ip route 20.1.1.96 255.255.255.224 20.1.1.5
R2(config)#ipv6 route 2012:da:2:1::/64 2012:da:2:2::1
```

第 4 部分：使用 ping 命令测试连通性。

步骤 1：使用 ping 命令验证 IPv4 连通性。

（1）用 PC0 对 PC1 的 IPv4 地址执行 ping 命令。

```
PC>ping 20.1.1.18
```

（2）用 PC1 对 PC0 的 IPv4 地址执行 ping 命令。

```
PC>ping 20.1.1.97
```

步骤 2：使用 ping 命令验证 IPv6 的连通性。

（1）用 PC0 对 PC1 的 IPv6 地址执行 ping 命令。

```
PC>ping 2012:da:2:3::2
```

（2）用 PC1 对 PC0 的 IPv6 地址执行 ping 命令。

```
PC>ping 2012:da:2:1::2
```

第 5 部分：通过跟踪路由发现路径。

步骤 1：使用 tracert 命令发现 IPv4 路径。

（1）从 PC0 跟踪到 PC1 的路由。

```
PC>tracert 20.1.1.18
```

（2）从 PC1 跟踪到 PC0 的路由。

```
PC>tracert 20.1.1.97
```

步骤 2：使用 tracert 命令发现 IPv6 路径。

（1）从 PC0 跟踪通向 PC1 的 IPv6 地址的路由。

```
PC>tracert 2012:da:2:3::2
```

（2）从 PC1 跟踪通向 PC0 的 IPv6 地址的路由。

```
PC>tracert 2012:da:2:1::2
```

问题：

① 沿路径会经过哪些地址？

② 这几个地址关联的是哪些接口？

至此，IPv6 双协议栈配置实验完成。

习题 8

一、单选题

1. IPv6 地址（　　）。

A. 表示为点分十进制数

B. 表示为冒号分隔的 8 个十六位组

C. 表示为连续的 64 个二进制位

D. 表示为八进制数

2. 对于被限制在单个网段内的通信，应该使用（　　）IPv6 地址。

A. 唯一本地地址

B. 全局单播地址

C. 本地链路地址

D. 组播地址

3. 在 IP 网络中，使用（　　）来验证网络的连接性。

A. ICMP

B. CSMA/CD

C. NP

D. TCP/IP

4. 下列进程用于确定主机之间的网络路径的是（　　）。

A. ping

B. DHCP

C. traceroute

D. ipconfig

5. 下列（　　）是 IPv6 地址 2001:0db8:0000:0000:0000:a0b0:0008:0001 的简写格式。

A. 2001:db8:1::ab8:0:1

B. 2001:db8:0:1::8:1

C. 2001:db8::ab8:1:0:1000

D. 2001:db8:a0b0:8:1

6. IPv6 地址有（　　）位。

A. 32　　　　　　B. 48　　　　　　C. 64　　　　　　D. 128

7. IPv6 链路层地址解析使用的报文是（　　）。

A. Neighbor Discovery

B. Neighbor Solicitation

C. Neighbor Advertisement

D. ARP

8. 2001:37:6853:2::A3:E26:F53 是（　　）。

A. 广播地址

B. 全球单播地址

C. 本地站点地址

D. 本地链路地址

9. 环回地址的地址前缀为（　　）。

A. FE80::/10

B. ::1/128

C. FF00::/8

D. FEC0::/10

10. 地址 FEC0::E0:F726:4E59 是（　　）。

A. 本地链路地址

B．全球单播地址

C．本地站点地址

D．广播地址

二、判断题

1．网络地址支持到子网中所有主机的通信。 （ ）

2．IPv4 地址由网络部分和主机部分组成。 （ ）

3．有状态 DHCPv6 和 SLAAC 这两种方法自动配置全局单播地址。 （ ）

4．IPv6 有广播地址。 （ ）

5．在 IPv6 地址中，全 0 和全 1 的主机地址可以分配给设备。 （ ）

6．IPv6 地址可分为单播地址、多播地址、任播地址。 （ ）

7．在 IPv6 中，邻居发现协议主要使用的报文类型是路由器请求和路由器通告。 （ ）

8．组播地址 FF05::3 表示该组播地址是一个熟知的组播地址。 （ ）

9．IPv6 地址缩写时双冒号只能使用一次。 （ ）

10．IPv6 首部长度是固定的 40 字节。 （ ）

三、简答题

1．开发 IPv6 的主要原因是什么？

2．从 IPv4 过渡到 IPv6 的方法有哪些？

3．简述 EUI-64 的流程。

4．简述本地链路地址的作用。

第 9 章

网络安全基础

随着计算机网络技术的快速发展，尤其是随着移动互联网、物联网、车联网等新兴网络应用的出现，计算机网络的规模日益增长，网络环境日趋复杂。在企业的 IT 系统中，计算机网络扮演着关键的角色，IT 用户希望网络设备能够支撑业务数据、语音、视频等应用，网络安全成为网络运维人员必须关注的核心问题。因此，作为计算机网络工程师及网络技术从业人员，必须了解并掌握网络安全基础知识。网络安全的核心内容就是考虑如何确保网络系统上的设备和信息的安全，而安全领域所考虑的范围是围绕 6 个基本问题（保密性、完整性、认证、不可抵赖、访问控制、可用性）而展开的。本章为读者介绍网络安全的概念，密码学的基础知识，身份认证及访问控制技术，防火墙、入侵检测等网络安全防御技术，并在章节末尾提供实验演示和习题，以帮助读者掌握网络安全的概念与术语，理解网络安全相关技术的基本原理，并了解常用的网络安全应用场景。

9.1　网络安全概述

在计算机问世之初，人们并没有考虑数据的安全性，对计算机的数据专门加以保护。这种情况持续了很久，直到计算机被用于开发财务和个人数据等涉及保密性的应用场景时，信息安全领域逐渐得到重视。特别是当 Internet 把全球计算机实现互联后，信息系统就面临着各种网络攻击的风险。一旦在系统设计和运行时稍有疏漏，将导致巨额的经济损失，乃至名誉损失。因此，网络安全成为信息技术建设和维护过程中的关键课题。

9.1.1　网络安全的概念

信息技术蓬勃发展，计算机网络给我们的生产、生活带来了极大的方便。然而，在技术发展的过程中，也曾经发生过网络安全的事件，带来了精神上和物质上的损失，乃至危及国家和社会的稳定与发展。

试想象这样的一个场景：用户 A 在互联网上购物，并使用信用卡支付。在支付的过程中，用户 A 的计算机（客户端）把一些重要的信息通过互联网传送到购物平台的服务器上，服务器随后把这些信息保存在数据库中。这些信息包括如下方面。

- 用户信息（ID 账号）。

- 订单内容。

- 付款信息（信用卡信息）。

互联网购物场景示例如图 9-1 所示。

图 9-1　互联网购物场景示例

在这个场景里面，存在着这样的风险：网络安全的入侵者可以捕获到从客户端发送到服务器的信用卡信息，并且盗用这个信息进行信用卡的消费；入侵者还可以通过一些技术手段，访问购物平台的数据库，获取到这些信用卡信息。

由此可见，尽管网上购物带来了直接的便利，但其中的网络安全风险是不容忽视的。推而广之，在计算机网络的规划、设计、部署及维护的整个生命周期中，网络管理人员应当明确如下的问题。

（1）这个网络系统要实现什么业务功能？

（2）要实现这些功能，要用到哪些技术和解决方案？

（3）部署网络系统之后，需要保护哪些设备（软硬件）和对象（信息与数据）？

（4）如果这个网络系统的安全性缺失，会带来什么风险？

（5）要通过实现哪些安全服务来减少上述的风险？

（6）实现这些安全服务需要何种安全设备、安全操作及网络安全工具？

（7）问题（2）的技术方案与问题（6）的安全手段是否兼容？

（8）是否还存在当前安全策略和解决方案无法处理的新风险？

总之，网络安全是指保护网络系统中的软硬件资源和信息资源。它包括两方面的涵义：一方面是网络系统的安全运行，不因为偶然或恶意的原因遭到破坏，服务不中断；另一方面是对在网络系统中的信息进行安全保护，信息不被更改或泄露。

9.1.2　网络安全的原则

如前所述，用户 A 在购物期间支付的过程，本质上就是网络上消息的发送和接收的过程——用户 A 作为发送方，购物平台服务器作为接收方。网络安全所考虑的场景都是源自消息的发送方和接收方模型。经过全球信息技术多年的实践，网络安全应当遵循以下的原则。

（1）保密性原则（Confidentiality）：保密性原则是指只有消息的发送方和接收方才能访问消息的内容，如果有其他角色可以访问该消息，则破坏了保密性。密码学是实施保密性的有效工具（详见 9.2 节）。

（2）完整性原则（Integrity）：消息内容在发出以后、到达接收方以前，一旦发生改变，包括添加内容、删除、修改、替换等操作，就失去了完整性。完整性可以通过数字摘要技术来保证（详见 9.3 节）。

（3）认证原则（Authentication）：认证原则用于证明身份，使得发出的消息被标识出正确的来源。就上述的例子而言，认证原则确保能够通过技术手段确认某次支付信息确实来自用户 A（而不是其他人）。身份认证通常应用安全认证技术实现（详见 9.3 节）。

（4）不可抵赖原则（Non-Repudiation）：在信息由发送方发出以后，他不能否认（抵赖）自己发过这个信息。在互联网时代，这个原则不论对于法治管理，还是对于商务上各方的信息交互都极其重要。数字签名技术可以确保不可抵赖原则。

（5）访问控制原则（Access Control）：被发送的消息只有发送方和接收方被授权的人员/角色才可以访问。对于那些可以访问消息的角色，甚至会规定不同的角色可以访问消息到不同的程度。

（6）可用性原则（Availability）：被发送的消息应该始终能够被发送方和接收方访问，不论何时浏览这个消息，总是能够被访问的。可用性原则依赖于整个网络系统的安全性和健壮性，与前述的原则相比，需要更综合的规划与设计。

下面通过一个简单的例子来说明这 6 个原则。

假设 A 公司和 B 公司在签署合同，A 公司签署后，把合同装在文件袋中，寄送给 B 公司。

保密性原则：要保证有且只有 B 公司才能收到合同，即使寄送经过若干环节，中间接触文件袋的人也不知道合同的内容。

完整性原则：A 公司和 B 公司都能保证合同内容不会被非法篡改（如合同金额、合同条款、日期、签名等）。

认证原则：B 公司能够确认收到的合同来自 A 公司，而不是别人冒认的。

不可抵赖原则：当 B 公司依据合同找 A 公司支付款项时，若 A 公司否认签署了该合同（抵赖），可以通过 A 公司的签字来否定他们的抵赖。

访问控制原则：只有 A 公司和 B 公司被授权的人才能接触到该合同，甚至可以规定不同的角色将被授权访问合同的不同段落。例如，技术人员只能看到合同的技术规范书，但不能看到合同金额；而被授权的财务人员可以看到合同的金额信息。

可用性原则：被授权的人员可以随时访问合同的内容。

一个安全的网络系统应当具备上述的这些原则。它们既是判断网络安全的准则，又是指导我们构建安全网络系统的标杆。

网络安全的 6 个原则如图 9-2 所示。

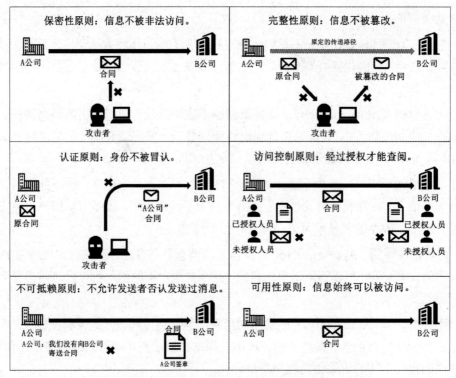

图 9-2　网络安全的 6 个原则

9.1.3　网络安全的大敌：网络攻击

网络系统承载着大量的信息资源，这些信息资源涉及金融、电信、能源、交通等各个行业关乎国计民生的数据，可谓是无价的资源。组成网络系统本身的元素都是基础的物理设备及软件，尽管这些产品从自身安全角度已经有相应的考虑，但当系统各部件集成后，总不免存有一定的安全隐患。一些有特殊动机的人则希望寻找到这些安全隐患，利用技术上的漏洞，对网络系统的保密性、完整性、认证、可用性等进行破坏，以获得经济上乃至政治上的利益。这种破坏行为称为网络攻击，实施网络攻击的人通常称为黑客（由英语 Hacker 翻译而来，原义有"恶作剧"的意思）。网络攻击从过程性质上主要分为 4 类。

（1）截获：这是针对保密性原则的攻击。未经授权的攻击者获得了对某个资源的访问权，复制出其中有用的数据或程序，监听网络流量。这个未授权的攻击者可以是一个人、一个程序或一个计算机系统。

（2）篡改：这是针对完整性原则的攻击。未经授权的攻击者不但访问了某个资源，而且对其进行修改。

（3）伪造：这是针对认证原则的攻击。攻击者通过在网络系统中创建一个虚假的信息源、信息或服务，欺骗数据的接收方和使用方。例如，下文将要介绍的钓鱼欺骗、DNS 欺骗。

（4）中断：这是针对可用性原则的攻击。攻击者通过技术手段使得网络系统的资源丢失，或者产生服务异常等不可用的效果。

从是否变动系统资源的角度来分类，网络攻击又可以分为被动攻击和主动攻击两类。

被动攻击一般通过窃听网络上的信息流来获取信息内容，或者通过获取信息长度、传输频率等，从而获取挖掘信息的线索。如果信息是明文传输的，攻击者将直接获取信息内容；而即便信息经过加密传输，攻击者也能通过模式的相似性、重复性等猜出消息内容，这个过程称为流量分析。由于在被动攻击中，攻击者只通过窃听或监视等手段开展，并不会修改任何的数据，因此被动攻击往往很难被发现。前述的"截获"就属于被动攻击。

主动攻击是指攻击者对在网络系统中存储的信息和在传输中的信息进行非法修改，乃至生成假的信息。常见的手段是篡改程序和数据（篡改）、伪装合法用户（伪造）、破坏数据和系统、传播计算机病毒、耗尽系统资源等（中断）。可见，前述的"篡改""伪造""中断"都属于主动攻击。尽管主动攻击更容易被发现，但是其破坏力很强，难于防范。

下面介绍一些典型的网络安全攻击手段。

（1）窃取密码：窃听用户输入的密码，或者通过暴力破解密码文件，窃取用户的信息。

（2）病毒：一种计算机程序，可以把自己连接到另一个合法程序中（篡改），导致计算机或网络系统的破坏。病毒能在计算机中潜伏和传播、按照指定条件触发，并破坏系统。

（3）蠕虫：也是一种计算机程序，它不篡改合法程序，而会不断地复制自己，造成大量的实例运行，最终导致计算机和网络系统的资源耗尽。

（4）特洛伊木马：一段特殊的程序代码，它伪装成正常程序、电子邮件附件等，当用户点击之后隐藏到计算机本地。此后攻击者可以通过这个木马控制用户的计算机或窥视信息。

（5）钓鱼欺骗：一种伪造技术。攻击者创建一个 Web 站点（往往带有支付功能），与真实的站点高度类似。之后伪造一封电子邮件，其中的发件人信息伪造成官方地址。当用户收到邮件后，根据提示点击邮件的链接，从而到达攻击者预设的站点。一旦用户在这个站点内进一步提供个人信息（如卡号、密码等），这些信息都会被攻击者掌握。钓鱼欺骗往往造成受害者严重的经济损失。2022 年的 5 月，北京某互联网公司内部就遭受了一次电子邮件钓鱼欺骗攻击，该邮件伪装成公司财务部的邮箱发送，以发放公司补助为名，诱导受害者点开附件扫描二维码，而扫描二维码后就进入攻击者预设好的网站。

（6）DNS 欺骗：用户访问互联网站点，往往是通过输入域名（如 www.website.com）实现的，而计算机在访问网站的时候，需要先通过 DNS 服务器查询到对应的 IP 地址。攻击者通过篡改 DNS 服务器，把这个网站的真实 IP 地址改成自己预设网站的 IP 地址，即可实现诱导用户的效果。

（7）拒绝服务（DoS）攻击：是一种针对可用性原则的攻击，通过向网络系统发送大量合法的服务请求，占用其服务资源，使得系统过载而瘫痪。通常的攻击技术包括 TCP SYN 洪流、ping 洪流、超大数据包等。此外，攻击者还可以通过先控制网络系统上的一台服务器，再通过这台服务器操纵一批计算机（称为"傀儡机"）来向目标发起 DoS 攻击，这种攻击称为分布式拒绝服务（DDoS）攻击。

9.1.4　网络安全的建设内容

要构建安全的网络系统，需要围绕网络安全的各个原则，从安全技术和安全管理两方面入手。从安全技术的角度，构建安全的网络系统需要考虑如下方面。

（1）物理安全：网络系统在面对自然灾难（台风、洪水、地震等）、设备故障（网络设备故障、硬盘损坏、线缆断接等）、人为失误（火灾、误操作等）的风险时，系统的可用性和数据完整性会受到多大影响，采用哪些技术手段来如何应对这些风险（详见 9.1.5 节）。

（2）安全服务：在网络系统上，以服务的形式实现前述的 6 个原则的能力，包括保密性服务、完整性服务、认证服务、访问控制服务、抗否认服务等（详见 9.1.6 节）。

网络安全的建设内容如图 9-3 所示。

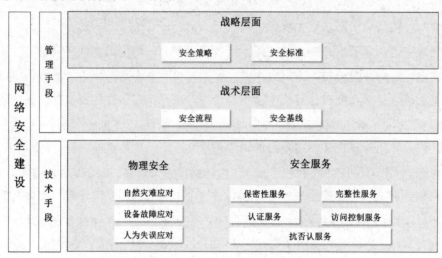

图 9-3　网络安全的建设内容

从安全管理的角度，构建安全的网络系统需要考虑如下方面。

（1）安全策略：是经过风险评估后建立的一套规则，对于网络系统上的设备资产和信息资产进行保护。一个安全策略应当阐明保护对象及保护原因，规定谁来负责提供这些保护措施。安全策略的制定应当简明扼要，可读性强，通俗易懂。

（2）安全标准：是战略层面的概念，指行业内的最佳实践，作为进一步实施和维持必要的安全流程的规格。

（3）安全流程：是一系列具体的文档，指导如何在网络系统中实现安全策略和安全标准。安全流程为建设网络安全的各个环节提供操作细节。

（4）安全基线：是一个网络系统对于安全需求的最低要求，表示实现最低级别安全的手段。这个最低要求对于整个企业/组织里面的所有系统是一致的。例如，某个公司可以要求在生产环境中，所有的 x 品牌交换机微码版本是 v10.2.0，service pack 02。此时，配套的流程文档就会指示如何下载并安装这个版本的微码。

9.1.5　物理安全

网络系统的运行归根结底依赖于物理设备的安全运行，因此物理安全要从分析物理设备运行的风险开始——潜在哪些威胁，带来何种影响。根据多年的实践，一切的保护措施，从根本上而言，就是增加冗余性，一般需要考虑以下的问题。

（1）物理位置的冗余：在多于一个物理站点（数据中心）上建设网络系统，使得当自然灾难发生时，网络系统依然可以对外服务。从数据中心的角度，称为灾备。数据中心之间可分为同城（50km~100km）模式和异地（大于100km）模式。对于极其重要的信息系统，企业将建设为两地三中心（同城两个站点，异地一个站点）的架构。国内有多家银行已经实现两地三中心的容灾保护。

（2）设备的冗余：使用多台设备承载服务，确保设备的故障不影响对外服务，这就是设备冗余的原理。例如，早年的双机热备技术、近年流行的分布式存储技术等。从网络设备的角度，冗余可以通过两个手段实现：路由冗余和冗余协议。例如，思科的热备份路由器（HSRP）协议，一个失效的路由器可以被另一个路由器接管，而主机只需要使用单一的 IP 地址或 MAC 地址和它们的默认网关通信。

（3）电力供应的冗余：电力是物理设备的生命之源。数据中心建设规范对供配电系统有具体的冗余要求，通常以市电和柴油发电机作为供电输入，当市电断电时，通过自动转换开关（ATS）转换，并通过配置不间断电源（UPS），为设备提供连续、稳定的电力。

此外，物理安全还涉及传输介质的安全（如使用光纤通信可以避免物理窃听），以及设备物理访问的安全管理。安全管理包括进出数据中心的访问授权管理、记录访问日志、布设监控设备、实施物理设备的安全审计等措施。

9.1.6　网络安全服务

前述的物理安全手段聚焦于网络系统的可用性原则。为了保护网络系统和其中的信息的安全，确保其他 5 个安全原则，网络安全的技术手段往往以服务的形式来提供。安全服务与物理安全相对应，也有资料称之为逻辑安全。安全服务在不同的网络系统中有不同的实现方式，但总体可以归纳为 5 种，分别是保密性服务、完整性服务、认证服务、访问控制服务和抗否认服务。

1. 保密性服务

保密性服务的根本目的是实现对信息的保密，防止未经授权的网络用户对信息的非法访问。信息在网络中有两种状态：存储状态和传输状态。保密性服务就是针对这两种状态，规避信息泄露的可能性的。

保密性服务的本质是对信息和未授权方实现隔离，因此往往有两种思路实现：其一是通过判断读取访问信息的请求，过滤未授权用户的请求；其二是通过隐藏信息的方法，允许未授权用户（入侵者）观察信息，但是未授权用户无法推理出信息的内容或线索。基于第二种思路，形成了以下三种服务形式。

（1）加密服务：通过密钥和算法，把信息从明文变成密文的转换过程（详见 9.2.1 节）。

（2）数据填充：不同信息，有不同的长度，入侵者往往通过监视信息长度获取线索。通过向传输的信息中填充数据，确保信息在长度上的一致，避免数据泄露。

（3）业务流填充：类似数据填充的情况，为防止未授权用户通过观察网络业务流而推断出敏感信息，对业务流进行填充，甚至通过生成伪造的通信实例、伪造的数据单元来增加未授权用户推断信息的难度。此外，还有路由控制、数据分割等技术所实现的业务流填充手段。

2. 完整性服务

完整性服务保护数据不被未经授权的用户进行增删改，以及不受其他无意的破坏。访问控制技术可以对数据完整性有一定的保护，但是，对于无意的数据破坏就不适用了。因此，完整性服务基于数据损坏检测的思路，一旦数据损坏就能发现，自动纠正或告警提示相关网络管理人员。通过数据损坏检测的思路，形成了以下的完整性服务.

（1）测试字：在发送消息前，发送者通过一个约定的算法，把消息转换成一个字符串，这个字符串称为测试字，附在消息中。接收者收到消息后，按照相同的算法进行解密，从而验证数据的完整性。这种方法多用于银行系统中。

（2）序列法：先给数据项附加一个序号，再进行加密传输。这种方法可以检测数据项是否出现了重放、重排或丢失的情况。

（3）复制与恢复：通过把数据复制到多个存储区域，或者在数据传输的过程中，传输数据的多个副本，以保证数据的完整性。原始数据可以从多个完整的副本中恢复。

3. 认证服务

在网络系统中，出于对信息的保护，定义了用户与角色。认证服务的目的就在于验证用户身份，防止身份伪装的攻击。身份认证可以通过以下的要素来完成。

（1）密码（用户能证明他知道某个信息）。

（2）卡片（用户能证明他拥有某件物品）。

（3）指纹、视网膜、掌纹等生理特征（用户具备必备的固定特性）。

（4）用户已通过另一个可信任方的认证（常见以微信用户身份登录某个 App）。

从实现的机制上，认证服务可以分为非密码认证和基于密码的认证两种。具体的身份认证技术可以参考 9.3 节。

4. 访问控制服务

网络系统中存有不同的关键信息、关键资源，从信息安全的角度出发，我们并不希望这些资源被随意地（也称为非法地）访问，乃至改动，因此需要对这些信息和资源的访问做出必要的限制。访问控制服务就是提供这样的限制的，其根本目的是确保网络信息和资源不被非法访问和非法利用，是网络安全的核心策略之一。访问控制服务的实现，主要通过以下 3 个阶段完成。

（1）制定访问控制策略。访问控制策略体现的是对资源访问的规则和前提，通过授权的方式，赋予用户对资源的访问程度。它有两种实现形式——基于身份的策略和基于规则的策略。

前者通过定义使用网络资源的身份（个体、组、角色）及每个身份对资源访问的授权程度，形成访问授权矩阵，作为访问控制执行的依据。后者是不论任何用户，都必须强制执行的规则。

（2）形成访问控制列表。对于那些基于身份的策略进一步深化，形成用户与访问对象的授权关系表格。这个表格描述了每个用户对于给定目标的访问权限，称为访问控制列表。

（3）应用访问控制技术。常用的访问控制技术包括自主访问控制（DAC）、强制访问控制（MAC）和基于角色的访问控制（RBAC）。自主访问控制指的是由资源的所有者来规定哪些用户有权访问这个资源；强制访问控制为用户和资源都定义了固定的属性（安全级别），只有用户的属性能支配资源的安全级别时，才可以访问该资源；基于角色的访问控制则通过引入角色这一属性，把访问权限授予角色，新建的用户将具体对应到角色，即同时授予了访问权限，这一做法能带来更好的灵活性。详细的访问控制技术见 9.3 节。

5．抗否认服务

抗否认服务的根本目的是保护信息安全的不可抵赖原则。所有信息发送方和接收方都不能否认或抵赖曾经完成的操作和承诺。抗否认服务往往需要通过引入可信的第三方仲裁米实现。例如，用户 A 向用户 B 转账，事后用户 A 却否认没有发出过这个转账操作，那么通过银行的记录，就可以防止这种抵赖现象。近年来，基于区块链的应用受到广泛关注，抗否认服务非常适用于区块链。

在网络系统中，利用信息源证据，可以防止发送方否认已发送信息；利用递交接收证据，则可以防止接收方事后否认已经接收的信息。

9.2　密码学基础

在网络安全的研究领域中，密码学是确保保密性原则和认证原则的技术基础。密码学是研究如何保密地传输消息的学科，它的起源可以追溯到数千年前。英语密码学一词 Cryptography 源于希腊语 $\kappa\rho\psi\pi\tau\acute{o}\sigma$（隐藏的）和 $\gamma\rho\acute{a}\pi\eta\varepsilon\iota\nu$（书写）这两个词语。

密码学被认为是数学和计算机科学的分支，和信息论也密切相关。20 世纪 70 年代出现的公钥密码技术奠定了现代密码学的技术基础，除产生了新的密码体制外，还衍生出数字签名、数字证书等应用。本节将介绍密码学的基本概念、古典密码技术、对称密钥加密技术、非对称密钥加密技术。

9.2.1　密码学的基本概念

密码学起源于解决信息在传输过程中的保密问题。人类通信所使用的语言文字，或者含义有公认的符号，即那些能直接被阅读理解的信息，称为明文，是信息还没有加密的状态。例如，我们在电子邮件里面书写的文字就是明文。密码编码学（Cryptography）研究如何使用特定编码的过程，把明文转换成不能直接阅读的符号，这个编码过程称为加密，而加密后得到的符号，称为密文。密码学的基本术语如图 9-4 所示，信息从发送方发出前，经过加密操作，网络传输的是密文；密文到达接收方后，经过加密的逆向操作（称为解密）后变回明文。

与密码编码学相应的工作是密码分析（Cryptanalysis），即在不知道加密过程的情况下，如何把不可读的密文转换成可读的明文。广义的密码学（Cryptology）就是密码编码学和密码分析的统称。

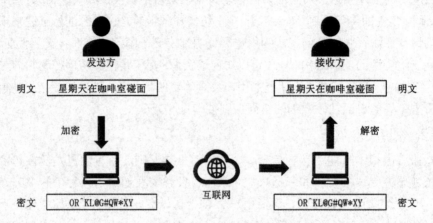

图 9-4 密码学的基本术语

密码学一方面研究密码技术，另一方面应用密码技术，构建可用的密码系统。密码系统（Cryptosystem）是一个五元组(P, C, K, E, D)，其中 P 是所有可能的明文集合，C 是所有可能的密文集合，K 是所有可能的密钥集合，E 是加密函数的集合，D 是解密函数的集合。具体地，对于某段具体的明文 p，使用密钥 k，加密函数 E_k，解密函数 D_k，得到密文 c，则 $c = E_k(p)$，$p = D_k(c)$，且 $p = D_k(E_k(p))$。从数学上，一旦攻击者掌握密钥 k，就可以破译整个密码系统。因此，密码系统的开发应当致力于避免攻击者获取/推测到密钥。

在接下来的内容中，我们将介绍密码学里面几个经典的密码系统，这些密码系统的演进体现了密码技术的发展历程。

9.2.2 古典密码技术

在密码学发展的早期，人们把明文按照指定的字母替换规则，或者按照某个约定的次序改变字母的排列，从而生成密文。依据前者的思路形成了替换密码技术，而依据后者的思路形成了置换密码技术。这两种技术都是古典密码系统里面基本的原理。

1. 替换密码技术

在密码学发展的历史上，最早有记录的是凯撒密码，由古罗马皇帝凯撒发明。在和远方将领通信的过程中，他根据英文字母表顺序，把明文中的每个字母都替换为字母表往后 3 位的字母，如把 A 替换成 D，把 B 替换成 E。对于字母表的最后 3 个字母 X、Y、Z，则被替换为 A、B、C。例如：NETWORK SECURITY 就被替换为 QHWZRUN VHFXULWB。

凯撒密码就是一种典型的替换密码。如果用数学式子来表示的话，我们可以用数字 0~25 来表示 A~Z 这 26 个英文字母。因此，对于明文字母 p，密文 c 可以通过加密函数 $E(p)$ 计算得出。

$$c = E(p) = (p + 3) \bmod 26$$

同理，当将领收到凯撒发来的密文，可以通过逆向的解密函数 $D(c)$ 计算明文。

$$p = D(c) = (c - 3) \bmod 26$$

显然，凯撒密码是一种很容易被推测出来的加密方案，因此它在密码分析技术的角度，是非常脆弱的。于是凯撒密码发展出一种更通用的方式，即把明文中的每个字母都替换为字母表往后 k 位的字母，加密和解密函数相应变为

$$c = E_k(p) = (p + k) \bmod 26$$

$$p = D_k(c) = (c - k) \bmod 26$$

参照上述密码系统的定义，k 就是密钥。一旦敌方掌握了这个 k，所有的通信内容将被破解。实际上，根据这个加密规则，k 的取值只有 25 种可能性（即 1~25，读者可以思考为什么 k 不能为 0），密码分析者可以通过尝试所有 25 种可能的 k 值，即可直接破译出明文。这种通过猜测可能的密钥来尝试破译明文的方法，称为蛮力攻击法。衡量一个密码系统是否安全的主要标准，就是它能否让蛮力攻击法所花的时间成本远远高于明文本身的价值。

凯撒密码是替换密码的一个典型例子，除此之外，替换密码还发展出多种不同的形式，包括块替换加密法、普莱费尔（Playfair）加密法、希尔加密法等。尽管安全性有所提高，但替换密码背后的数学问题较简单，无法改变被破译的宿命。攻击者可以根据字母频率、词语频率分析出密钥，也可以通过已知明文攻击等方法破译出密钥。

2. 置换密码技术

与替换密码的思路不同，置换密码的做法是保持明文字母不变，而对字母的排列顺序进行一定的变换。一个简单的例子就是栅栏加密方法，它通过把明文的字母排列成栅栏的形状，并逐行（横向）输出，产生密文。栅栏加密技术示例如图 9-5 所示，明文 MEET YOU IN THE PARK，经过栅栏加密方法置换后，得到密文 MEYUNHPR ETOITEAK。

图 9-5　栅栏加密技术示例

显然，栅栏加密方法也是很脆弱的加密方式。作为一种改进手段，栅栏加密方法可以进一步演进为列式变换加密方法，这种置换方法用到了一个字母矩阵，需要事前约定字母矩阵的列数，以及输出密文的列编号顺序。例如，明文是 MEET YOU IN THE PARK TOMORROW，约定字母矩阵为 4 列，列式变换顺序为 4-5-2-3-1-6。先把明文逐字输入矩阵中：

$$1 \quad 2 \quad 3 \quad 4 \quad 5 \quad 6$$

$$
\begin{bmatrix}
M & E & E & T & Y & O \\
U & I & N & T & H & E \\
P & A & R & K & T & O \\
M & O & R & R & O & W
\end{bmatrix}
$$

再按照 4-5-2-3-1-6 的列式变换顺序，逐列输出密文：TTKR YHTO EIAO ENRR MUPM OEOW。

对于列式变换加密技术，攻击者只要蛮力尝试所有列的组合，就可以破译到原先的明文。为了增加密码分析的难度，还有多轮的列式变换方法，即把第 1 轮变换得到的密文，再做一次同样的变换，得到第 2 轮的密文，以此类推，得到 n 轮的密文。例如，上面的明文，经过 4 轮的列式变换后，输出密文：OOHM YERT OUTE OIRA ETRK NPMW（读者可以自行验证）。

对于置换密码的密码分析，重点是抓住它的两个特点：一是字母没有被替换，频率分布和明文一致；二是字母矩阵的列数（密钥）容易猜测。

从上面的介绍可见，替换密码和置换密码等古典密码技术背后的数学问题（算法）相对简单，因此密钥很容易被分析出来。而现代密码系统的思想是使用更复杂的算法，更长的密钥，使密文更难于破译。对于加密的算法，"信息论之父"克劳德·香农提出了混淆与扩散的概念：混淆是指确保难以从密文中找到特定的线索和依赖关系，使得无法利用密文破译明文；扩散则是指让密钥的每一位数字变动能使密文的多位数字变动，以防止对密钥进行逐段破译，而且明文的每一位数字变动应使密文的多位数字变动，从而隐蔽明文数字统计特性。混淆与扩散成为现代密码系统的设计原则。对称密钥加密技术和非对称密钥加密技术是现代密码学的两个主要产物。

9.2.3 对称密钥加密技术

让我们回忆 9.1.2 节 A 公司给 B 公司发送合同的情景：假设这是有商业机密性质的合同，两家公司（发送方和接收方）都不希望合同的信封在中途被拆开。于是，A 公司（发送方）考虑把合同锁在一个箱子里面，同时配备一把钥匙，仅让 B 公司（接收方）打开箱子。在这里，锁和钥匙是唯一对应匹配的，并且上锁和解锁都需要插上钥匙（例如，款式较旧的铜锁和一些家用防盗门的门锁，都需要插上钥匙才能上锁）。

对称密钥加密技术就类似上述这种情景（见图 9-6）：合同好比明文，箱子好比密文，锁好比加密和解密的函数，而钥匙就是密钥——不管 A 公司还是 B 公司，要锁上或打开这个锁，都只能用同一把钥匙。

图 9-6　对称密钥加密技术的概念

1．DES 加密

在对称密钥加密技术中，数据加密标准（Data Encryption Standard，DES）是一个经典的例子。1972 年，美国国家标准局启动一个项目，并先后两次向社会征集加密算法以保护计算机的数据。经过两年多的努力，由 IBM 公司提出的 Lucifer 算法效果理想，并最终在 1977 年以 DES 的名字被采纳。

信息的发送本质上是比特（0/1）的发送，因此从生成密文的方法上，加密算法有两种：一种是流加密法，每次加密一个比特位；另一种是块加密法，每次加密一个约定长度的比特串。DES 是一种块加密法，块的长度为 64 位，即算法以 64 位长的比特串作为明文输入，并输出 64 位长的密文。DES 算法的主要步骤如图 9-7 所示。

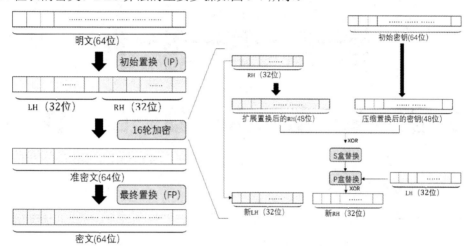

图 9-7　DES 算法的主要步骤

（1）初始密钥为 64 位，经过丢弃每字节的第 8 位，得到 56 位密钥。

（2）用初始置换（Initial Permutation，IP）函数，把 64 位明文参照一个固定的置换表格进行置换。

（3）把置换后得到的 64 位块分成左 32 位（LH）和右 32 位（RH）。

（4）分别对 LH 和 RH 进行 16 轮的加密，在第 i 轮里面（$i = 1, 2, \cdots, 16$）对 56 位密钥进行压缩置换，压缩成 48 位，同时把 RH 分别扩展置换成 48 位（也参照固定的置换表格），分别与 48 位密钥进行异或（XOR）运算。

S 盒置换：把 48 位运算结果分成 8 组 6 位的块，对应在 8 个 S 盒（8 张表格）里面查找对应的数字（4 位比特串）作为该组的输出，从而形成 32 位的输出 RS。

P 盒替换：一个简单的、固定的置换规则，把 RS 进行一次置换，得到 RP。

LH 与 RP 进行异或运算，成为下一轮的 RH，而 RH 本身作为下一轮的 LH。

在进行下一轮加密之前，参考密钥移位表格，把 56 位密钥进行移位运算。

（5）把经过 16 轮加密之后的 LH 和 RH 拼装为 64 位，用最终置换（Final Permutation，FP）函数进行一次置换，得到 64 位密文。

综上可见，DES 的运算配套了 14 个表格：IP 表、压缩置换表、扩展置换表、8 个 S 盒表格、1 个 P 盒表格、密钥移位表格、FP 表，体现了"混淆与扩散"的思路。依据这些表格，加密的过程并不复杂，并且易于用计算机程序实现。DES 最精妙之处也在于这些表格——因为其解密的方法就是使用加密算法，只要把加密 16 轮所使用的 16 个密钥 $K_1, K_2, \cdots, K_{16}$ 倒序使用即可。

对于 DES 的安全性，尽管算法是公开的，但是它使用的 56 位密钥是可以保密的。因此，要蛮力攻击 56 位密钥的 DES 需要大量的时间成本（即使 1μs 尝试一种密钥，试完 2^{56} 种可能的密钥，也需要将近 1000 年）。但随着计算机算力的提升，DES 也面临被破解的风险，因此演进出双重 DES 和三重 DES（见图 9-8）。

图 9-8　双重 DES 和三重 DES

2．其他对称密钥加密技术

除 DES 外，还有以下几种常见的对称密钥加密技术。

（1）IDEA：IDEA（国际数据加密）算法被认为是强大的加密算法，在 1990 年被开发出来。著名的电子邮件隐私技术（PGP）就是基于 IDEA 算法的。与 DES 类似，IDEA 也是块加密法，明文长度也是 64 位，并且加密算法可以用于解密。IDEA 使用 128 位的密钥长度，因此安全强度比 DES 大。但是由于专利保护的原因，其普及程度不如 DES。

（2）RC5：这是 Ron Rivest（RSA 算法的发明者之一，参见 9.2.4 节）开发的对称密钥块加密算法。RC5 比上述两种算法更灵活，允许明文长度为 16、32 或 64 位，加密轮数最多为 255 轮，密钥最长为 2040 位。由此还产生了特定的表示方法 RC-*w/r/b*。例如，RC-64/32/16 表示明文长度为 64 位，加密 32 轮，密钥长度为 16 字节（128 位）。

（3）AES：针对 DES 密钥较短，面临计算机穷尽密钥搜索风险的问题，1997 年，美国国家标准和技术研究所（NIST，和 NBS 同一个组织）发起高级密钥标准（Advanced Encryption Standard）的算法征集，要求能支持 128、192 和 256 位密钥长度。最终在 2000 年 10 月，NIST 宣布 Rijndael 算法胜出。Rijndael 算法基于伽罗瓦域的数学概念，其工作方法与 DES 类似，使用替换和置换的技术。Rijndael 操作以字节为单位，更适用于硬件和软件实现。

3．对称密钥加密技术存在的问题

让我们回到 A 公司给 B 公司发送合同的情景里面，尽管上锁的方法可以使得被传输的信息密不透风，但它们面临两个实际的问题。

（1）A 公司如何把"钥匙"交到 B 公司手中？如果 A 公司能够当面把"钥匙"交给 B 公司，那么也可以当面把合同交给 B 公司，就不存在谈论寄送合同的前提了。因此在网络系统中，对称密钥加密技术需要考虑密钥交换（发布）的问题。1976 年，斯坦福大学的 Whitfield Diffie 和 Martin Hellman 提出了一个基于大素数乘幂求模（求余数）运算的密钥交换协议，即著名的 Diffie-Hellman 密钥交换协议。然而，这个协议面临中间人攻击的漏洞。

（2）A 公司除与 B 公司有信息交换外，还要和很多其他实体进行通信，从安全的角度考虑，A 公司不应拿同一套锁和钥匙同时和 B 公司与 C 公司通信，因此，这意味着 A 公司要为此准备大量的锁和钥匙。换言之，对称密钥加密技术需要设置大量的密钥。根据握手定理我们可以知道，对于 n 个实体之间的通信，就需要 $n(n-1)/2$ 个密钥。此外，大量的密钥涉及复杂的管理工作——需要厘清哪个密钥是用于跟哪个实体通信的，同时确保密钥的私密性，这也是难以实现的。

9.2.4 非对称密钥加密技术

如前文所述，对称密钥加密技术面临密钥交换的问题。20 世纪 70 年代，斯坦福大学的 Whitfield Diffie 和 Martin Hellman 开始考虑密钥交换问题，经过一系列的研究，他们提出了非对称密钥加密的思想，这成为密码学历史上革新性的概念。

非对称密钥加密技术使用两个密钥，一个用于加密，另一个用于解密，其他密钥都不能解密消息。这两个密钥一个公开，称为公钥；一个保持私密，称为私钥。这个机制使得一个实体（如前述的 A 公司）只需要通过一对密钥就可以和所有其他实体通信。

接续 9.2.3 节开篇的情景，非对称密钥加密技术的公钥好比这个锁，它可以自行锁上，不依赖钥匙（私钥）。于是 B 公司事先把锁提供给 A 公司，A 公司把合同放入箱子之后，自行锁上即可。只有 B 公司手持的钥匙（私钥）才能解锁这个箱子（见图 9-9）。假如还有另一个实体 C 公司，也需要给 B 公司发送合同，那么它也可以使用 B 公司提供的同一个锁来锁上箱子，B 公司使用同一个钥匙开锁。因此，非对称密钥加密可以总结为以下的步骤。

（1）A 公司、B 公司公开自己的公钥，各自保密自己的私钥。

（2）A 公司给 B 公司发送消息，把明文通过 B 公司的公钥加密再发出。

（3）B 公司接收到密文，使用 B 公司自己的私钥解密，恢复出明文。

图 9-9 非对称密钥通信过程

1. RSA 算法

在非对称密钥加密技术中，RSA 算法是最有影响力和相当可靠的一个实例。这个算法是

1977 年由 Ron Rivest、Adi Shamirh 和 Len Adleman 在麻省理工学院开发的。它基于初等数论的大素数分解的复杂度——我们要计算两个大素数（100 位以上的二进制数）相乘的结果很容易，但是对这个乘积进行质因数分解很复杂。RSA 算法考虑用这个容易计算的相乘过程作为加密过程。攻击者若想破译密钥，就只能通过逆向运算，分解大素数的因子，这使得攻击难度很大。例如，两个 300 位的大素数，乘积将达 600 位，不可能在合理的时间内被分解。截至目前，RSA 算法能抵御所有已知的密码攻击。

RSA 密码系统给予每个通信实体一个加密密钥(N, e)，其中，$N = p \cdot q$，是两个大素数 p 和 q 的乘积，作为模数；e 是一个与$(p-1) \cdot (q-1)$互素的数字，作为指数。

RSA 算法的加密过程如下。

（1）找到 p 和 q 两个大素数。这可以在一台计算机上借助随机性素数测试迅速完成。

（2）计算 $N = p \cdot q$。

（3）找到 e，使得 e 与$(p-1) \cdot (q-1)$互素。

（4）把明文 M 加密为 C 的公式为

$$C = M^e \bmod N$$

RSA 算法的解密过程如下。

（1）计算私钥 d，使得

$$d \cdot e \bmod (p-1)(q-1) = 1$$

（2）把密文 C 解密为 M 的公式为

$$M = C^d \bmod N$$

在实现具体的加密和解密前，需要将明文消息 M 翻译成整数序列。假设明文用英文字母表示，可以首先将每个明文字母翻译成两位数，即把 A 翻译为 00，B 为 01，……，J 为 09，I 为 10，……，Z 为 25。RSA 算法英文字母与数字转换对照表如表 9-1 所示。

表 9-1　RSA 算法英文字母与数字转换对照表

A	B	C	D	E	F	G	H	I	J	K	L	M
00	01	02	03	04	05	06	07	08	09	10	11	12
N	O	P	Q	R	S	T	U	V	W	X	Y	Z
13	14	15	16	17	18	19	20	21	22	23	24	25

然后将这些两位数连接起来构成数字串。接下来，将数字串分成 $2L$ 位数字等长的分组，这里 $2L$ 是一个大偶数，使得 $2L$ 位数字的最大整数 2525…25 不超过 N（在必要时，可以在明文消息后填充无意义的 X，使得最后一组的长度和前面的分组一致）。在加密时，对上述每个等长分组进行计算。

【例 9-1】使用 $p = 43$，$q = 59$，$e = 13$，用 RSA 算法为消息 HELP 加密。

【解答】（1）首先把 HELP 依据表 9-1 转换为数字，即 07 04 11 15。

（2）计算 $N = p \cdot q = 43 \times 59 = 2537$。

（3）因为 $2525 < 2537 < 252525$，因此 $2L < 6$，即 $L = 2$。所以，$2L = 4$。用 4 位数字作为一个分组进行运算。因此明文写为 0704 1115。

（4）用加密公式 $C = M^e \bmod N$，计算

$$0704^{13} \bmod 2537 = 0981$$

$$1115^{13} \bmod 2537 = 0461$$

（5）因此得到的密文是 0981 0461。

【例 9-2】使用 $p = 43$，$q = 59$，$e = 13$，用 RSA 算法为收到的消息 2081 2182 解密。

【解答】（1）计算 $N = p \cdot q = 43 \times 59 = 2537$。

（2）计算 d，使得 $d \cdot e \bmod (p-1)(q-1) = 1$，得 $d = 937$。

（3）用解密公式 $M = C^d \bmod N$，计算

$$2081^{937} \bmod 2537 = 1819$$

$$2182^{937} \bmod 2537 = 1415$$

（4）因此得到的明文是 1819 1415，即对应英文字母 STOP（见表 9-1）。

为了便于理解 RSA 计算过程，例 9-1 和例 9-2 使用的素数比较小。实际使用的素数一般在 300 位以上，但随着计算机运算速度的不断提升，用于生成 RSA 公钥的素数 p 和 q 的建议位数也在不断增加。但是，p 和 q 并非越大越好，因为 N 越大，RSA 的加密解密就会变得越慢。因此，折中的思路就是设置消息的保密年限。

此外，量子计算的发展直接威胁到 RSA 密码系统的安全。量子计算机能够用于快速分解大素数因子。一个拥有 N 量子位的量子计算机，每次可进行 2^N 次运算，从理论上推算，密钥为 1024 位长的 RSA 算法，用一台 512 量子比特位的量子计算机在 1s 内即可破解。因此，一旦量子计算真正实现，就需要开发不能被量子计算破解的其他公钥密码系统了。

2．其他非对称密钥加密算法

非对称密钥加密系统根据其所依据的难题一般分为三类：大整数分解问题类（如前述的 RSA 系统）、离散对数问题类、椭圆曲线类。

（1）ElGamal 算法（离散对数问题类）。

ElGamal 算法由 Tather ElGamal 在 1985 年提出。RSA 算法基于因数分解，而 ElGamal 算法基于离散对数问题。ElGamal 算法可以用于数字签名技术。与 RSA 算法相比，ElGamal 算法即时使用相同的私钥，对相同的明文进行加密，每次加密后得到的签名也各不相同，有效地防止了网络中可能出现的重放攻击。

（2）ECC 算法（椭圆曲线类）。

ECC 算法是一种公钥加密算法，由 Koblitz 和 Miller 在 1985 年提出，其数学原理是利用

椭圆曲线上的有理点，构成阿贝尔群上椭圆离散对数的计算困难性。ECC 算法的主要优势是在某些情况下，它使用更小的密钥而提供相当的或更高等级的安全。ECC 算法的缺点是加密和解密操作的实现比其他机制花费的时间长。ECC 算法被广泛认为是在给定密钥长度的情况下，最强大的非对称算法，因此用在对带宽要求较高的通信中。例如，国外著名的比特币钱包，其公钥的生成就使用了 ECC 算法。

3．对称密钥与非对称密钥的结合

非对称密钥加密解决了密钥交换的问题，并且作为数字签名的技术基础，解决了抵赖问题，但非对称密钥加密速度较慢，并且产生了更长的密文块。在实际中，两种加密方法结合起来使用，能提供一个较高效的方案。下面继续以 A 公司给 B 公司发送消息为例。

（1）A 公司持有一次性的对称加密/解密密钥 K_1。

（2）B 公司持有非对称密码的密钥对（K_2, K_3）。

（3）B 公司自己保管好私钥 K_3，并把公钥 K_2 分享给 A 公司。

（4）A 公司先用 K_1 加密明文 p，得到密文 c。

$$c = E_{K_1}(p)$$

（5）A 公司使用 B 公司的公钥 K_2，对 K_1 和密文 c 形成的二元组 P 进行加密，得到加密报文 C

$$C = E_{K_2}(P) = E_{K_2}(c, K_1) = E_{K_2}(E_{K_1}(p), K_1)$$

（6）B 公司收到 C 之后，用 K_3 解密，即

$$D_{K_3}(C) = D_{K_3}(E_{K_2}(P)) = P = (c, K_1)$$

（7）此时 B 公司获取到 K_1，从而用 K_1 解密计算出明文为

$$D_{K_1}(c) = D_{K_1}(E_{K_1}(p)) = p$$

值得一提的是，在非对称密钥加密技术中，公钥和私钥的使用顺序是可逆的，即如果信息先经过私钥加密运算，再使用公钥解密，也是可以还原的，这个原理是实现数字签名技术（见9.3.2 节）的重要依据。对称与非对称密钥加密技术比较如表 9-2 所示。

表 9-2　对称与非对称密钥加密技术比较

要素	对称密钥加密技术	非对称密钥加密技术
加密和解密所用的密钥	相同	不同
加密/解密速度	很快	较慢
密文长度	小于/等于明文长度	大于明文长度
密钥交换难度	难	易
密钥数量（n 个对象）	$n(n-1)/2$，伸缩性差	n，伸缩性好

9.3　身份认证与访问控制

9.3.1　概述

让我们回到 9.1.2 节网络安全原则的讨论，前述的密码学主要针对保密性。在日益复杂的网络系统中，需要对网络及网络中的资源进行安全保护，以免有人在未经授权的情况下对网络进行访问，从而使得网络安全符合认证原则及访问控制原则。在网络系统中，用户的身份决定了其角色，因此决定了其权限。因此，要实现这两个原则，需要先确认用户身份（身份识别），再对其在网络系统中"能做什么，不能做什么"进行限定。

身份识别对确保系统和数据的安全保密极其重要。用户的身份认证是许多应用系统的第一道防线，用于识别用户的合法性，从而防止系统被非法用户访问。身份认证技术提供了关于某个人或某个事物身份的保证，可靠的身份认证技术能确保信息只被正确的用户访问。通过验证用户知道什么、用户拥有什么或用户的生理特征等方法，可进行用户身份认证。

在网络系统中对用户行为进行限定，就是访问控制技术的目的所在。访问控制通常是依据特定的策略实施的。基于这个策略，在用户访问网络设备和网络服务时，访问控制技术可以对其功能进行限定，并进行审计和报告。

在构建网络安全的体系中，身份安全和访问管理是一个不可或缺的环节。本节将介绍身份认证技术和访问控制技术，以展示它们在网络安全中的重要作用。

9.3.2　身份认证技术

身份认证技术帮助我们准确无误地把某个对象辨认出来。目前使用比较多的是用户与系统之间的身份认证，它需要单向进行，只由系统对用户进行身份认证。除认证访问网络系统的具体用户外，随着计算机网络化的发展，大量的组织机构接入国际互联网，加上电子商务与电子政务的大量兴起，系统与系统之间的身份认证也变得越来越重要。因此，身份认证可以分为用户与系统之间的认证和系统与系统之间的认证。

身份认证的基本方式基于下述一个或几个因素的组合，根据在认证中采用因素的多少，分为单因素认证、双因素认证、多因素认证等方法。身份认证系统所采用的方法考虑的因素越多，认证的可靠性就越高。这些因素如下。

（1）所知（What You Know），即用户所知道的或所掌握的知识，如密码。

（2）所有（What You Have），即用户所拥有的物品或信息，如身份证、护照、信用卡、钥匙或证书等。

（3）特征（What You Are），即用户所具有的生物特征，包括指纹、掌纹、视网膜等。

下面逐一介绍这几种认证因素。

1. 所知——密码认证

验证用户名和密码是最简单也是最常用的身份认证方法。每个用户的密码由用户自己设定，只有用户自己知道。只要能够正确输入密码，系统就认为操作者是合法用户。密码认证可分为静态密码认证和动态密码认证两种。

（1）静态密码认证是指每一次登录访问系统都使用不变的密码，除非用户主动申请修改。静态密码常见于安全级别要求不高的系统，因为静态密码存在一定的泄露风险。静态密码在认证过程中，需要在计算机内存和网络中传输，而每次认证使用的认证信息都是相同的，很容易被驻留在计算机内存中的木马程序或网络中的监听设备截获。此外，从社会工程学角度，用户往往采用生日、电话号码等容易被猜测的字符串作为密码，也很容易泄露密码。

（2）动态密码即变动的密码，也叫一次性密码。其变动来源于产生密码的运算因子是变化的。动态密码的产生依赖于双因子：一个是用户的私钥，代表用户身份的识别码，是固定不变的，它被加密存放在服务器和密码卡中，并不在网络中传输，不易被人窃取和被网络"黑客"窃听；另一个是变动因子，通过不断变化产生不断变动的动态密码，能防止重放攻击。因此，动态密码具有强身份认证的特征，有较高的安全性。

变动因子一般通过时间同步认证技术、事件同步认证技术，以及挑战-应答的非同步认证技术来实现。时间同步认证技术把时间作为变动因子，一般以60秒作为变化单位，用户密码卡和认证服务器所产生的密码在时间上必须同步。事件同步认证技术把变动的数字序列（事件序列）作为密码产生器的一个运算因子，与用户的私钥共同产生动态密码。挑战-应答的非同步认证技术就是每次认证时认证服务器都给客户端发送一个不同的"挑战"码，客户端程序收到这个"挑战"码，根据客户端和认证服务器之间共享的密钥信息，以及认证服务器发送的"挑战"码做出相应的"应答"。登录令牌就是这种方式的典型实现。其中，应用较多的是时间同步认证技术，该技术常见于大型电子商务系统中。

2. 所有——信物认证

信物认证方式通过事前提供给用户的私有信息来认证，包括如下两种。

（1）智能卡认证。利用智能卡的芯片存放与用户身份相关的数据，登录时通过读卡器读取其中的信息，以验证用户的身份。然而，每次从智能卡中读取的数据是静态的，它面临被内存扫描或网络监听等手段获取到卡中用户身份信息的风险，仍存在安全隐患。

（2）USB Key认证。USB Key认证是一种方便、安全的身份认证技术。它采用软硬件相结合、"一次一密"的强双因子认证模式，提供安全性和易用性。USB Key 是一种 USB 接口的硬件设备，内置单片机或智能卡芯片，存储代表用户身份的密钥或数字证书。利用 USB Key 内置的密码算法实现对用户身份的认证。

3. 特征——生物认证

利用人类特征的身份认证主要采用生物识别技术实现。生物识别技术是利用人体生物特征进行身份认证的一种技术。它针对人体固有的生理特性（如指纹、视网膜等）和行为特征（如笔迹、声音、步态等）进行取样，提取出唯一的特征，转换成数字信息，保存于数据库中。当用户与系统交互进行身份认证时，生物识别系统获取其特征（如刷指纹），并与数据库中的记录进行比对，以判断此人的真正身份。生物识别技术具有传统的身份认证手段无法比拟的优点——用户不必设置、记忆和保管密码，使用方便，身份认定更加安全、可靠、准确。生物识别技术广泛应用于政府、军队、银行、电子商务等领域。生物识别技术主要有以下几种。

（1）指纹识别技术。这个思路很直观，每个人指纹是唯一的，因此用指纹信息代表一个人。通过指纹识别技术，提前录入用户的指纹，把指纹转换为数字信息保存，并在访问系统前进行指纹信息匹配验证。指纹识别技术需要考虑的难点是，每次采集的样本可能稍有不同，人的手指可能因为灰尘、被割破或放置角度等，使得采集的指纹有所差异。因此，它往往是一种近似匹配。

（2）视网膜识别技术。人类的视网膜具有数百个特征点，利用激光照射眼球的背面，可以扫描出这些特征点，经数字化处理后保存以供日后对比。与指纹相比，视网膜是一种极其稳定的生物特征，因此，进行身份认证的精确度高。

（3）声音识别技术。通过把声音录入设备，并进行频谱分析，经数字化处理之后加以存储，验证时通过采集用户声音以识别该人的身份。这种技术精确度相对较差，不适用于直接数字签名和网络传输。

上述的身份认证技术关注的是"将要访问系统的是谁"这个问题，而在网络安全认证的领域，还需要关注的是"收到的消息是否就是所发送的消息"，即这段消息"是谁"，以及"发送消息的是谁"。数字摘要技术和数字签名技术就是分别针对这两个问题的解决方案。

4．信息的身份——数字摘要技术

在网络系统中，对象 B 收到来自对象 A 的一个消息，根据不可篡改原则，B 如何确保消息在传输过程中没有被非法修改呢？参考前述身份认证的思路，我们可以给这段消息制作一个"指纹"，通过以下的过程，确保消息没有被篡改。

（1）A、B 双方约定一个计算"指纹"的方法。

（2）A 发送消息前，计算消息的"指纹"值。

（3）A 将消息和"指纹"发送给 B（通过加密手段发送）。

（4）B 收到后，（解密）得到消息和"指纹"。

（5）B 使用同样算法计算得到"指纹"值，若与收到的"指纹"值一致，则表明消息完好。

上述这个"指纹"，就是数字摘要的概念。数字摘要技术是指针对发送的消息，根据某种数学算法，计算其摘要值，并将此摘要值与原始信息报文一起通过网络传输给接收者；接收者也通过摘要值计算，检验消息在网络传输过程中有没有发生改变，以此判断消息的真实性。从实践的角度考虑，数字摘要应满足下列要求。

（1）单向性：给定一个消息，能容易地计算摘要值，但用摘要值反求原消息很难。

（2）一致性：对于同一个消息，计算出的摘要值要一致。

（3）抗冲突性：给定两个不同的消息，求出的消息摘要应该不同。

（4）随机性：两个内容高度近似的消息，计算出的摘要值必须有显著的差异。

（5）等长性：为了传输和计算的效率，不同消息计算的摘要值长度较短且长度固定。

数字摘要技术本质上就是通过一个函数 H，把任意长度的消息 x 变成固定长度的短消息 $H(x)$，并遵循上述的原则。这个函数称为散列函数，又称作单向散列函数或哈希函数。常见的散列函数有 MD5、安全散列算法（SHA）等。

MD5 的全称是 Message Digest Algorithm 5（信息摘要算法），在 20 世纪 90 年代初由麻省理工学院的 Ron Rivest 开发，经历 MD2、MD3 和 MD4 发展而来。MD5 以 512 位分组来处理输入的信息，且每一分组又被划分为 16 个 32 位子分组，经过一系列的处理后，算法的输出由 4 个 32 位分组组成，将这 4 个 32 位分组级联后将生成一个 128 位散列值。MD5 主体运算图示如图 9-10 所示。

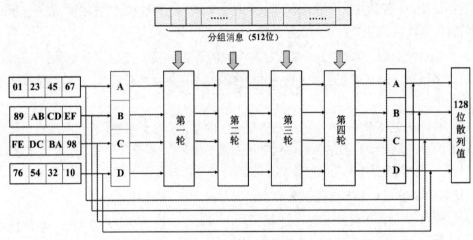

图 9-10　MD5 主体运算图示

安全散列算法（Secure Hash Algorithm，SHA）是美国国家标准与技术学会开发的，于 1993 年发布，在 1995 年修订，后来更名为 SHA-1。SHA 是在 MD4 基础上修改而成的，与 MD4 的设计非常相似。SHA 可以处理长度在 2^{64} 位以内的任何输入消息，输出是消息摘要，长度为 160 位（比 MD5 多 32 位）。

如果两个不同的消息计算得到相同的消息摘要，这种现象称为冲突。显然，当消息摘要长度为 128 位（MD5）和 160 位（SHA）时，任意两个不同消息计算出相同的消息摘要的概率分别为 $1/2^{128}$ 或 $1/2^{160}$。显然，冲突的概率微乎其微。

5. 是谁发出的——数字签名技术

如前所述，网络安全的不可抵赖原则需要对消息由谁发出进行验证。在现实世界中，人在纸质材料上进行签名，代表他/她阅读过或认可里面的内容。同理，对于网络系统中的消息，我们使用数字的形式对消息进行签名，实现类似的效果，这种方法称为数字签名。

数字签名技术是通过在待发送的消息上附加数据，或者对消息进行密码变换，使得接收者能确认消息的来源和完整性，防止中间人或接收者伪造，也防止发送者抵赖的技术。数字签名技术可以实现以下目的。

（1）消息源认证。消息的接收者通过签名可以确信消息确实来自声明的发送者。

（2）不可伪造。签名应是独一无二的，其他人无法假冒或伪造。

（3）不可重用。签名是消息的一部分，不能被挪用到其他的文件上。

（4）不可抵赖。签名者事后不能否认自己签过的文件。

非对称密钥加密技术是一种较好的实现数字签名的方法。在最简单的情况下，发送者 A 使用它的私钥对消息加密，形成一个数字签名，并发送给接收者 B，B 使用 A 的公钥进行解密，从而验证消息来自 A。

【例 9-3】A 和 B 使用 RSA 算法进行加密通信，$p = 43$，$q = 59$，$e = 13$，A 希望发送消息 MEET AT NOON 给 B，使得 B 能够验证消息确实来自 A。求 A 如何发送。

【解答】（1）首先把明文依据表 9-1 转换为数字，即 1204 0419 0019 1314 1413。

（2）计算私钥 d，使得 $d \cdot e \bmod (p-1)(q-1) = 1$，得 $d = 937$。

（3）用 d 对消息加密：

$$1204^{937} \bmod 2537 = 0817$$

$$0419^{937} \bmod 2537 = 0555$$

$$0019^{937} \bmod 2537 = 1310$$

$$1314^{937} \bmod 2537 = 2173$$

$$1413^{937} \bmod 2537 = 1026$$

（4）于是 A 发送的消息是 0817 0555 1310 2173 1026。当 B 收到之后，用公钥 e 进行解密（读者可自行验证），可以恢复出明文，从而验证消息确实来自 A。

上述是最简单的一种情景。在数字签名的实现中，还可以结合散列函数，具体过程如下。

（1）A 将要发送消息 m，通过散列函数 H 计算 $H(m)$。

（2）A 使用私钥 K_2 加密 $H(m)$ 得到数字签名，即

$$DS(m) = E_{K_2}(H(m))$$

（3）A 把消息 m 和数字签名 DS(m) 加密后一起发给 B。

（4）B 收到后，解密得到 m 和 DS(m)，先用 A 的公开密钥 K_1 解密数字签名，即

$$H_1(m) = D_{K_1}(E_{K_2}(H(m)))$$

再用 H 对收到的 m 计算 $H_2(m)$。

（5）B 比较 $H_1(m)$ 和 $H_2(m)$ 是否匹配，从而验证签名。

6．认证的语言——认证协议

许多通信协议在用户授权访问之前需要认证校验。用于用户身份认证的技术分为两类：简单认证机制和强认证机制。简单认证机制对被认证方的名字和密码进行一致性的验证。明文的密码在网上传输极容易被窃听，一般解决办法是使用一次性密码机制。这种机制的最大优势是

无须在网上传输用户的真实密码，并且由于具有一次性的特点，可以有效防止重放攻击。RADIUS 协议就属于这种类型的认证协议。强认证机制一般将运用多种加密手段来保护认证过程中相互交换的信息，其中 Kerberos 协议是此类认证协议中较完善、较具优势的协议，得到了广泛的应用。

（1）RADIUS（Remote Authentication Dial In User Service）协议是由 Livingston 公司提出的，主要为拨号用户进行认证和计费，后来经过多次改进，构成一个通用的 AAA 协议（见 9.3.3节）。RADIUS 协议的认证机制灵活，基于属性进行认证，能够支持各种认证方法对用户进行认证。RADIUS 协议通过 UDP 进行通信，RADIUS 服务器的 1812 端口负责认证，1813 端口负责计费工作。采用 UDP 的基本考虑是 NAS 和 RADIUS 服务器大多在同一个局域网中，使用 UDP 更加快捷方便。

（2）TACACS（Terminal Access Controller Access Control System）协议是基于 UDP 的一种访问控制协议。后来人们对协议进行了扩展，最终构成了一种通用的 AAA 协议（9.3.3 节有关于 AAA 协议更详细的介绍）。思科公司对 TACACS 协议进行了多次的增强扩展，目前成为 TACACS+协议。TACACS 协议使用 TCP 作为传输层协议，端口号为 49。

（3）Kerberos 协议。在一个分布式环境中，当采用 RADIUS 认证协议时，如果发生账户改动的情况，则每台机器都要进行相应的账户修改，工作量大且容易遗漏。Kerberos 协议是为了解决分布式网络认证问题而设计的第三方认证协议。它基于对称密码技术，网络上的每个实体持有不同的密钥，是否知道该密钥，便是身份的证明。因此，Kerberos 服务起到可信仲裁者的作用，目前使用的标准版本是 V5。Kerberos 认证服务器（AS）为用户和服务器提供证明自己身份的票据，以及双方安全通信的会话密钥。Kerberos 协议还需要一个票据授予服务器（TGS），TGS 向 AS 的可靠用户发出票据。除用户第一次获得的初始票据由 AS 签发外，其他票据都是由 TGS 签发的，一个票据可以使用多次直至期限结束。当客户端请求服务器提供一个服务时，不仅要向服务方发送从 TGS 领来的票据，还要自己生成一个鉴别码一同发送，该认证是一次性的，即实现了单次登录（Single Sign On，SSO）。

9.3.3　访问控制技术

前述的身份认证技术为访问控制原则的实现打下了基础。访问控制是为了确保信息不被非法访问，只给能看到的用户看到，只给有权限的用户修改，它在为用户对系统资源提供最大限度共享的基础上，对用户的访问权进行管理，防止对信息的非授权篡改和滥用。访问控制技术可以保证用户在系统安全策略下正常工作，拒绝非法用户的非授权访问请求，拒绝合法用户越权的服务请求。

如 9.1.4 节所述，一个网络系统在进行安全设计和开发时，必须满足某一给定的安全策略。访问控制模型是对安全策略所表达的安全需求的抽象和无歧义的描述，它综合了各种因素，包括系统的使用方式、使用环境、授权的定义、共享的资源和受控思想等。访问控制定义了主体和客体的概念。主体是使信息在客体间流动的一种实体，通常指人、进程或设备等。客体是一种信息实体，或者是从其他主体或客体接收信息的实体，一般包括数据块、存储页、文件、目录、程序等。

1. 访问控制模型

（1）自主访问控制（Discretionary Access Control，DAC）模型。在 DAC 模型中，资源的所有者往往也是创建者，可以规定谁有权访问它们的资源。DAC 模型可以用访问控制矩阵来表示（见表 9-3），矩阵中的行表示主体对客体的访问权限，列表示客体允许每个主体进行的操作权限。

DAC 模型的优点是，能根据主体的身份和访问权限进行决策，拥有资源的主体能够自主地将访问权限的某个子集授予其他主体。由于 DAC 模型灵活性较高，因此被大量采用。但 DAC 模型的安全性不高，因为在信息传输过程中，其访问权限关系会被改变。

表 9-3　访问控制矩阵示例

主体	客体		
	目录 X	文件 Y	程序 Z
用户 A		读、写、拥有	读、写、拥有
用户 B		读、写	读
用户 C	读、写、拥有		
用户 D		读、写	读

（2）强制访问控制（Mandatory Access Control，MAC）模型。在 MAC 模型中，主体和客体都有一个固定的安全属性，系统用该安全属性来决定一个主体是否可以访问某个客体。在 MAC 模型中，安全属性是强制的，任何主体都无法变更。典型的 MAC 模型包括 BLP 模型、Biba 模型，Clark-Wilson 模型和 Chinese Wall 模型（见表 9-4）。

MAC 模型的安全性较高，应用于军事等安全要求较高的系统，但是控制粒度大，缺乏灵活性，这种机制会使得客体持有者本身受到限制。DAC 模型相对灵活，但控制粒度小导致配置效率低。保护敏感信息，一般使用 MAC 模型；而如果要对用户提供灵活的保护，更多地考虑共享信息时，则使用 DAC 模型。

表 9-4　典型的 MAC 模型

模型名称	提出者	提出年份	主要特点
BLP 模型	D. Elliott Bell 和 Leonard J. Lapadula	1973 年	第一个严格形式化的安全模型，多级访问控制模型，用于保证系统信息的机密性，包括自主安全策略和强制安全策略两个部分
Biba 模型	K. J. Biba	1977 年	一个完整性保护模型，要求对主体、客体按照完整性级别进行划分。完整性级别由完整等级和范畴构成，能很好地满足政府和军事机构关于信息分级的需求，防止非授权用户的修改
Clark-Wilson 模型	David D. Clarki 和 David R.Wilson	1987 年	确保商业数据完整性的访问控制模型，侧重于满足商业应用的安全需求。每次操作前和操作后，数据都必须满足一致性条件

模型名称	提出者	提出年份	主要特点
Chinese Wall 模型	Brewer 和 Nash	1989 年	将可能会产生利益冲突的数据分成不同的数据集，并强制所有主体最多只能访问一个数据集。选择访问哪个数据集并未受强制规则的限制，用户可以自主选择访问的数据集

（3）基于角色的访问控制（Role-Based Access Control，RBAC）模型。在 RBAC 模型中，系统内置多个角色，将权限与角色进行关联，用户必须成为某个角色才能获得权限。RBAC 模型的安全策略根据用户所担任的角色来决定用户在系统中的访问权限，用户必须扮演某种角色，而且必须激活这一角色，才能对一个对象进行访问或执行某种操作（见表 9-5）。RBAC 模型支持 3 个重要的安全原则：最小权限原则、责任分离原则和数据抽象原则。

- 最小权限原则：RBAC 模型可以将角色配置成其完成任务所需的最小权限集合。

- 责任分离原则：可以通过调用相互独立互斥的角色来共同完成敏感的任务，如要求一个销售人员和一个仓库人员共同操作一张订单。

- 数据抽象原则：可以通过权限的抽象来体现，如部门经理可以查看"用户管理"等抽象权限，而不是使用典型的读、写、执行权限。

表 9-5 RBAC 模型示例

用户	角色	权限
用户 A	系统管理员	菜单管理 文件管理
用户 B	部门经理	文件读 "修改"按钮
用户 C	部门经理	文件读 "修改"按钮
用户 D	部门经理	文件读 "修改"按钮
用户 E	人事专员	文件读写 "新增"按钮
用户 F	人事专员	文件读写 "新增"按钮
用户 G	财务专员	文件读写

RBAC 模型有很多优点：使得授权管理（角色的变动频率远远低于个体的变动频率）更方便；使得处理工作分级（如文件等资源分级管理）更方便；容易实现各种安全策略（如最小特权、职责分离等）；便于安排不同角色完成不同的任务，让任务分配更容易。

2. AAA 安全服务

在网络系统中，AAA 是一种针对身份认证和访问控制的安全服务，这 3 个"A"分别是英文单词"认证（Authentication）""授权（Authorization）""审计（Accounting）"的首字母。AAA 安全服务可以同时控制能够访问网络设备的用户和这个用户能够访问的服务。AAA 安全服务使得访问控制功能可以配置在网络设备（包括路由器、交换机、防火墙等）上，并通过这种方式实现网络安全的基本架构。AAA 安全服务既可以控制网络设备的管理访问（如字符模式的 Telnet 或 Console 访问），又能够管理远程用户的网络访问（如数据包模式的拨号客户端或 VPN 客户端访问）。以思科为例，AAA 安全服务在所有主要的思科网络操作系统设备和安全设备上（除了 IPS）都可以实施。前面介绍的 RADIUS 协议和 Kerberos 协议是用于实现 AAA 安全服务的认证协议。启用了 AAA 安全服务的网络设备，会使用这些协议与安全服务器建立连接路径。在 9.5 节的实验中，我们将看到使用思科模拟器的 AAA 简要示例。AAA 安全服务的 3 个功能如下。

（1）认证。在用户获得网络及网络资源的访问权限之前，对用户进行身份识别。认证功能可以通过用户当前的有效数字身份（用户名+密码）来识别哪些用户是合法用户，从而让这些合法用户访问网络资源。

（2）授权。在用户通过认证并获取网络访问权限之后，进一步执行网络资源的安全策略。授权可以提供额外的优先级控制功能，如更新基于每个用户的访问控制列表（ACL），或者分配 IP 地址信息。在登录设备以后，授权功能会进一步控制这个用户可以使用的服务。例如，控制用户可以执行哪些配置命令（如 show running-config 或 reload）。

（3）审计。收集并向安全服务器发送信息，用于计费、审计或报告等。例如，用户登录的时间和登出的时间、用户使用过的 IOS 命令、流量信息（传输和接收到的数据包数或字节数等）。通过与安全服务器通信，审计功能可以获取资源的使用情况，还可以跟踪用户正在访问的服务，并监视这些资源的使用情况。

3. 访问控制列表

访问控制列表（Access Control List，ACL）是最直接的访问控制技术，它通过表格的形式体现具体的安全策略。ACL 也是思科路由器上过滤流量的基本的访问控制机制，可以识别通过路由器的各种类型的流量，并过滤进入或离开路由器的流量。因此，ACL 能识别并阻止 DoS 网络攻击。ACL 的配置会增加路由器的性能负荷，因此，在实践中对路由器选型时，要考虑对性能的评估。

ACL 实际上是路由器上的流量过滤器，它可以根据数据包的属性（如 IP 地址）识别特定类型的数据，并执行特定的操作，如阻止它们通过某个接口。ACL 由一系列访问控制元素组成，每个元素是一条单一的规则，用来匹配一种特定类型的数据包。ACL 根据这些规则来识别通过路由器的流量。在配置的时候，把 ACL 应用到一个接口来打开它的功能，当通过路由器的流量与规则相匹配时，就会根据规则来执行配置中所定义的行为。

在思科路由器中，有一种 IP ACL，即根据 IP 地址来定义规则的访问控制列表。IP ACL 根据功能可以分为标准 IP ACL 和扩展 IP ACL。标准 IP ACL 依据数据包的源地址来定义行为；而扩展 IP ACL 依据源地址和目的地址来定义行为，还可以选择协议类型（如 TCP）。思科路由器使用 access-list 命令来定义 ACL。对于标准 ACL，要用反码的方式在末尾指定源地址的掩码，这种掩码称为通配符掩码，如 255.255.255.0 的反码是 0.0.0.255，而 255.255.255.128 的反码是 0.0.0.127。在定义 ACL 时通过编号来区分：标准 IP ACL 使用 1~99 之间的数字，而扩展 IP ACL 使用 100~199 之间的数字。

【例 9-4】使用 access-list 命令，定义标准 IP ACL（编号为 10），使得拒绝源地址包含在子网 150.1.1.0/24 中的流量。

【解答】

```
access-list 10 deny 150.1.1.0 0.0.0.255
```

【例 9-5】使用 access-list 命令，定义扩展 IP ACL（编号为 100），使得允许主机 100.1.1.1 访问端口 80（HTTP）的 200.1.1.1 上的 Web 服务器。

【解答】

```
        access-list 100 permit tcp host 100.1.1.1 host 200.1.1.1 eq 80
        access-list 100 deny  ip  host 100.1.1.1 host 200.1.1.1
        （注：在本例中使用"host"代替了通配符掩码）
```

采用 ACL 的一个基本目的是阻止未经授权的访问。我们可以用两种基本方式使用 ACL：一是阻止未经授权的对设备的访问；二是阻止未经授权而访问位于上游或下游的设备。ACL 控制通过网络设备各类流量的方式有以下 6 种。

（1）ACL 的基本访问控制功能。这个基本的思路时让一组受限的 IP 地址访问一组受限的服务。通常我们创建 ACL 的时候，只允许合法的流量通过，而阻塞其他所有的流量。根据防御网络攻击的经验，ACL 应该阻止某些类型的流量。以下 5 种类型都出于特定的防御需求。

（2）使用 ACL 阻塞 ICMP 数据包。ICMP 在 IP 网络的管理中扮演非常重要的角色，我们常用的 ping 命令就使用 ICMP。然而，ICMP 也有可能用作网络攻击（如 ping 洪流）或侦察工具。因此，大量的 ICMP 数据包在网络边缘被丢弃，不允许通过。

（3）使用 ACL 阻塞带有欺骗 IP 地址的数据包。ACL 的一个重要用途是过滤欺骗数据包。典型的例子是以欺骗 IP 地址为源地址（专业的网络攻击者使用欺骗 IP 地址而不是使用他们真实的 IP 地址来实施攻击）。

（4）使用 ACL 阻塞去往网络中不可用服务的流量。ACL 的一个重要目的是只允许流量到达网络中配置的可访问的服务，这种配置是根据网络安全策略确定的。例如，如果网络提供给外部的唯一服务是 HTTP，那么网关路由器所实现的 ACL 应该只允许 HTTP TCP 数据包通过。

（5）使用 ACL 阻塞已知的入侵。通过与入侵检测系统（IDS，见 9.4.6 节）或其他检测手段配合，识别出入侵者的 IP 地址，而后使用 ACL 阻塞这些 IP 地址访问网络。思科 IDS 有一种屏蔽机制，该机制允许在网络边缘设备上动态地配置 ACL，阻止来自网络攻击源 IP 地址的访问。

（6）使用 ACL 阻塞不必要的和假的路由。ACL 可以配合路由协议过滤不必要的和假的路由，因为这些路由可能引起网络上的路由问题，引起网络故障或便于 DoS 攻击。然而，如今在许多大网络中都使用速度更快的 IP 前缀表代替 ACL 来过滤这些路由。

9.4 网络安全防御技术：防火墙、入侵检测

前节所述的网络安全技术重点确保了网络安全 6 个原则的前 5 个（见 9.1.2 节）。而针对可用性原则，网络系统还需要构建专门的防御措施，其中普遍使用的技术是防火墙。防火墙在内网和外网之间建立一道屏障，一方面阻止外部攻击者对内网的非法访问，另一方面阻止重要信息从内网里非法流出。然而，单有防火墙仍然无法阻挡所有可能的攻击。因此，设置保护网络系统的第二道防线是入侵检测，它属于主动网络防御技术。入侵检测指对入侵行为的发觉，是一种通过观察行为、安全日志或审计数据检测入侵的技术。本节将介绍防火墙和入侵检测技术。

9.4.1 防火墙的概念与原理

防火墙的原意是人们在房屋之间修建的一道墙，当火灾发生时，它可以防止火情蔓延到其他房屋。在网络系统中，防火墙是指设置在可信任的内网和不可信任的外网之间的一系列部件（软件、硬件）的组合，一方面能避免内网信息对外的泄露，另一方面能避免外部攻击者进入内网。这好比一个园区的门岗，站在内部区域和外部世界之间，监视来访的人员，检查其身份和来访目的——如果来访的人手持刀具等危险品，或者形迹可疑，则不让其进入。防火墙是一种重要的网络安全系统，它将网络隔离为内网和外网，并对内外网之间的数据流进行监测、分析、管理和限制，通过对数据的过滤和筛选，防止未经授权的访问进出内部计算机网络，从而实现对内部网络资源和信息的安全保护（见图 9-11）。

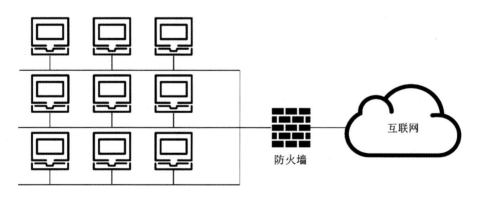

图 9-11 防火墙作为内网和外网之间的守护者

表 9-6 总结了防火墙的主要功能，为实现这些功能，防火墙所采用的主要技术如下。

（1）包过滤技术。采用这种技术的防火墙通过建立一套过滤规则，检查每一个通过的网络数据包，决定允许其通过或丢弃。这些规则通常经由管理员定义或修改。过滤规则通常利用 IP 数据包的属性，包括源 IP 地址、源端口号、目的 IP 地址或端口号、服务类型（如 HTTP 或 FTP），也能经由通信协议、TTL 值、来源的网域名称或网段等属性过滤。在实际中，单靠地址进行数据过滤是不够的，原因是目标主机上往往运行着多种通信服务，所以还要对 TCP/UDP

端口进行过滤。例如，telnet 服务连接端口号默认是 23，假如不允许外部客户机建立对内网服务器的 telnet 连接，那么只需配置防火墙检查发送目标是服务器的数据包，把其中具有 23 端口号的包过滤即可。结合 IP 地址和目标端口的过滤，从而实现可靠的防火墙。

（2）应用网关（代理）技术。采用这种技术的防火墙接收来自内网用户的应用程序信息，与公网的服务器建立单独的连接，使得内网的用户不直接与外部的服务器通信，所以公网的服务器不能直接访问内网的任何部分。代理防火墙不允许在它连接的网络之间直接通信，不能建立任何连接，提供额外的安全性和控制性。

（3）网络地址转换（Network Address Translation，NAT）技术。采用这种技术的防火墙通过转换网络地址功能，屏蔽内网的 IP 地址，从而对内网用户起到保护作用。NAT 分为源网络地址转换（SNAT）和目标网络地址转换（DNAT）两种。其中，SNAT 是当内网设备访问外网时，改变转发数据包的源地址，对内网地址进行转换，使得外部用户无法查看真实的源地址，同时节省公网 IP 地址资源（只通过少数几个公网 IP 地址即可使所有内网设备共享上网）；而 DNAT 是当外网设备向内网发出通信连接时，先把目的地址转换为自己的地址，再转发外网的通信连接，使得外网和内网的通信变成防火墙和内网设备的通信。NAT 功能是防火墙的标准配置。

表 9-6　防火墙的主要功能

功能	描述
包过滤	防火墙对通信过程中的数据包进行过滤，使符合安全策略的数据包通过，并丢弃那些不符合安全策略的数据包。包过滤功能确保了网络流量的合法性，使得防火墙作为一个多端口转发设备，跨接于多个分离的物理网段之间，在报文转发过程中进行报文的审查工作
控制内外网之间的所有数据流	防火墙作为内外网之间通信的唯一通道，实现对进出内网的服务和访问进行审计和控制，全面、有效地保护内网不受侵害。因此，防火墙适用于用户网络系统的边界（采用不同安全策略的两个网络连接处），属于用户网络边界的安全保护设备
自身抗攻击	防火墙处于网络边缘，时刻都会受到黑客的攻击。因此，要求防火墙自身具有抗攻击能力。一方面，防火墙的操作系统安全性要高；另一方面，防火墙本身只提供很少的服务，只运行专门的防火墙嵌入系统，不运行其他应用程序
审计和告警	审计功能监控通信行为和完善安全策略，检查安全漏洞和错误配置。告警功能则是在有通信行为违反安全策略后，以邮件、短信等方式通知网络管理员。通过查看日志可以进行相关数据的统计、分析，发现系统在安全方面可能存在的隐患，进而有针对性地采取改进措施

根据所采用的软硬件形式不同，防火墙可分为以下几种。

（1）软件防火墙：运行在一台特定的计算机上的程序，整个网络的网关。

（2）芯片级防火墙：专门的硬件平台，内嵌专用的系统集成电路芯片，在芯片里面固化了专用的操作系统。其性能比其他类型的防火墙更优，但价格相对昂贵。

（3）硬件防火墙：基于个人计算机，运行着定制的操作系统的防火墙。

9.4.2 防火墙的体系结构

防火墙可以通过不同的体系结构来实现。不同的体系结构所提供的安全级别不同，维护费用也不同。组织机构可以根据安全策略来选择相应的防火墙体系结构。典型的防火墙体系结构包括单宿主主机防火墙、多宿主主机防火墙、屏蔽子网防火墙。需要说明的是，这些结构的防火墙都是在包过滤技术的基础上构建的。下面介绍这几种结构。

（1）单宿主主机防火墙。单宿主主机防火墙的设置由两个部分组成：一个数据包过滤路由器（包过滤器）和一个应用网关（代理）。对于外部进入的流量，包过滤器检查每个从外网进入的 IP 数据包目的地址字段，确保只允许要发送到应用网关的信息才能通过。对于内网发出的流量，通过检查每个输出 IP 数据包的源地址字段，确保只有来自应用网关的信息才能通过。网络管理员也可以灵活地定义更详细的安全策略。但是这种结构的一个重大缺点是内部用户直接连接到包过滤器，如果过滤原则被破解，则攻击者就可以访问整个内部网络。

（2）多宿主主机防火墙。为了克服单宿主主机防火墙的缺点，多宿主主机防火墙在其基础上做了改进，避免了内部主机与包过滤器的直接连接，包过滤器只连接应用网关，应用网关连接内部主机。因此，即使过滤原则被破解，攻击者也只能访问应用网关，从而保护了内部主机。

（3）屏蔽子网防火墙。这是较安全的防火墙结构，进行了两次数据包过滤，一次在互联网与应用网关之间，另一次在应用网关与内网之间。这样，攻击者入侵需要破解三道防线，难度大增。屏蔽子网防火墙还可以利用三个接口的路由器，把内网和外网隔开，并且把需要从外网访问的设备连接放到一个子网中，这个子网称为非军事区（Demilitarized Zone，DMZ）。DMZ 是为要访问公网的设备（如 Web 服务器、邮件服务器、DNS 服务器）而划分的。这种模式易于实现访问控制。例如，如果 DMZ 里面只有 Web 服务器，则可以将进出 DMZ 的通信流限制为 HTTP（80 号端口）与 HTTPS 协议（443 号端口），从而过滤掉所有其他通信流。更重要的是，DMZ 不能往内网访问，即使攻击者能攻进 DMZ，内网也是安全的。

思科的 PIX 防火墙可以快速创建 DMZ。PIX 防火墙为每个接口配置了一个安全等级，与等级低接口相连的机器不能访问与等级高接口所相连的机器。所以，当设置 DMZ 时，PIX 防火墙连接 DMZ 的接口应该比连接内网的接口的安全等级低，从而使得内网上的机器可以访问 DMZ 接口上的设备，而反之不然。安全等级的编号从 0（最低）到 100（最高）。

【例 9-6】使用思科 PIX 防火墙，定义如图 9-12 所示的 DMZ，其中内网分配安全等级 100，互联网（外网）分配安全等级 0，DMZ 分配安全等级 50。写出配置命令。

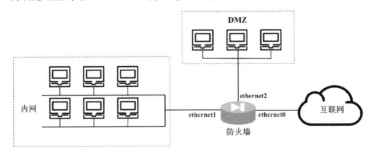

图 9-12 DMZ 示例（思科 PIX 防火墙）

【解答】

```
nameif ethernet0 outside security0
nameif ethernet1 inside security100
nameif ethernet2 dmz security50
```

9.4.3 防火墙的关键技术

包过滤技术、应用网关技术和网络地址转换技术是实现防火墙的关键技术。本节将对这三种技术进行介绍。

1. 包过滤技术

包过滤是防火墙最传统、最基本的过滤技术。1989 年，防火墙的产生也是从这一技术开始的。防火墙的包过滤技术就是对通信过程中的数据进行过滤，使那些符合事先定义好的安全策略的数据包通过，而使那些不符合安全策略的数据包被丢弃。

防火墙对数据的过滤的过程大体分为两个步骤：首先管理员定义相关的安全策略（过滤规则），包括允许转发、拒绝转发（见表 9-7）；然后根据所接收到的数据包的首部，解析其所包含的源 IP 地址、目的 IP 地址、源端口、目的端口、协议类型（如 TCP、UDP、ICMP 等）及数据包传输方向等信息，判断是否符合安全策略，以此来确定该数据包是否允许通过。如果数据包与允许转发或拒绝转发的规则相匹配，则相应处理；如果没有匹配规则，则按默认情况处理。

表 9-7 过滤规则示例

序号	过滤规则	源 IP 地址	源端口	目的 IP 地址	目的端口	说明
1	禁止	130.35.0.0	*	*	*	禁止来自 130.35.0.0 网络的数据包
2	允许	*	20	192.168.0.100	*	允许来自任何主机的 20 端口访问主机 192.168.0.100 的任何端口
3	禁止	*	*	193.77.22.18	*	拒绝访问 193.77.22.18 主机的数据包
4	禁止	*	*	*	80	拒绝 80 端口的数据包，即不允许访问浏览 HTTP 的请求

包过滤防火墙是速度最快的防火墙，这是因为它处于网络层，并且对连接的正确性只是简单的检查。包过滤在传统路由器上就可以实现，对用户来说是透明的。但是，包过滤的安全程度低，很容易暴露内部网络。例如，HTTP 通常是使用 80 端口的。如果公司的安全策略允许内部员工访问网站，包过滤防火墙可能设置允许所有 80 端口的连接通过，攻击者可能通过这个信息，在没有被认证的情况下进入内网。此外，包过滤防火墙定义过滤规则比较复杂，缺少日志文件，维护相对困难。

2. 应用网关（代理）技术

包过滤防火墙能阻止从外网对内网未经授权的访问，但无法控制内网对外网的访问。应用网关（代理）技术则可以彻底隔开内网与外网的直接通信，使得内网对外网的访问变成防火墙对外网的访问，经由防火墙转发给内网用户，这使得应用网关防火墙的安全性很高。

应用网关防火墙分为应用层网关防火墙和电路层网关防火墙两种。

（1）应用层网关防火墙。它是通过软件实现的。它对网络上任一层的数据包进行检查及身份认证，符合安全策略的通过，否则丢弃。应用层网关防火墙能够理解应用层上的协议，能够进行复杂的访问控制，如控制用户访问的主机、访问时间及访问的方式等。应用层网关防火墙还可给单个用户授权。即使攻击者盗用了合法的 IP 地址，也不能通过身份认证。可见，应用层网关防火墙与包过滤防火墙相比，具有更高的安全性。

（2）电路层网关防火墙。它是第二代防火墙技术，在 1989 年由贝尔实验室的 Dave Presotto 和 Howard Trickey 提出。它的原理是，在接收客户端连接请求后，根据客户端的地址和所请求端口，将该连接重定向到指定的服务器地址及端口上，从而代理客户端完成网络连接，在客户端和服务器间中转数据。

应用网关技术的优点是易于配置，能控制进出流量，能过滤数据内容，能为用户提供透明的加密机制，能形成记录，可与其他安全技术集成。不足之处主要表现为速度慢；每项服务代理要求不同的服务器；不能保证免受协议漏洞的安全限制。

3. 网络地址转换技术

网络地址转换（NAT）技术用一个"假"的 IP 地址隐藏内网真实的 IP 地址，防止内网地址公开。实际上，NAT 技术的产生是为了解决 IP 地址短缺的问题。在早期的互联网里面，用户访问互联网的持续时间短，由网络提供商分配一个短时间的 IP 地址来访问，断开连接后，IP 地址被回收，分配给其他用户。但随着互联网用户数量的巨大增长，企业和园区需要大量的 IP 地址，因此引入了 NAT 技术，它允许用户内网拥有大量 IP 地址，但外网只需要一个 IP 地址。只有外网流量才用到这个外网地址，内网流量可以用内网地址工作。常见的内网地址范围包括 10.0.0.0~10.255.255.255（2^{24} 个）、172.16.0.0~172.31.255.255（2^{20} 个）、192.168.0.0~192.168.255.255（2^{16} 个）。任何个人或组织可以使用这些范围之内的任意地址作为内网地址，并且不必担心和其他组织使用了重复的内网地址，因为路由器接收到这个范围的地址，是不会转发到外网的。

NAT 技术示例如图 9-13 所示，配置了 NAT 技术的路由器有两个地址：一个是外部 IP 地址，另一个是内部 IP 地址。互联网（外网）通过外部地址 202.116.8.39 来访问路由器，而内部主机（192.168.10.0/24）通过内部地址 192.168.10.254 来访问该路由器。因此，外网永远只能看到一个 IP 地址。在数据通信的过程中：对于从内网到外网的数据包，NAT 路由器用外部地址（202.116.8.39）替换源地址（192.168.10.5），当数据包离开 NAT 路由器时，源地址字段显示的是外部地址，并且 NAT 路由器把源地址（192.168.10.5）和外网目的地址（201.10.10.10）记录到转换表中；当从外网到内网的数据包进入时，NAT 路由器首先根据源地址（201.10.10.10）查询转换表，确定要接收信息的内网主机，然后用这台主机的内部地址（192.168.10.5）替换目的地址。

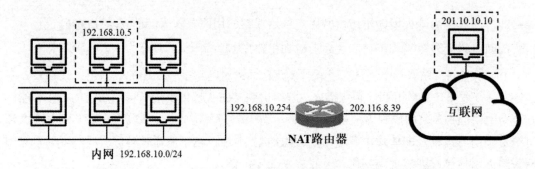

图 9-13 NAT 技术示例

防火墙通常部署在可信任网络的边界，直接面对的是不可信任网络，因此极易受到外部不可信任网络的攻击。此外，防火墙还有以下的局限性。

（1）防外不防内。据统计，网络安全攻击事件有 70%以上来自内部，而防火墙的安全控制阻隔外部网络，很难解决内部网络的安全问题。

（2）性能问题。随着高带宽网络业务的快速发展、用户数量的快速增长，传统防火墙身兼认证、访问控制、完整性检查等多项任务，处理能力有限，可能带来传输时延。

（3）管理和配置较复杂。防火墙的管理及配置相当复杂，易造成安全漏洞。要想成功地维护防火墙，要求防火墙管理员对网络安全攻击的手段及其与系统配置的关系有相当深刻的了解。

（4）不能阻止染毒软件或文件的传输。从设计上，防火墙不能扫描进出网络的文件，因此它无法消除网络上的 PC 病毒。

因此，从网络安全防御考虑，还需要引入第二道防线——入侵检测。

9.4.4　入侵检测的概念与原理

网络安全的主要防御对象是非法入侵。非法入侵是指非法获得一个系统的访问权，或者扩大某个用户对网络系统的权限。非法入侵可分为物理入侵、系统入侵和远程入侵三种，其中物理入侵可以通过 9.1.5 节物理安全的手段进行防御；系统入侵是指已经登录并取得部分授权的用户，非法获取管理员权限的行为；远程入侵是指攻击者通过远程访问的方式，利用技术手段控制目标系统。

入侵检测的目的就是发现上述的入侵行为。具体而言，入侵检测就是通过对网络系统的关键点收集信息并分析，从而发现网络系统中是否有违反安全策略的行为的迹象。入侵检测系统则是实现入侵检测技术的网络安全设备，入侵检测的过程分为信息收集、信息分析和结果处理三个阶段。

1. 信息收集

信息收集包括收集关键点的系统数据、网络数据，以及用户活动数据。关键点通常有多个，这是因为要扩大检测的范围，并且对来自不同关键点的信息进行特征分析比对，以便发现问题。入侵检测的信息主要来自以下三个方面。

（1）用户日志。日志文件中记录了用户在系统中的部分行为（如登入、登出、修改密码等），入侵者往往会在日志文件中留下踪迹。如果日志中包含异常记录，则表明系统有可能正在被入侵或已经被入侵。例如，日志中显示重复登录失败、登录到未授权的位置（或敏感数据存放的位置），或者企图访问非授权的重要文件等记录。

（2）文件改变。网络中软件和数据以文件的方式保存，这些文件常常是入侵者修改或破坏的目标。因此，入侵检测应当关注目录或文件的非正常改变，包括创建、修改和删除。特别是对于关键的系统文件，一旦被异常修改，往往是被入侵的信号。入侵者往往通过修改和替换一些关键系统文件来隐藏入侵活动的痕迹。

（3）异常的程序运行。网络系统中的程序包括操作系统、网络服务、用户启动的程序和服务应用程序（如 Web）等。每个程序的执行产生若干个进程，一个进程的执行由具体的操作组成，包括打开文件、数据读写、运算等，操作的方式决定了它所利用的系统资源和由此产生的进程通信。如果一个进程出现了异常的行为，说明入侵者可能操控了程序或服务，以非法的方式操作或使程序失败。

2．信息分析

入侵检测系统对收集到的系统数据、网络数据和用户活动数据，进行分析，以判别入侵的可能性。分析的技术一般有三种：模式匹配、统计分析和完整性分析。其中前两种方法用于实时的入侵检测，而第三种方法用于事后分析。

（1）模式匹配。模式匹配首先定义了一系列的入侵模式，一种攻击模式可体现为一个指令的执行或一个状态的变化（如获得权限），保存于系统的数据库中，然后把收集到的信息与数据库中的模式进行比较，从而发现违反安全策略的行为。指令的执行可以通过字符串匹配来发现，状态的变化可以利用数学表达式表示。模式匹配的优点是只需要收集相关的数据即可，对系统性能要求不高，而且技术成熟，检测准确率和效率较高。但是，模式匹配只能检测已知的情况，无法检测到未知的攻击，需要不断地更新模式数据库。

（2）统计分析。统计分析认为系统在正常运行时，各项指标应当在一个正常的范围内，一旦指标发生抖动，就意味着有被入侵的可能性。统计分析技术首先给系统对象（如用户、文件、目录和设备等）定义测量指标，包括在线用户数、访问次数、操作失败次数等，进行统计，确定一个正常范围；然后与检测的这些指标进行对比，假如取值超出正常范围，则说明有入侵发生。例如以字母 cw（财务）开头的在线用户数正常是 5~15 个，但检测到 22 个。对于未知的入侵和复杂的入侵，统计分析的检测敏感度较高，但其误报率和漏报率较高。

（3）完整性分析。完整性分析通过分析系统中某个文件或对象的数据完整性来发现入侵的行为。完整性分析借助数字摘要技术（见 9.3.2 节），针对文件和目录的内容和属性进行计算（如 MD5 校验），能发现数据微小的变化。完整性分析是实用效果较好的技术，因为一旦入侵行为修改了关键数据，一定能够发现，能作为模式匹配或统计分析方法的补充。但完整性分析的技术特点决定了它只能用于事后分析，而不具有实时性，因此，需要在特定的时间内定期开启完整性分析，对网络系统的关键数据进行全面的扫描检查。

3．结果处理

根据收集分析所发现的入侵现象进行结果处理，包括系统向管理员告警、控制台按照告警产生预先定义的响应，或者其他紧急处理措施，如终止进程、切断连接、修改文件属性、修改路由器或防火墙配置等。

9.4.5　入侵检测的关键技术

入侵检测的关键技术在于所使用的检测方法。入侵检测技术主要有基于行为的检测（异常检测）和基于规则的检测（误用检测）两种。

1．基于行为的检测

基于行为的检测属于概率模型检测范畴。这种检测假设入侵者的行为和合法用户的行为之间存在可量化的差别。然而，如图 9-14 所示，合法用户和入侵者的行为无法严格对立，两者之间存在重叠部分。因此，如果对入侵者行为定义更严格，将导致误报，也就是把合法用户误认为入侵者；反之，将导致漏报增加，而漏过真实的入侵者。

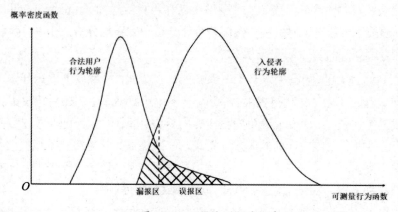

图 9-14　入侵检测行为曲线

在基于行为的检测技术中，发展出多种入侵检测方法，包括基于贝叶斯推理的检测法、基于模式预测的检测法、基于统计的异常检测法、基于机器学习的检测法、数据挖掘检测法、基于应用模式的异常检测法、基于文本分类的异常检测法等。

2．基于规则的检测

基于规则的检测定义好一系列入侵的模式，通过分析入侵过程的特征、条件、排列及事件之间的关系，判断这些入侵模式是否出现。这种检测方法也称为误用检测（Misuse Detection）。这种方法检测准确度很高，因为它通过具体的特征库进行判断。此外，由于检测结果有明确的参照，这种方法也便于系统管理员采取相应的处理措施。基于规则的检测具体有以下三种方法。

（1）专家系统法。这种方法通过"如果…则…（程序设计 if-then）"的格式，把可能发生的系统入侵信息录入规则库。当其中某些条件满足时，系统就判断出入侵行为发生。

（2）模式匹配法。模式匹配法收集一系列指标信息，与模式数据库里面已知的信息进行比较，从而检测出违反安全策略的行为。模式匹配法对计算性能要求较低，有较高的检测率。但是，该技术需要不断升级模式数据库，以判别层出不穷的入侵。

（3）状态转换法。状态转换法使用了"有限状态机"的原理，给网络系统定义了初始状态和被入侵状态。状态之间的转换是通过预定义好的行为序列来决定的。例如，一个用户在短时间内，连续 5 次登录失败，此时系统可能从 S1 状态（初始状态）转到 S2 状态（被入侵状态）。这种方法使用状态图来表示状态和触发事件，所以检测时不需要查找审计记录，但不适用于分析过程较复杂的事件。

9.4.6　入侵检测系统及其主要类型

入侵检测系统（Intrusion Detection System，IDS）是一种对网络传输进行实时监控，并在发现可疑传输时发出警报或采取主动反应措施的网络安全设备。与前述的防火墙等网络安全设备不同，IDS 是一种积极主动的安全防护技术。IDS 的部署无须跨接在任何链路上（与防火墙不同），无须网络流量流经（见图 9-15）。IDS 可以分为 4 个功能组件。

（1）事件产生器，从整个计算环境中获得事件，并向系统的其他部分提供此事件。

（2）事件分析器，分析事件并得到数据，产生分析结果。

（3）响应单元，对分析结果采取反应，包括报警、切断连接、改变文件属性等。

（4）事件数据库，存放各种中间和最终数据的空间。

IDS 是防火墙的合理补充，帮助系统对付网络攻击，扩展了系统管理员的安全管理能力（包括安全审计、监视、进攻识别和响应），提高了网络安全防御的完整性。IDS 根据数据源可分为两类：基于主机的入侵检测系统和基于网络的入侵检测系统。

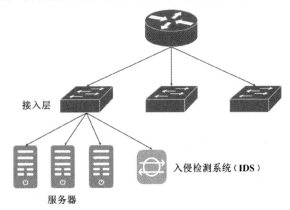

图 9-15　IDS 在网络系统中的位置

1．基于主机的入侵检测系统

基于主机的入侵检测系统（HIDS）始于 20 世纪 80 年代早期，通过查看可疑行为的审计记录来发现入侵。一方面，它比较新的记录条目与已知的攻击特征；另一方面，它检查那些不该修改的系统敏感文件的校验和。如果发现与攻击模式匹配，HIDS 则向管理员报警。HIDS 通常安装在被重点检测的主机里（如数据库服务器），它具有以下优点。

（1）监视所有系统行为。HIDS 能监视所有用户的登录、退出，乃至所有操作，能审计系统在日志里记录的策略改变，监视关键系统文件和可执行文件的变化等。

（2）适应交换和加密。HIDS 可以较为灵活地配置在多台关键主机上，不必考虑交换和网络拓扑问题。

（3）不要求额外的硬件。HIDS 配置在被保护的主机里面，不要求增加额外的硬件。

HIDS 的主要缺点是，它局限于服务器中，看不到网络活动的状况，运行审计功能占用了额外的系统资源，对于不同平台的服务器存在通用性问题，管理和实施比较复杂。

2. 基于网络的入侵检测系统

基于网络的入侵检测系统（NIDS）使用网络数据包作为数据源，利用工作在混杂模式下的网卡，实时监视和分析所有的通过共享式网络的传输。一些 NIDS 也可以利用交换式网络中的端口映射功能，监视特定端口的网络入侵行为。一旦攻击被检测到，响应模块将根据预设的配置做响应动作，包括发送电子邮件、告警、记录日志、切断网络连接等。NIDS 与 HIDS 的主要区别是，前者主要检测网络上流向关键计算机系统的数据包流量，而后者检测具体某台主机上用户和软件的活动情况。

NIDS 通常部署在比较重要的网段里，可以检测网络层、传输层和应用层协议的活动。NIDS 的攻击识别模块使用 4 种技术（模式、表达式/字节匹配、频率、阈值）识别攻击标志。与 HIDS 相比，NIDS 具有以下优点。

（1）不需要在大量的主机上安装和管理软件，不需要改变服务器的配置。允许在重要的访问端口检查面向多个网络系统的流量。在一个网段只需要安装一套系统，就可以监视整个网段的通信，花费较低。

（2）NIDS 所在的宿主机通常处于比较隐蔽的位置，基本上不对外提供服务。这使得攻击者难以消除攻击痕迹。相比之下，HIDS 的审计日志可能会被攻击者篡改。

（3）实时性强，可以在目标主机崩溃之前切断 TCP 连接，从而达到保护的目的。

（4）与平台无关，NIDS 不依赖被保护主机的操作系统。

NIDS 的缺点包括对加密的通信无效，不适用于高速网络，不能预测命令的执行结果。

3. 分布式入侵检测系统

分布式入侵检测系统（DIDS）由一套中心部件和多个分布式部件组成，分布在网络的各个部分，完成（数据采集、分析等）相应的功能，通过中心部件进行数据汇总、分析，产生入侵报警等。在分布式结构中，多个检测器分布在网络环境中，直接采集传感器的数据，有效地利用各台主机的资源，消除了集中式检测的运算瓶颈和安全隐患，同时由于大量的数据不用在网络中传输，因此避免了对网络带宽的集中占用。由于各个监测器分散地、独立地进行探测，任何一台主机遭到攻击都不影响其他部分的正常工作，因此增强了系统的健壮性。DIDS 在充分利用系统资源的同时，可以实现对分布式攻击等复杂网络行为的检测。

9.5 项目实验：网络安全基础配置

在本实验中，我们将通过思科模拟器 Packet Tracer，模拟在某个企业的内网场景中，实现网络安全的一些基本配置操作。读者可通过本实验对网络安全配置建立初步的认识。

9.5.1 场景简介

某个企业的内网使用的地址段为 192.168.5.0/24，实验拓扑如图 9-16 所示，实验主机地址配置如表 9-8 所示。该企业的安全策略需要满足以下的安全要求。

（1）此网段中 host1、host2、host3 这三台计算机的安全等级较高，不允许访问其他内部服务器和互联网（外网）。

（2）内部主机在访问外网时，需要隐藏内部地址（通过 ASA 防火墙实现 NAT）。

（3）host4 能访问外网（通过在路由器新建环回口配置 8.8.8.8 和 114.114.114.144 两个 IP地址来模拟外网访问）。

（4）在 server-PT 上新建 Web/AAA 服务器，用户账号为 user1，密码为 cisco123，使所有主机可以通过该账号用 telnet 访问接入交换机 192.168.5.250。

表 9-8 实验主机地址配置

主机名称	IP 地址	子网掩码	默认网关
host1	192.168.5.2	255.255.255.0	192.168.5.1
host2	192.168.5.3	255.255.255.0	192.168.5.1
host3	192.168.5.6	255.255.255.0	192.168.5.1
host4	192.168.5.10	255.255.255.0	192.168.5.1

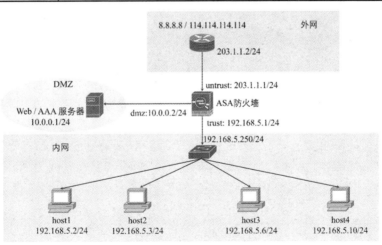

图 9-16 网络安全基础配置实验拓扑

9.5.2 实验步骤

1. 路由器配置

配置脚本如下。

```
hostname Router
!
interface loopback0
ip address 8.8.8.8 255.255.255.255
!
interface loopback1
ip address 114.114.114.114 255.255.255.255
!
interface GigabitEthernet0/1
ip address 203.1.1.2 255.255.255.0
!
```

2. ASA 防火墙配置

配置脚本如下。

```
hostname ciscoasa
names
!
interface GigabitEthernet1/1
nameif untrust
security-level 0
ip address 203.1.1.1 255.255.255.0
!
interface GigabitEthernet1/2
nameif trust
security-level 99
ip address 192.168.5.1 255.255.255.0
!
interface GigabitEthernet1/3
nameif dmz
security-level 50
ip address 10.0.0.2 255.255.255.0
!
object network LAN
subnet 192.168.5.0 255.255.255.0
nat (trust,untrust) dynamic interface
!
route untrust 0.0.0.0 0.0.0.0 203.1.1.2 1
!
access-list trust-inbound extended deny ip host 192.168.5.2 any
access-list trust-inbound extended deny ip host 192.168.5.3 any
access-list trust-inbound extended deny ip host 192.168.5.6 any
access-list trust-inbound extended permit tcp 192.168.5.0 255.255.255.0 host
10.0.0.1 eq 1645
```

```
access-list trust-inbound extended permit tcp 192.168.5.0 255.255.255.0 host
10.0.0.1 eq 49
access-list trust-inbound extended permit icmp 192.168.5.0 255.255.255.0 host
10.0.0.1
access-list trust-inbound extended permit ip any any
access-list dmz-inbound extended permit tcp host 10.0.0.1 192.168.5.0
255.255.255.0
access-list dmz-inbound extended permit icmp host 10.0.0.1 any
access-list untrust-inbound extended permit ip any host 192.168.5.10
access-list untrust-inbound extended permit icmp any host 192.168.5.10
!
!
access-group trust-inbound in interface trust
access-group dmz-inbound in interface dmz
access-group untrust-inbound in interface untrust
!
!
class-map inspection_default
match default-inspection-traffic
!
policy-map type inspect dns preset_dns_map
parameters
message-length maximum 512
policy-map global_policy
class inspection_default
inspect dns preset_dns_map
inspect ftp
inspect tftp
!
service-policy global_policy global
!
telnet timeout 5
ssh timeout 5
```

3. 服务器配置

将服务器的 IP 地址设置为 10.0.0.1/24，默认网关设置为 10.0.0.2，将服务器置为 ON 状态。

4. 终端主机配置

host1、host2、host3、host4 的 IP 地址分别设为 192.168.5.2/24、192.168.5.3/24、192.168.5.6/24、192.168.5.10/24，默认网关均设置为 192.168.5.1。

习题 9

一、单选题

1. 只有消息的发送方和接收方才能访问消息的内容，如果有其他角色可以访问该消息，则破坏了（　　）。

A. 认证原则　　　　　　　　　　　　　B. 保密性原则

C. 不可抵赖原则　　　　　　　　　　　D. 完整性原则

2. 未经授权的攻击者对某个资源进行非法修改，这是针对（　　）的攻击。

A. 认证原则　　　　　　　　　　　　　B. 保密性原则

C. 不可抵赖原则　　　　　　　　　　　D. 完整性原则

3. 凯撒密码就是一种（　　）的技术。

A. 替换加密　　　　　　　　　　　　　B. 置换加密

C. 替换与置换加密　　　　　　　　　　D. 以上都不是

4. 以下属于非对称加密技术的是（　　）。

A. DES　　　　　　　　　　　　　　　B. RSA

C. AES　　　　　　　　　　　　　　　D. IDEA

5. 以下身份认证技术，认证类别与其他三项不同的是（　　）。

A. 指纹　　　　　　　　　　　　　　　B. 视网膜

C. 声音　　　　　　　　　　　　　　　D. 智能卡

6. AAA 认证内容不包括（　　）。

A. 控制　　　　　　　　　　　　　　　B. 授权

C. 审计　　　　　　　　　　　　　　　D. 认证

7. 防火墙应当放置在（　　）。

A. 企业内网　　　　　　　　　　　　　B. 企业网络外部

C. 企业内网与外网之间　　　　　　　　D. 以上均可

8. 以下关于防火墙的描述，错误的是（　　）。

A. 用户数量多易产生性能问题

B. 管理和配置较简单

C. 不能阻止染毒软件或文件的传输

D. 防外不防内

9. 在 IDS 的 4 个功能组件中，根据数据分析结果产生操作的是（　　）。

A. 事件产生器　　　　　　　　　　　　B. 事件分析器

C. 响应单元　　　　　　　　　　　　　D. 事件数据库

10. 以下属于基于网络的入侵检测系统特点的是（　　）。

A. 不要求额外的硬件

B．需要在大量的主机上安装和管理软件

C．不必考虑交换和网络拓扑问题

D．可以在目标主机崩溃之前切断 TCP 连接

二、填空题

1．常见的网络攻击包括截获、篡改、伪造和中断，从完整性原则的角度，截获属于_____攻击，篡改、伪造和中断属于_____攻击。

2．人类通信时那些能直接被阅读理解的信息，称为_____；而加密后得到的符号，称为_____。

3．对称密钥加密和非对称密钥加密相比较：_____在加密和解密时使用相同的密钥，_____的密文长度往往大于明文长度，_____需要使用较多的密钥（伸缩性差），_____的密钥交换难度较低。

4．_____技术是通过在待发送的消息上附加数据，或者对消息进行密码变换，使得接收者能确认消息的来源和完整性，防止中间人或接收者伪造，也防止发送者抵赖的技术。

5．_____通过表格的形式体现具体的安全策略，也是思科路由器上过滤流量的基本访问控制机制。

6．_____的访问控制模型支持三个重要的安全原则：最小权限原则、责任分离原则和数据抽象原则。

7．为防止内部地址公开，_____技术对外隐藏了内网真实的 IP 地址。

8．屏蔽子网防火墙把内网和外网隔开，并且把需要从外网访问的设备（如 Web 服务器、邮件服务器、DNS 服务器）连接放到一个子网中，这个子网称为_____。

9．与防火墙不同，_____是一种积极主动的安全防护技术。

10．通过在关键的服务器上查看可疑行为的审计记录来发现入侵的方法，称为基于_____系统。

三、简答题

1．在计算机网络的规划、设计、部署及维护的整个生命周期中，网络管理人员应当明确哪些问题？

2．构建安全的网络系统，需要从安全技术和安全管理两方面入手。从技术的角度，安全的网络系统需要考虑哪些问题？

3．使用凯撒密码加密信息 MEET YOU IN THE PARK。

4．参照例 9-1，使用 $p = 43$，$q = 59$，$e = 13$，为消息 STOP 加密。

5．列举身份认证的三种主要因素，并各举一例。

6．简述数字摘要具备哪些特性。

7．简述思科 ACL 控制通过网络设备的各类流量的方式有哪些。

8. 防火墙包括哪些关键技术？为什么说单靠防火墙还不足以确保网络安全？

9. 简述入侵检测的概念及主要原理（三个阶段）。

10. 与 HIDS 相比，基于网络的入侵检测系统（NIDS）有何优势？

参考文献

[1] 周舸、张志敏、唐宾徽.计算机网络技术基础第三版[M].北京：人民邮电出版社，2021.

[2] 李全龙.计算机网络原理[M].北京：机械工业出版社，2018.

[3] 钱燕.实用计算机网络技术第二版[M].北京：清华大学出版社，2020.

[4] 孟敬.计算机网络基础与应用[M].北京：人民邮电出版社，2021.

[5] 谢希仁.计算机网络第 8 版[M].北京：电子工业出版社，2021.

[6] 吴礼发，洪征.计算机网络安全原理第 2 版[M].北京：电子工业出版社，2021.

[7] 谢高岗，张玉军，李振宇，等.未来互联网体系结构研究综述[J].计算机学报，2012，35(06)：1109-1119.

[8] 时文.从 IPv4 到 IPv6 网络的过渡方案[J].网络安全和信息化，2021(01)：98-100.

[9] 吴建平，李星，刘莹.下一代互联网体系结构研究现状和发展趋势[J].中兴通讯技术，2011，17(02)：10-14.

[10] 吴许俊，朱长水，王巍.IPv6 网络 OSPFv3 路由协议的研究与仿真[J].电子设计工程，2012，20(13)：71-75.

[11] 张波，刘菲.基于 Cisco Packet Tracer 模拟器的 IPv6 网络 OSPFv3 路由实验设计与实现[J].软件工程，2016，19(02)：35-36.

[12] 文军，张思峰，李涛柱.移动互联网技术发展现状及趋势综述[J].通信技术，2014，47(09)：977-984.

[13] 李丹，陈贵海，任丰原，等.数据中心网络的研究进展与趋势[J].计算机学报，2014，37(02)：259-274.

[14] 刘永辉，胡巧婕，赵丽.基于蜜罐技术的局域网安全防御系统设计[J].电子设计工程，2022，30(14)：68-72.

[15] 里克·格拉齐亚尼.思科网络技术学院教程第七版网络简介[M].北京：人民邮电出版社，2022.

[16] 思科网络技术学院.思科网络技术学院教程 CCNA 安全第 4 版[M].北京：人民邮电出版社，2022.

反侵权盗版声明

电子工业出版社依法对本作品享有专有出版权。任何未经权利人书面许可，复制、销售或通过信息网络传播本作品的行为；歪曲、篡改、剽窃本作品的行为，均违反《中华人民共和国著作权法》，其行为人应承担相应的民事责任和行政责任，构成犯罪的，将被依法追究刑事责任。

为了维护市场秩序，保护权利人的合法权益，我社将依法查处和打击侵权盗版的单位和个人。欢迎社会各界人士积极举报侵权盗版行为，本社将奖励举报有功人员，并保证举报人的信息不被泄露。

举报电话：（010）88254396；（010）88258888

传　　真：（010）88254397

E - m a i l：dbqq@phei.com.cn

通信地址：北京市万寿路 173 信箱

　　　　　电子工业出版社总编办公室

邮　　编：100036